微纳米纤维非织造材料在环保防护领域的应用

娄辉清 / 著

内 容 提 要

本书主要内容包括液喷纺微纳米纤维的优化制备及其对废水中重金属离子的吸附去除、微纳米纤维非织造复合滤材的结构设计及其对PM2.5的过滤防护性能、生态型立体植生护坡土工布的制备关键技术及应用研究。

本书可作为纺织科学与工程、非织造材料与工程、环境工程、材料科学与工程等相关专业本科生、研究生的参考书，也可供相关专业工程技术人员和科研人员阅读。

图书在版编目（CIP）数据

微纳米纤维非织造材料在环保防护领域的应用 / 娄辉清著. -- 北京 : 中国纺织出版社有限公司，2022.8
（材料新技术书库）
ISBN 978-7-5180-9675-6

Ⅰ. ①微… Ⅱ. ①娄… Ⅲ. ①非织造织物—纳米材料—应用—环境保护—研究 Ⅳ. ①X5

中国版本图书馆CIP数据核字（2022）第120726号

责任编辑：范雨昕　　特约编辑：周真佳
责任校对：江思飞　　责任印制：王艳丽

中国纺织出版社有限公司出版发行
地址：北京市朝阳区百子湾东里A407号楼　邮政编码：100124
销售电话：010—67004422　传真：010—87155801
http://www.c-textilep.com
中国纺织出版社天猫旗舰店
官方微博http://weibo.com/2119887771
唐山玺诚印务有限公司印刷　各地新华书店经销
2022年8月第1版第1次印刷
开本：710×1000　1/16　印张：13
字数：202千字　定价：88.00元

凡购本书，如有缺页、倒页、脱页，由本社图书营销中心调换

前 言

非织造材料是医疗卫生、环境保护、基础设施建设、工业、农业等领域不可或缺的新型材料。目前，全球人口的快速增长及社会和工业的发展进步给地球生态环境造成了巨大压力，水资源短缺、空气污染和植被破坏等生态环境问题也在日益加剧，健康可持续发展已成为当今世界的发展方向。非织造材料因其独特的三维立体网状结构以及性能好、产量高、成本低、品种多等特点，在环保领域中的应用越来越多，环保产业用纺织品已经成为非织造材料行业的重点发展方向之一。“十四五”期间，我国环保产业用非织造材料将继续围绕大气、水、土壤污染治理三大行动，通过提质增效、补短板、提档次等方式，提升水过滤、空气过滤用非织造材料的性能，扩大生态修复用非织造材料的应用范围。

随着非织造材料生产技术的日益成熟和不断革新，非织造产业将进入一个以超细纤维、纳米纤维等制备技术及应用为代表的新的发展时期。经过近十几年的发展，纳米纤维的制备技术已展现出明显的跨学科技术融合的趋势，以期在改善纳米纤维的质量、提高性能、增加产率以及降低生产成本等方面有所突破。微纳米纤维非织造材料已从概念研发走向市场应用，从高端核心材料应用逐渐向环保防护等领域转移，并逐步取代传统产品材料。因此，对微纳米纤维非织造材料在污水处理、空气过滤以及生态修复等领域的应用进行研究，拓宽纳米非织造材料的应用领域，对非织造产业和环保事业的发展，都具有一定的现实意义。

本书以作者十多年来的研究成果为基础，并参阅了大量国内外相关文献，主要介绍了液喷纺微纳米纤维的优化制备及其对废水中重金属离子的吸附去除、微纳米纤维非织造复合滤材的结构设计及其对PM2.5的过滤防护性能、生态型立体植生护坡土工布的制备关键技术及应用研究。

作者真诚地希望本书的出版能起到抛砖引玉的作用，帮助读者深入了解微纳米纤维非织造材料及其在环保防护领域的应用，促进相关知识的传播和发展，推动相关技术的进步，提升我国的科技创新水平和国际竞争力。然而，受篇幅所限，只能通过本书介绍本人对微纳米纤维非织造材料及其在环保防护领域应用的一隅之见和一些研究工作，无法全面反映国际上此领域的创新思想和优秀研究成果，在此诚恳说明。

在本书所列内容的研究过程中得到了中央高校博士生创新基金项目“气流/电场拉伸纺丝成型机理的研究”（编号：12D10146）、河南省重点研发与推广专项（科技攻关）项目“复合滤材的结构设计及其对PM2.5的防护性能研究”（编号：162102310401）、河南省重点研发与推广专项（科技攻关）项目“生态型立体植生护坡土工布的制备关键技术及应用研究”（编号：192102310495）及中国纺织工业联合会科技指导性计划项目“生态修复用植生护坡土工布的制备关键技术及应用研究”（编号：2018056）等的资助，在此表示衷心的感谢。在本书的形成和编撰过程中，东华大学王新厚教授对课题项目的申报和完成给予了倾心指导和大力支持，河南工程学院的领导、同事和课题组的学生为项目的顺利实施提供了有利实验条件和帮助，曹先仲博士在本书撰写过程中给予了大力支持和帮助，在此一并表示诚挚的谢意。

本书的撰写力图体现系统性、理论性和前沿性，但由于该领域涉及学科较多，新成果和新应用层出不穷，书中难免存在疏漏和不妥之处，敬请同行专家学者及广大读者批评指正。

娄辉清
2022年5月

目录

第1章　绪论

1.1　研究背景

非织造布（nonwovens）俗称无纺布、不织布，是指定向或非定向排列的纤维通过摩擦、抱合、黏合或这些方法的组合而相互结合制成的片状物、纤网或絮垫。非织造布是一种不需要纺纱织造而形成的织物，只是将纺织短纤维或长丝进行定向或随机排列，形成纤网结构，然后采用机械、物理或化学等方法加固而成。基于非织造布生产工艺和产品性能优势，非织造行业在全球发展势头迅猛。据Persistence Market Research公司预测，世界非织造材料消费量以年均8.3%的速度增长，到2024年全球非织造材料市场消费将达到660亿美元，其中亚洲是最大的消费市场，约占总量的39.6%。

非织造布行业在我国发展迅速，目前中国已成为全球最大的非织造布生产国和消费国。在产量方面，我国非织造布在行业发展前期呈指数式增长，2001年我国非织造布的产量56.9万吨，2010年产量达到280万吨，2020年达到846万吨，2001～2010年我国非织造布产量年均增长19.37%，2010～2020年，平均增速达到11.69%。非织造材料既是全球纺织行业成长最迅速、创新最活跃的领域之一，也是医用防护、环保、基础设施建设、工业、农业等领域不可或缺的新型材料，目前非织造材料已广泛应用于环保、过滤、卫生医疗、航空航天、土木与水利工程、建筑、交通、服装及生活的各个领域，并且随着非织造行业的高速发展，新材料和新产品不断涌现，满足了各种新应用领域及人们生活的需求。

随着非织造布生产技术的日益成熟和不断革新，非织造产业将进入一个以超细纤维、纳米纤维等技术为代表的新的发展时期。目前，在纳米纤维生产技术的研究中，其制备已展现出明显的跨学科技术融合的趋势，如将纳米技术引入传统纺丝过程中，以期在改善纳米纤维质量、提高性能、增大产率及降低生产成本等方面有所突破。这些新技术包括电喷纺丝（electroblowing）、气体射流或气流辅助静电纺丝（gas-jet/gas-assisted electrospinning）、溶液喷射纺丝（solution blowing）、电离心过程（electro-centrifugal processing）、离心纳米纺丝（centrifugal nanospinning）、近场电纺丝（near-field electrospinning）及蘸笔纳米光刻技术（dip-pen nanolithography）等。其中溶液喷射纺丝（简称液喷纺丝）技术是制备纳米纤维的新方法，可大规模生产微纳米级别的纤维，如中空纳米纤维、纳米纤维涂层、纳米纤维非织造布、纳米纤维海绵等。液喷纺丝与常规静电纺丝不同，它是以高速气流为驱动力拉伸聚合物溶液，从而得到微纳米级别的纤维。与运用广泛的静电纺丝相比，溶液喷射纺丝不需要电场，设备更加简单，通过高压气流驱动聚合物溶液的挤出并使溶剂蒸发，无须进一步干燥、冷却即可连续生产纤维。由于溶液喷射纺丝技术的设备操作简单、成本低，受到国内外研究者的广泛关注。

随着经济的快速发展，我国经济建设取得了历史性成就，但粗放的生产方式也使我国在资源环境方面付出了沉重的代价。生态环境问题依然成为制约发展的短板，也是最迫切的民生问题之一。非织造材料因其独特的三维立体网状结构及性能好、产量高、成本低、品种多等特点，在环保领域中的应用越来越多，环保产业用纺织品已成为非织造材料产业的重点发展方向之一。“十四五”期间，环保产业用非织造材料将继续围绕大气、水、土壤污染治理三大行动，通过提质增效、补短板、提档次等方式，提升空气过滤、水过滤用非织造材料的性能，扩大生态修复用非织造材料的应用范围。经过十余年的发展，微纳米纤维非织造材料已从概念研发走向应用市场，从高端应用领域逐渐向医疗卫生、高效防护、精细过滤等普通领域转移，并逐步取代了传统材料。因此，对微纳米纤维非织造材料在污水处理、空气过滤及生态修复等领域的应用进行深入研究，拓宽微纳米非织造材料的应用领域，对非织造产业和环保事业的发展都具有重大的现实意义。

1.2 非织造材料的特点及加工工艺

1.2.1 非织造材料的特点

非织造材料具有原料使用广泛、生产工艺流程简单、结构性能多样、产品用途广泛等特点，它的高速发展与这些特点是分不开的。

1.2.1.1 原料来源广泛

非织造材料的原料来源广泛，除了传统纺织原料外。一些在传统纺织设备上难以加工的无机纤维、金属纤维（如玻璃纤维、碳纤维、石墨纤维、镍纤维、不锈钢纤维等）也可通过非织造的方法加工成各种非织造产品。此外，一些新型的高性能、功能型化学纤维（如耐高温纤维、超细纤维、抗菌纤维、高强纤维、高模量纤维、高吸水纤维乃至极短的纤维素纤维、纸浆等）也都可以用作非织造材料的原料。由于其原料使用的广泛性，使非织造产品也具有多样性。

1.2.1.2 生产工艺流程简单，劳动生产率高

与传统纺织产品的生产工艺相比，非织造材料的生产工艺流程简单、易操作、劳动生产率高、生产速度快，因此其产品具有变化快、周期短、质量易控制等特点。

1.2.1.3 外观，结构和性能多样

由于非织造材料原料来源广泛，加工工艺多种多样，因此非织造材料的外观、结构和性能也具有多样性。从外观上看，有布状、网状、毡状、纸状等；从结构上看，包括二维排列的单层薄网结构、三维排列的网络结构、纤维网架结构、纤维集合结构等；从性能上看，不同非织造材料的柔性、强度、密度等差别很大。

1.2.1.4 工艺变化多，产品用途广泛

非织造材料加工方法多种多样，每种工艺方法又可衍生各种变化，并且不同加工方法还可以相互组合形成新的生产工艺。除此之外，非织造材料还可以和其他材料复合，生产出各种各样的新产品。非织造材料在工业和民用领域均有广泛的应用，并且在医疗、卫生、交通、国防、航天等诸多领域发挥着重要的作用，甚至有些产品已成为各行业不可或缺的材料。

1.2.2 非织造材料的加工工艺

传统的非织造材料加工工艺，按纤维成网方式不同，一般可分为干法成网、湿法成网和聚合物挤压成网三大类；按纤维加固方式不同，可分为机械加固、化学黏合加固和热黏合加固等方式，具体见表1-1。

表1-1 非织造材料加工工艺

成网方式	加固方式		
干法成网	梳理成网、气流成网	机械加固	针刺法、水刺法、缝编法
		化学黏合	浸渍法、喷洒法、泡沫法、印花法、溶剂黏合法
		热黏合	热熔法、热轧法、超声波黏合法
湿法成网	圆网成网、斜网成网	化学黏合、热黏合、水刺法等	
聚合物挤压成网	纺丝成网	机械加固、化学黏合、热黏合	
	熔喷成网	自黏合、热黏合等	
	膜裂成网	热黏合、针刺法等	

与常规纤维材料相比，纳米纤维最显著的特征之一是拥有极高的表面体积比和高孔隙率。纳米纤维的特性使其在电极材料、过滤材料、吸附材料、生物医用材料等诸多领域展现出优良的性能，极大地推进了纳米纤维制备技术的发展和变革。新型微纳米纤维及其非织造生产新技术的开发已成为国内外研究的一个热点。

1.3 非织造材料制备方法

1.3.1 熔体纺丝

熔体纺丝是成纤高聚物在高于其熔点10～40℃的熔融状态下形成较稳定的纺丝熔体，然后通过喷丝孔挤出成型，熔体射流在空气或液体介质中冷却凝固，形成半成品纤维，再经过拉伸、热定型等后处理工序即成为成品纤维。在纤维成型过程中，只发生熔体细流与周围空气的热交换而没有传质过程，故熔体纺丝法较为简单。涤纶、锦纶、丙纶等合成纤维均是以熔体纺丝法生产的，因此，熔体纺丝是合成纤维纺丝成型中最重要的方法之一。

熔体纺丝主要包括聚合物纺丝熔体的制备、熔体自喷丝孔挤出、挤出熔体细流的拉伸和冷却固化、固化丝条给湿、上油和卷绕等几个基本工序。其纺丝过程如图 1–1 所示。

这种技术最大的缺点是其所使用的聚合物原料仅限于黏弹性材料，其他原料则无法承受牵伸过程中的应力。通过这种方法制备的纤维直径一般在 2μm 以上。

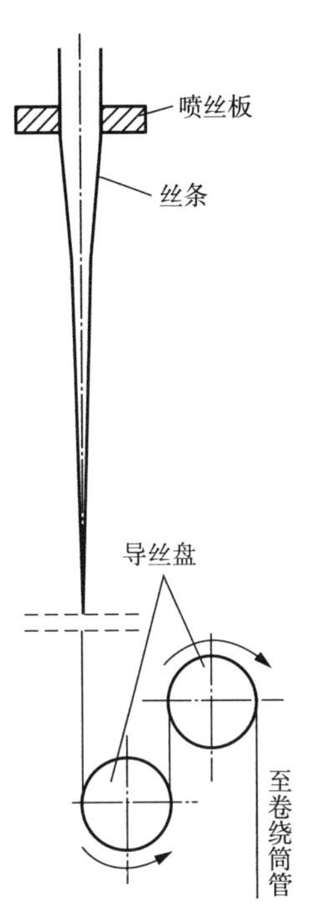

图 1–1　熔体纺丝工艺流程

1.3.2　熔喷纺丝

熔喷纺丝的工艺流程如图 1–2 所示。聚合物切片经螺杆挤出机加热挤压后，以熔融态通过计量泵定量输送至熔喷模头组件内，熔体经衣架型模头均匀分配到达组件前端喷丝板，当熔体从喷丝孔挤出后，受到两股高速高温压缩气流的拉伸作用，形成直径范围在 0.5 ~ 10μm 的超细纤维并沉积在成网帘或滚筒上，同时纤维间依靠自身黏合或其他加固方法成为熔喷非织造布。熔喷非织造布具有结构蓬松、孔隙尺寸小、孔隙率高、纤维超细且抗折皱性能好等优点，广泛用于过滤、阻菌、吸附、保暖、防护、医药等领域。经过几十年的发展，熔喷纺丝工艺已被证明

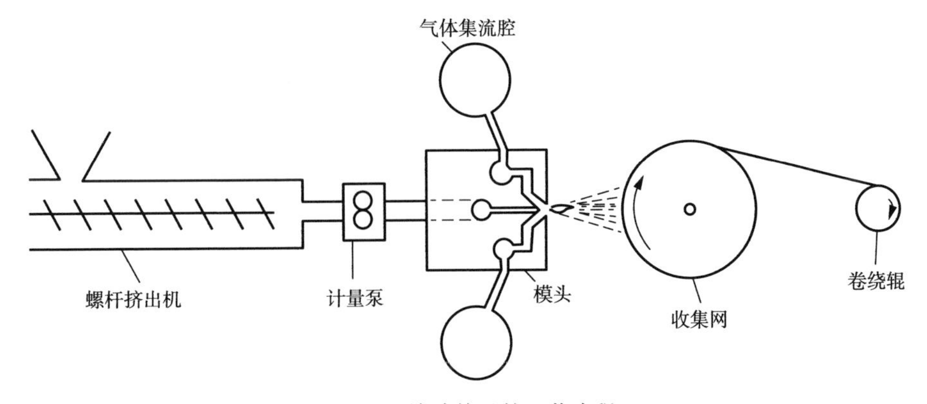

图 1–2　熔喷纺丝的工艺流程

是一种有效、经济、可实现工业化生产超细纤维的方法，但它无法生产纳米级纤维，并且这种技术的原料仅限于热塑性聚合物。目前，已有很多科研人员对熔体细流拉伸、喷射流场理论以及纤维在喷射流场中的运动等方面进行了详细研究。

1.3.3 静电纺丝

静电纺丝是高分子流体静电雾化的特殊形式，与之不同的是，静电纺丝雾化中分裂出的物质不是雾滴，而是微米级，甚至纳米级纤维。在静电纺丝工艺过程中，将聚合物熔体或溶液加上几千至几万伏的高压静电，从而在毛细管和接地的接收装置间产生一个强大的电场力。当电场力施加于液体表面时，将在其表面产生电流，同性电荷相斥导致了电场力与液体表面张力方向相反。这样，当电场力施加于液体表面时，将产生一个向外的力，对于一个半球形状的液滴，这个向外的力就与表面张力方向相反。如果电场力的大小等于高分子溶液或熔体的表面张力时，带电的液滴就悬挂在毛细管的末端并处在平衡状态。随着电场力的增大，在毛细管末端呈半球状的液滴在电场力的作用下将被拉伸成圆锥状，这就是泰勒（Taylor）锥。当电场力超过一个临界值后，它将克服液滴的表面张力形成射流，喷射细流在外加电场中发生不稳定运动（如“鞭动”）并分裂，同时溶剂挥发或熔体固化得到纳米纤维，并落在接收装置上形成纳米纤维非织造布。从纺丝过程的本质上看，静电纺丝与干法溶液纺丝和熔体纺丝过程极为相近，只是其驱动力为静电力，因而称静电纺丝。

静电纺丝技术的核心是使聚合物射流在高压静电电场力的拉伸作用下，经过聚合物射流弯曲不稳定运动、溶剂挥发及聚合物固化等作用，最终沉积在接收装置上形成微纳米纤维膜。典型的静电纺丝装置如图1-3所示。一般情况下，传统的静电纺丝装置主要由高压静电发生器、纺丝液供给系统（如储液器、微量泵或其他形式的溶液推进装置）、喷丝头系统（一般是金属微细管）、接收装置等部分组成。静电纺纤维具有尺寸小、比表面积高、机械稳定性好、纤维膜孔径小、孔隙率高、纤维膜连续性好等特性。然而，随着静电纺纳米纤维在生物医用材料、过滤及防护、催化、能源、光电、食品、轻化工等领域的成功应用，其制造效率较低的弊端也随之出现，并逐渐成为制约静电纺纤维产业化应用的主要因素。目前，静电纺丝批量化生产技术已成为学术界和工业界共同面临的难题，科研人员正通过不断改进静电纺丝装置的过程控制系统，以期能找到批量化可控制备纳米纤维的途径。与此同时，已有很多科研人员对静电纺丝技术的理论进行了探索，如射流稳态流动阶段的模型、射流不稳定现象的分类和模型等。

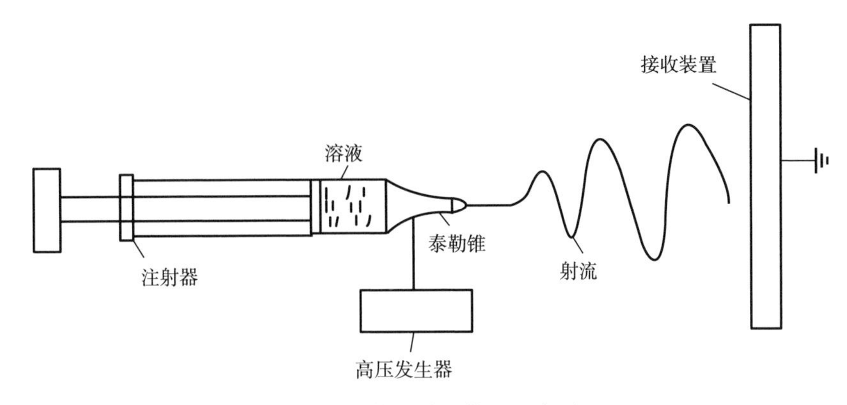

图1–3 静电纺丝装置示意图

1.3.4 液喷纺丝

溶液喷射纺丝又称液喷纺丝，是一种新型纤维制备技术，结合了熔喷和静电纺丝的原理，通过聚合物溶液制备微米级或纳米级纤维。作为一种比静电纺丝技术更具有工业化潜力的微纳米纤维制备方法，液喷纺丝技术对设备要求较低，不需要高压静电装置或导电收集装置，并且可用于喷涂任何材料，甚至可将液喷纺聚乳酸（PLA）直接喷涂在生物组织上，从而扩大聚合物溶液的应用范围。该技术适应性较强，不局限于高介电常数的溶剂，且对热和压电敏感的聚合物（如蛋白质等）也不会造成影响。与熔喷技术相比，该技术还具有如下优势：原料适用性强，特别适合熔喷技术无法采用但又可溶解于无毒挥发性溶剂（乙醇、水等）的聚合物，热分解点低于熔点的聚合物，如聚丙烯腈（PAN），黏度极高的聚合物，如聚四氟乙烯（PTFE）及不熔融的聚合物等；可采用室温压缩空气，从而有效避免聚合物的热降解，特别是聚酯类，如聚对苯二甲酸乙二醇酯（PET）和聚酰胺类，如聚酰胺66（PA66）。基于这些优势，液喷纺丝技术能节约能源、减少成本、扩大非织造产品的种类和应用等。此外，纳米纤维对非织造布市场增长的贡献主要取决于新的、可应用的，特别是具有工业化潜力的纺丝技术。

1.4 液喷纺微纳米纤维的制备与应用

1.4.1 液喷纺丝成型理论

液喷纺丝技术最早是由Medeiros等结合熔喷技术和干法纺丝技术特点而提出的纳米纤维制备技术。该技术的基本原理是利用高速气流对溶液细流进行超细拉伸，并随着溶剂蒸发而固化为纳米纤维，纺丝原理如图1–4所示。液喷纺丝的工艺流程大致为聚合物溶液受到高速气流的牵伸，同时溶剂挥发，最终固化在接收装置上形成纳米纤维。其溶液喷射纺丝装置由带压力调节器的压缩气体源（如氮气、氩气和空气）、注射泵、注射器、喷头及接收装置组成［图1–4（a）］。其中，核心元件的喷头由同心喷嘴组成［图1–4（b）］，内喷嘴是聚合物溶液通道，外喷嘴用来持续喷射高压气流。聚合物溶液以恒定速率挤出，在针头汇集处受高压气流引起的剪切、牵伸作用，溶液被拉伸成纤维射流，从而产生聚合物纤维。

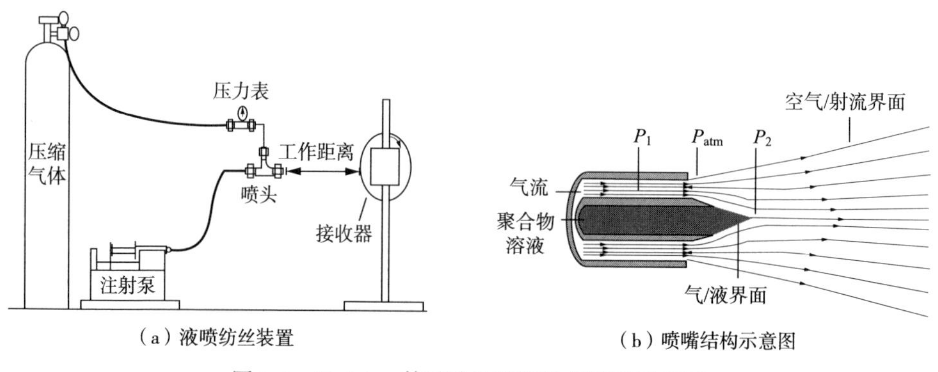

（a）液喷纺丝装置　　（b）喷嘴结构示意图

图1–4　Medeiros等设计的液喷纺丝装置示意图

目前，虽然对液喷纺丝可行性的探索及应用方面的研究已取得一定成果，但关于其成型理论的分析和研究尚不够深入。Medeiros等采用伯努利方程来分析液喷纺丝过程中气流对聚合物射流的拉伸和剪切作用。研究表明纺丝过程中的压力差（速度差）使射流加速而拉伸，且高速气流也使射流和气流的界面产生剪切作用，从而使多束聚合物射流喷向接收器，与此同时，射流中溶剂快速挥发，最终得到微纳米纤维。Yarin等认为液喷纺丝过程中高速气流对射流有加速、拉伸和一定程度的弯曲作用，并且拉伸和弯曲不稳定性对聚合物射流的细化有重要影响。Benavides等采用横向垂直气流来研究液喷纺丝过程，结果表明液体射流的毛细管数与聚合物溶液的黏应力、表面张力及射流的速度有关。对于低毛细管数的体系，如表面张力主导的液体射流由于Rayleigh不稳定性将会提前破裂，导致珠状纤维出现；随着聚合物溶液黏度或射流速度的增加，毛细管数变大，纤维逐渐变得光滑；当毛细管数增大到一定程度时，气体射流的湍流特性将会造成纤维出现疵点。

1.4.2 液喷纺微纳米纤维的可行性及其工艺

在开发液喷纺微纳米纤维的应用之前，需全面了解工艺参数对纺丝过程及最终产品的影响。目前，国内外科研人员已对液喷纺微纳米纤维的可行性及其工艺进行了初步探索。Medeiros等借鉴溶液静电纺丝制备纳米纤维的优势和熔喷技术中的气流拉伸原理设计了一种新型且具有批量化生产潜力的微纳米纤维液喷纺丝装置（图1–4），同轴液喷纺丝示意图如图1–5所示。分别以氯仿、甲苯和四氢呋喃为溶剂，制备了聚甲基丙烯酸甲酯（PMMA）、聚乳酸（PLA）和聚苯乙烯（PS）溶液喷射纺纳米纤维，发现溶液喷射纺纤维直径与静电纺纳米纤维直径相近，并研究了挤出速率、气体压力、聚合物浓度等参数对纤维结构的影响规律。

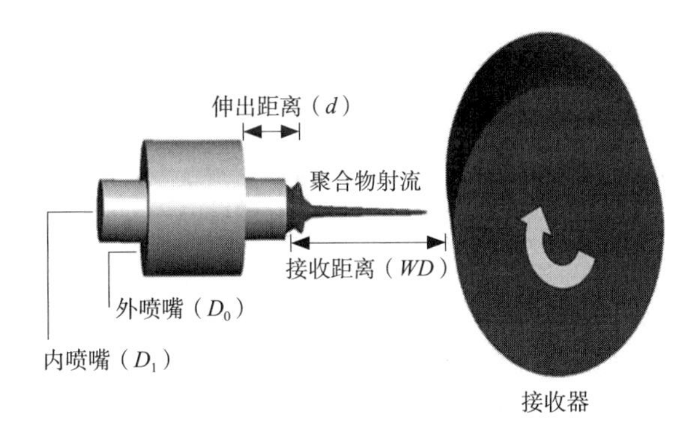

图1–5 Medeiros等提出的同轴液喷纺丝示意图

Daristotle等通过对溶解在碳酸二甲酯（DMC）中不同浓度的PLA进行溶液喷射纺丝，发现当PLA的质量浓度达到某一区间时，聚合物溶液的表面张力和黏弹性才能产生均匀的纤维。Dadol在醋酸纤维素中加入聚丙烯腈（PAN）进行溶液喷射纺丝，成功制备了纤维素基纳米纤维膜，由于PAN具有更高的分子量和更低的交叠浓度，从而保证了纳米纤维的形成。溶液喷射纺丝法制备纤维主要取决于聚合物射流，而聚合物射流的产生取决于聚合物的分子量、浓度及黏度，即取决于聚合物链的缠结程度，当聚合物浓度增加至交叠浓度时，聚合物链的缠结程度增加，同时聚合物链之间的相互作用导致黏度增加，直至足以形成稳定的聚合物射流。

研究人员又通过试纺聚乳酸/三氟乙醇（PLA/TFE）、聚乳酸：聚苯胺/六氟异丙醇、聚苯乙烯/甲苯和聚甲基丙烯酸甲酯/氯仿等几种常用的聚合物溶液体系来验证该装置的有效性，并将所制备纤维的直径与相应聚合物溶液静电纺纤维进行了对比，结果见表1-2。

表1-2　液喷纺与静电纺微纳米纤维直径对比

聚合物/溶剂	纤维直径范围（nm）	
	液喷纺丝	静电纺丝
聚乳酸/三氟乙醇	80～260	90～220
聚乳酸：聚苯胺/六氟异丙醇	140～590	130～800
聚苯乙烯/甲苯	220～4400	200～1800
聚甲基丙烯酸甲酯/氯仿	1000～7800	1000～5000

从表中可看出，对于特定的聚合物，两种纺丝方法具有相似的纤维直径范围，但研究人员认为采用同轴液喷纺丝装置，溶液的注射速率可比静电纺丝提高数倍，这意味着可以大幅提高纤维的产率。另外，研究人员还通过实验直观分析了各工艺参数（如气流压力、溶液注射速率、聚合物浓度、纺丝距离、内喷嘴伸出外喷嘴的距离）对成纤状况的影响。以气流压力为例，研究发现其对纤维直径具有重要的影响。这是由于当气流压力太小时，射流没有足够的速度和拉伸力到达接收器上；当气流压力从69kPa增加至276kPa时，纤维直径也随之变大，然后随压力的增加而逐渐减小。与静电纺丝类似，液喷纺丝过程中气流压力与聚合物注射速率之间相互影响，共同制约微纳米纤维的制备过程。此外，该装置还可通过控制周围环境的相对湿度和调节聚合物溶液的浓度来制备多孔纤维，这在药物释放领域具有较大的应用潜力。

科研人员还系统研究了在接收距离（WD=12cm）、内喷嘴伸出外喷嘴的长度（d=2mm）及同轴喷嘴直径比率（D_1/D_0=0.5）固定的条件下，聚合物浓度、注射速率和气流压力对液喷纺PLA纤维形貌的影响。研究结果表明聚合物浓度对纤维直径及其分布范围（70～2000nm）有显著的影响，当溶液浓度较低时，易于形成串珠结构（bead-on-string structure）；在较高的溶液浓度条件下，才能制备出光滑的纤维。液喷纺PLA纤维的直径随着溶液浓度和注射速率的降低而减小，在溶液浓度适中的条件下提高气流压力可获得直径均匀且分布范围较窄的液喷纺PLA纤维。另外，研究指出为更准确地预测纤维直径，还应考虑液喷纺丝过程中各因素之间的相互作用对纤维形貌的影响。

Zhang等认为采用气流拉伸低黏度的聚合物溶液（与聚合物熔融体相比）将会降低纤维直径，并采用室温压缩空气，组装了一套用于制备1～10μm无降解纤维的液喷纺丝装置（图1-6），用于探索以聚合物溶液体系代替熔喷纺丝系统中聚合物熔体对纤维的影响。该研究人员通过试纺聚乙烯吡咯烷酮（PVP）/乙醇/水溶液，考察纺丝过程中的溶液浓度、气流压力、溶液注射压力、溶剂挥发速率等工艺参数对纤维形貌的影响，证实了液喷纺丝是一种行之有效并能用于制备微纳米纤维的新技术。在气流压力的影响实验中，研究者探讨了不同气流压力对成纤状况的影响，认为气流压力主要在快速挥发溶剂、细化聚合物射流及固化超细纤维等方面起作用。

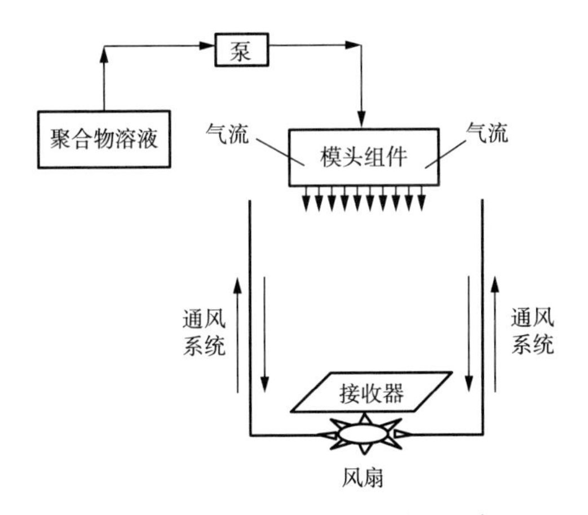

图1-6 Zhang等提出的液喷纺丝示意图

Yarin等结合同轴静电纺丝技术设计了一套用于制备聚丙烯腈（PAN）纳米纤维的液喷装置，该装置如图1-7（a）所示。PAN溶液射流首先受到高速（230～250m/s）高压（2～3MPa）氮气的加速和拉伸作用，之后经过“鞭动”不稳定效应和溶剂的挥发作用，聚合物射流明显变细，在距离喷头19cm的接收器上即可收集到纳米纤维膜。在此基础上，他们通过改进上述液喷装置又设计了如图1–7（b）所示的同轴液喷纺丝装置，其芯喷嘴由壳喷嘴环绕并稍伸出其外。通过不同的注射泵向该装置的芯壳喷嘴注射两种不同的溶液，用于试纺聚甲基丙烯酸甲酯—聚丙烯腈（PMMA—PAN）的核—壳纳米纤维，芯喷嘴中PMMA溶液与壳喷嘴中PAN溶液的流速分别是5mL/h与2mL/h，从而形成核—壳聚合物射流。该核—壳射流外又设计一个同轴喷嘴，高速高压（3.5MPa）氮气通过此喷嘴环绕在该射流附近。但在实验中发现，内喷嘴伸出外喷嘴的部分容易干扰射流并会阻塞喷嘴，研究中通过使内喷嘴缩进外喷嘴，并在喷嘴末端和接收器之间增加一个3kV的辅助电压可有效解决此问题，射流也变得更加稳定。将制备的PMMA—PAN纤维［图1–8（a）］在350℃的空气环境中热处理3h以煅烧去除芯层PMMA纤维且使壳层PAN纤维预氧化，然后在750℃的氮气环境中碳化1h，得到内径为50～150nm、外径为400～600nm的介观碳管［图1–8（b）、图1–8（c）］。

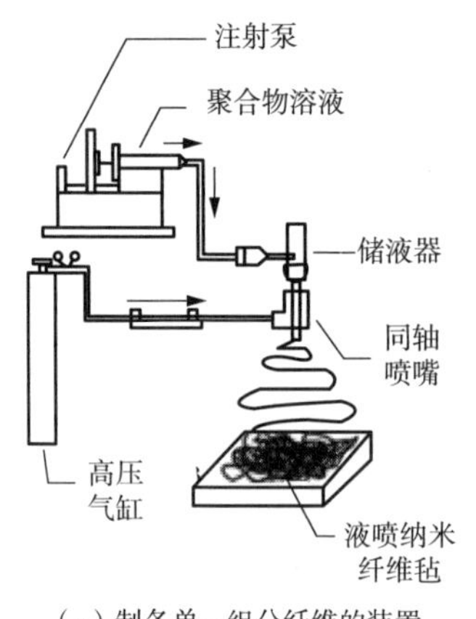

（a）制备单一组分纤维的装置

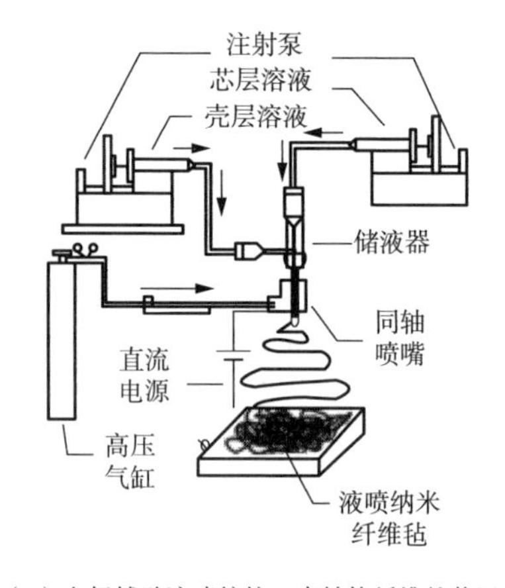

（b）电场辅助液喷纺核—壳结构纤维的装置

图1–7　Yarin等提出的液喷纺丝装置示意图

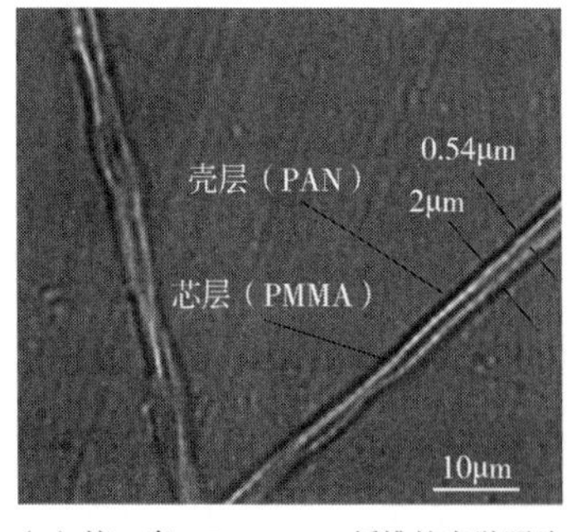

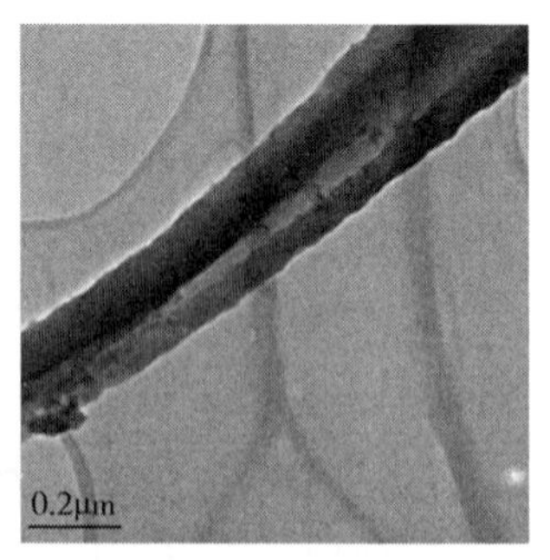

（a）核—壳PMMA—PAN纤维的光学照片

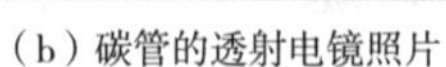
（b）碳管的透射电镜照片

（c）碳管的扫描电镜照片

图1–8　液喷纺制备的PMMA—PAN纤维及碳化后的形貌

Yarin课题组以质量比为40/60的大豆蛋白和尼龙6（PA6）的混合溶液为原料，通过液喷纺丝成功试纺了如图1-9所示的大豆蛋白纤维。另外，该组科研人员又采用液喷纺丝法制备了质量比为68/32的壳核结构PA6/大豆蛋白纤维。

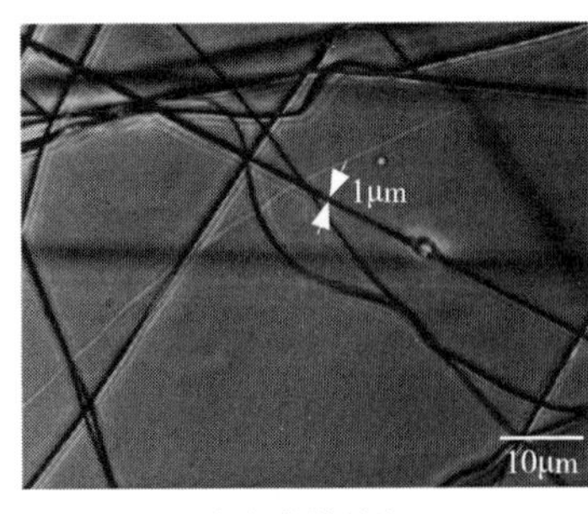

（a）光学照片

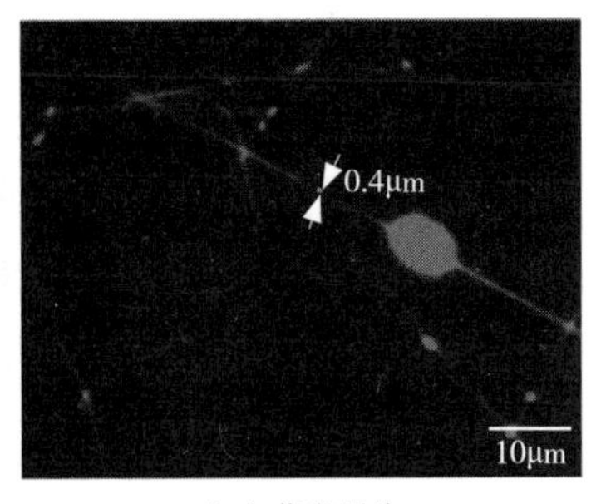

（b）荧光照片

图1-9 液喷纺大豆蛋白纤维的照片

Zhuang等对常规液喷纺丝装置进行了改进，并成功制备了纤维素微纳米纤维。研究人员首先在喷丝头和接收装置之间增加一个圆筒状箱体，如图1-10所示，该箱体上配有加热系统，可通过热辐射加热箱体内的空气来提高液喷纺丝线上的温度，从而加快纺丝过程中溶剂的挥发和纤维的固化成型。同时，纺丝过程中挥发的溶剂在该封闭的环境中进行收集并通过排风机转移出去，这比在开阔的环境中更有利于收集溶剂。考虑到箱体内温度的不均匀性，沿纺丝轴向和径向存在温度梯度，很难准确给出纺丝过程中每一点的温度值，因此采用纺丝线末端即纺丝箱体中心轴线与接收装置连接点的温度（t_c）来比较纺丝过程中的温度变化。结果发现，适当提高液喷纺纤维素过程中纺丝线上的温度，有

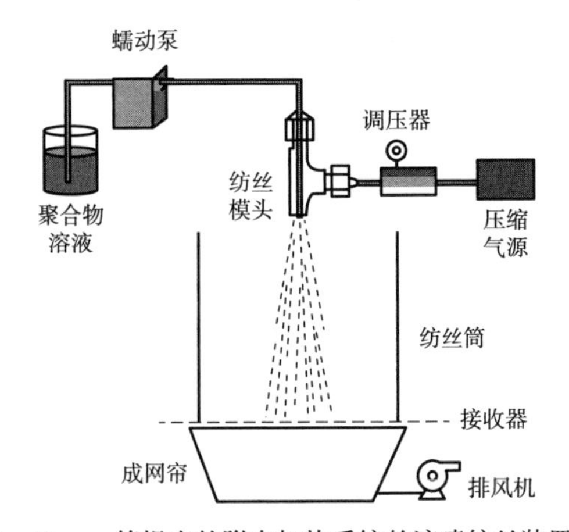

图1-10 Zhuang等提出的附有加热系统的液喷纺丝装置示意图

利于纤维的成型和细化，但温度太高将会阻碍大量较细纤维的形成。这是由于温度较高时，溶剂挥发速度加快，导致聚合物射流中溶剂过早失去流动性，阻止聚合物溶液射流的进一步细化。因此，为制备较细的纤维，应综合考虑气流拉伸和溶剂挥发的作用。

通过提高液喷纺丝线上的温度，该研究人员成功制备了直径范围在260～1900nm之间的纤维素纤维，而后通过壳—核液喷纺丝制备了直径160～960nm的纤维素/聚环氧乙烷（PEO）纤维（图1-11），其中纤维素溶液为壳层，PEO为核层。并采用扫描电镜（SEM）和透射电镜（TEM）表征壳核结构，X射线衍射（XRD）结果证明了两种工艺条件下制备的纤维素纤维主要是无定形结构。

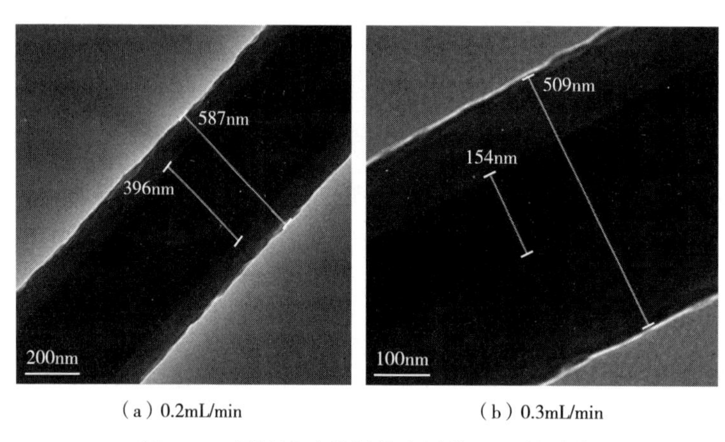

（a）0.2mL/min　　（b）0.3mL/min

图1-11　同轴液喷纺纤维素纤维/PEO的形貌

1.4.3　液喷纺微纳米纤维的性能及应用

液喷纺微纳米纤维与其他微纳米纤维制备技术相比更具优势，不仅可沉积在各种衬底上，而且具有三维卷曲结构、极高的孔隙率和大的比表面积，在复合增强、电极材料、生物医用、吸附过滤分离等领域获得了广泛的应用。

1.4.3.1　力学增强复合材料

Yarin等在成功应用液喷法试纺大豆蛋白纤维及壳核PA6/大豆蛋白纤维的基础上，通过测试同一批次样品矩形条的力学性能研究其应力—应变关系，得到了如图1-12所示的壳核PA6/大豆蛋白纳米纤维膜的应力—应变曲线。研究结果表明，在应变较低的弹性行为时，应力—应变呈线性关系；随着应变的增加会出现类似塑料变形的非线性关系；当应变增加到一定程度时则是致毁断裂过程。

通过测试样品的杨氏模量、屈服应力和比应变能，发现这两类纤维膜的应力—应变在弹性区和塑性区符合唯象弹塑模型（phenomenological elastoplastic model）和微机械模型（micromechanical model），但这两种模型不能解释高弹性应变时的致毁断裂过程。与PA6纤维膜相比，尽管大豆蛋白纤维膜比壳核PA6/大豆蛋白纳米纤维膜的屈服应力和比应变能降低，但它们的杨氏模量几乎相同。此外，该研究人员还考察了测试过程中的拉伸历史、速率及接收滚筒的卷绕速率对大豆蛋白纤维膜、壳核PA6/大豆蛋白纳米纤维膜力学性能的影响。

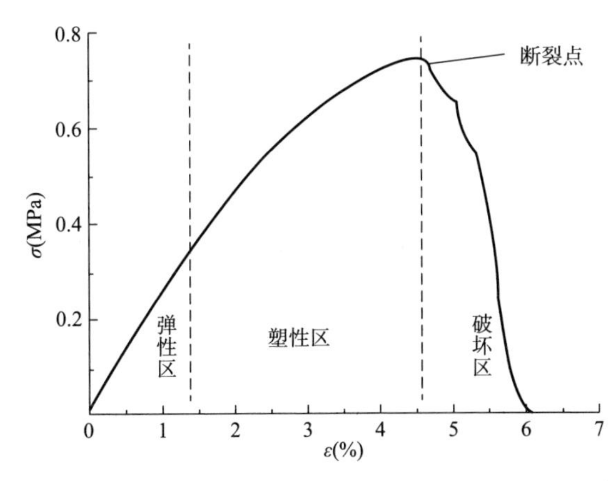

图1-12 壳核PA6/大豆蛋白纳米纤维膜的应力—应变曲线

随后，Yarin课题组通过采用化学交联（醛类、离子交联剂）和物理交联（热湿处理）提高大豆蛋白纤维及壳核PA6/大豆蛋白纤维的力学性能，以期扩大这类绿色非织造产品的应用范围。研究表明通过化学交联剂结合大豆蛋白结构中的氨基、伯酰胺和巯基发生作用，从而有利于提高纤维膜的拉伸强度。通过测试不同交联剂及测试交联剂含量不同时纤维膜的杨氏模量、屈服应力和断裂时的最大应力应变时发现，大豆蛋白纤维中交联剂含量较高时，可导致纤维膜强力增加且塑性行为减弱；采用离子交联剂处理的纤维膜具有较高的杨氏模量；通过醛基形成的共价键对纤维膜的强力影响较小。将交联处理的纤维膜暴露于热环境中，纤维中氨基之间形成的结合键将断裂且纤维集合体变得松散，并且纤维膜的强力降低了50%；将壳核PA6/大豆蛋白纤维膜在6kPa的压力下湿胶固处理24h，可使纤维膜处于半物理交联状态且杨氏模量提高了65%；此外，将液喷纺壳核PA6/大豆蛋白纤维膜在80℃的水中老化1h，发现其力学性能和塑化效应也有所提高。

1.4.3.2　电极材料

在生物电化学系统，如微生物燃料电池或电解池方面，开发电活性细菌在可持续能源供应和处理方面已显示出巨大的潜力。目前这一领域面临的挑战是如何提高生物电化学系统的性能，这是该技术成功应用必须解决的问题。在过去数十年间，生物膜电极的平均电流密度已从mA/m^2级别大幅提高到$7 \sim 10A/m^2$。

Yarin等分别采用气流辅助静电纺丝法、静电纺丝法和液喷纺丝法制备了三维（3D）多孔碳纤维（GES-CFM）[图1-13（a）]、静电纺碳纤维（ES-CFM）和液喷纺碳纤维（SB-CFM），通过在后两种材料中添加15%的炭黑（CB）以增加其孔隙率和导电性，并将它们用于微生物燃料电池的电极材料，这些电极材料的物理参数和电流密度数据见表1-3。

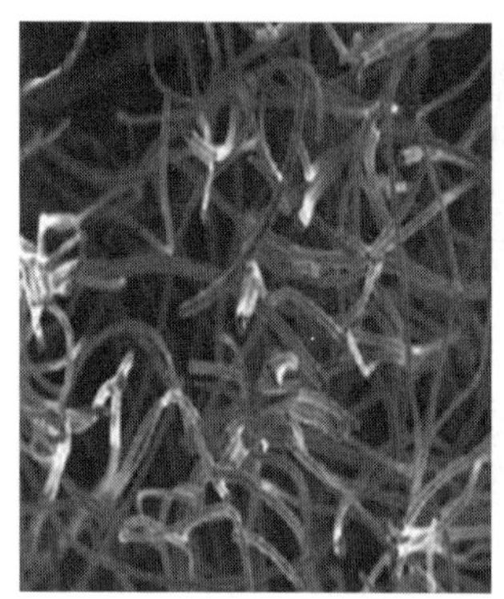

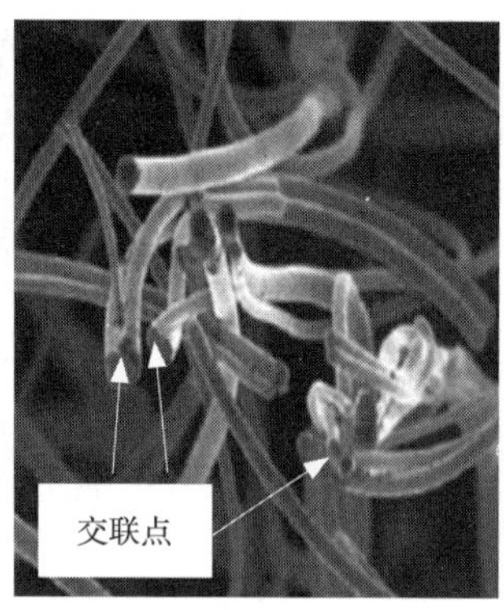

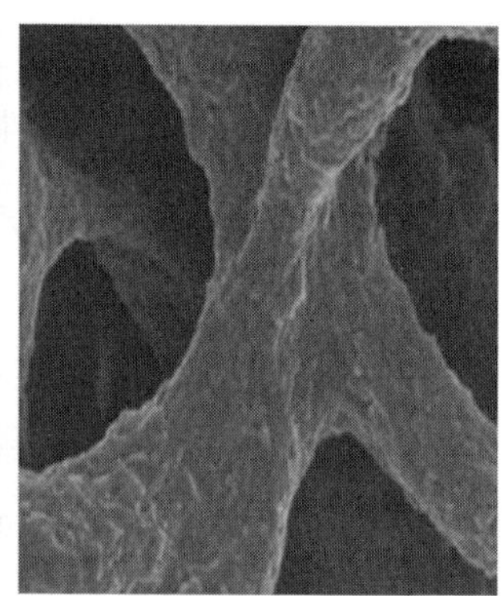

（a）GES-CFM的SEM照片　（b）GES-CFM纤维间交联情况　（c）电活性膜在GES-CFM上的生长情况

图1-13　三维多孔碳纤维形貌及交联情况

表1-3　不同电极材料的物理参数和电流密度

电极材料	电流密度（A/m^2）	克重（g/m^2）	比电流密度（mA/g）
多晶石墨	13	—	—
碳纤维毡	16	333	48
GES-CFM	30	42	714
ES-CFM	21	126	243
ES-CFM（15%CB）	15	88	172
SB-CFM	17	437	56
SB-CFM（15%CB）	21	183	128

从表中可看出，GES-CFM具有最低的克重（$42g/m^2$）及最高的电流密度（$30A/m^2$），测得的电流密度在当前电活性微生物膜中属于较高值。与商业用碳纤维毡（$333g/m^2$）相比，GES-CFM的克重减小了87%，且有效密度（$18kg/m^3$）也比传统碳基材料，如商用碳纤维毡（$100\sim180kg/m^3$）低一个数量级。

研究人员认为，造成三维多孔碳纤维出现多孔的原因主要是气流辅助静电纺丝过程中，聚合物射流之间电荷斥力的增强及纤维层沉积时的机械限制作用，而且，纺丝过程中气流的出现扰乱了液体射流的运动，进而导致纤维形成疏松的聚集结构，又由于纺丝过程中高的溶剂含量使纤维聚集体相互黏结［图1-13（b）］，从而使纤维毡产生较好的机械稳定性和较高的电导率。这种多孔结构可提供更多有效基体，从而有利于最大量带电活性细菌的生长，此外，纤网中纤维之间的粘连形成交联三维生物膜［图1-13（c）］有利于最大量的电子转移和导电。因此，气流辅助静电纺丝法制备的碳纤维具有优良的生物电催化性能。对于不同制备方法所得的电极材料之间性能差异的原因目前还不太清楚。这些材料均具有高达99%的孔隙率，而孔隙率是表示材料中孔洞含量的重要参数。事实上，孔隙不仅使材料的使用量减小到最小值，而且使微生物的渗透率和基质供能扩散最大化。此外，交联点［图1-13（b）］可能是增强其性能的另一个重要参数。

国内的庄旭品课题组在液喷纺微纳米纤维的应用方面做了大量工作。该课题组通过液喷纺醋酸锌［$Zn(Ac)_2$］和PAN的混合溶液制备了$Zn(Ac)_2$/PAN纤维，并将该前驱体纤维在氮气保护的环境中煅烧，获得了氧化锌（ZnO）纳米片层封装的碳纳米纤维（ZnO/CNFs），其中ZnO位于CNFs的芯层。在这种结构的电极中，CNFs可在充放电过程中提供适当的孔隙用于电解质离子的孔通道，且维持ZnO/CNFs电极结构和电路的整体性。ZnO负载质量不同时，CNFs的微观结构也随之变化，且该结构参数的改变会显著影响电极的电化学性能。如图1-14（a）所示，在电流密度为1A/g、5A/g、10A/g和50A/g时，ZnO/CNFs电极的比电容分别高达216.3F/g、212.7F/g、208.8F/g和172.5F/g，在电流密度为10A/g时，经2000次充放电循环后电容量只有5.41%的损失［图1-14（b）］，显示出极其良好的循环性能。此外，该电极具有高达29.76kW·h/kg的能量密度，同时还显示出了较强的电容量保持能力。上述研究结果表明，ZnO/CNFs电极在开发高能量和高功率密度能量存储设备方面具有极大潜力。

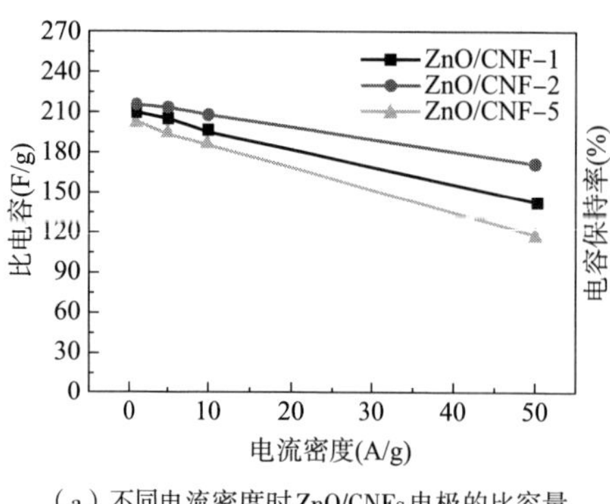

（a）不同电流密度时ZnO/CNFs电极的比容量

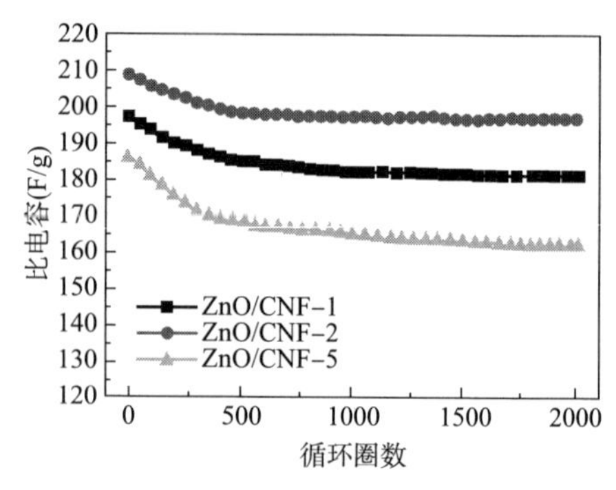

（b）ZnO/CNFs电极比容量与充放电循环次数的关系（电流密度=10A/g）

图1-14　电流密度对ZnO/CNFs电极性能的影响

之后，该组人员又将液喷纺PAN进行碳化和活化后制备碳纤维，并将其浸透到磺化聚醚醚酮（SPEEK）溶液中制备用于燃料电池的质子交换膜，研究发现复合膜的机械性能和质子电导率显著提高。他们又通过将液喷纺平行PAN纳米纤维前驱体碳化制备了碳纳米纤维纱线（CNFY），并用其制备用于一维超级电容器的电极，一系列实验研究表明该CNFY电极具有高导电性、大质量比容积和优异的循环性能。

Huang等利用钛酸镧锂溶液喷射3D纳米纤维骨架，可在高温下保持聚合物结构，提供了额外的锂离子通道，形成的复合聚合物电解质的室温离子导电率比静电纺丝高70%以上，提高了锂电池的使用寿命。Silva等通过溶液喷射纺丝技术合成了氧化镍/碳的复合中空纳米纤维（NiO-HF），其电催化性能优异，电极可维持15h以上的稳定性。Ruiz等通过溶液喷射法首次制备了聚合物基梯度纳米复合材料，并作为介电材料连续喷射特定的溶液或悬浮液来逐层制备材料，最终获得了高介电常数、低介电损耗的聚偏二氟乙烯（PVDF）的梯度聚合物基复合材料。与静电纺丝和熔融纺丝相比，溶液喷射纺纳米纤维垫更蓬松多孔，且对所使用溶液的限制少，有利于通过摩擦产生更高的电压从而提升供电效率，基于这一点，An等以大豆蛋白和木质素为原料制备纳米纤维垫，结合藤状结构使其具有良好的弹性和导电性。Zhao等利用溶液喷射纺丝技术制备了碳化硅（SiC）纳米纤维，并将其应用于超级电容器材料中，测试结果显示出其良好的电化学性能，表明溶液喷射纺丝技术在超级电容器电极材料领域具有广阔的应用前景。

1.4.3.3　吸附过滤分离材料

溶液喷射纺纳米纤维膜具有极高的孔隙率和大的比表面积，相比于传统的吸附、亲和膜，更有利于膜材料与目标分子或离子发生作用，因而溶液喷射纺丝技术在吸附材料中应用广泛。Kolbasov等通过溶液喷射纺丝技术制备了多种含有生物大分子（如海藻酸钠、大豆蛋白、木质素、燕麦粉、壳聚糖等）的纳米纤维膜，这些生物高聚物膜在重金属水溶液吸附方面表现出优异的性能。Wang等以溶液喷射纺聚酰亚胺为基体纤维材料，通过原位聚合法在纤维表面引入经十二烷基苯磺酸接枝改性的聚苯胺，从而制得新型重金属吸附膜。测试结果显示，每10mg微孔吸附膜可在300min内完成25mL Cr（VI）溶液（5mg/L）的吸附清除。Tong等基于同轴溶液喷射纺丝技术，制备了以聚酰胺6（PA6）为芯层，壳聚糖和PVA为皮层的皮芯复合纳米纤维，将汽巴蓝接枝固载于纤维表面，赋予其良好的蛋白吸附能力。结果显示，亲和膜拥有水凝胶和纳米纤维的共同优势，表现出良好的吸附能力，该膜对牛血清蛋白（BSA）的吸附量可达379.43mg/g。在另一项研究中，Tao等通过KOH处理得到活化碳纳米纤维，其比表面积及孔容分别可达2921.263m^2/g和2.714cm^3/g，应用于苯酚吸附可达251.6mg/g。Mercante等制备了氧化石墨烯包覆的聚甲基丙烯酸甲酯（PMMA）多孔纳米纤维，并将其应用于亚甲基蓝的吸附，最大吸附量可达698.51mg/g。

Hsiao等采用液喷纺丝法制备了PAN纳米纤维，并将其稳定化、活化和碳化后得到了高比表面积的PAN基活性炭纤维，可用于模拟烟道气流中CO_2的吸附过程。通过改变稳定化温度，可以调控孔尺寸从超微孔（0.7 ~ 2nm）到介孔（2 ~ 5.5nm）之间变化，且模拟实验结果与N_2吸附—解吸等温线一致，经元素分析和光电子能谱分析证实了氮元素出现在碳的整体结构和表面上。纤维膜的稳定化温度处理对其吸附亚甲基蓝和CO_2具有显著影响，见表1-4。从表中可看出，在吸附温度为323K的条件下，稳定化温度为533K（AC533）的活性炭对15% CO_2/N_2二元混合体系中的CO_2具有最高的重量平衡容量（5.53mmol/g），然而，在此吸附温度条件下，当总气流速率为100NmL/min时，稳定化温度为493K（AC493）的活性炭对$N_2/CO_2/H_2O$（体积比为83/10/7）混合体系中的CO_2具有最高的动态吸附量（2.70mmol/g）。CO_2的动态吸附量与根据N_2吸附等温线衍生出的密度泛函理论（dcnsity functional theory，DFT）计算得到的样品微孔表面积和微孔体积之间具有良好的相关性。

表1-4 PAN基活性炭样品的重量平衡容量和动态吸附量

样品	稳定化温度（K）	重量平衡容量（mmolCO_2/g）	动态吸附量（mmolCO_2/g）
AC493	493	4.14	2.70
AC513	513	5.45	1.46
AC533	533	5.53	1.69
AC553	553	4.29	1.57

Zhuang等通过液喷纺丝技术制备了直径范围在150～750nm之间的PA6纤维，并将其用于空气过滤方面。研究表明该液喷纺PA6纤维为卷曲3D状，纤维膜的整体结构较蓬松。过滤性能测试结果显示该纤维膜对0.3μm的微粒具有83.1%～93.45%的过滤效率和15.37～30.35Pa的极低压力降。这一研究结果表明，液喷纺纳米纤维膜在高效低阻过滤领域具有较大的应用潜力。他们又通过采用多孔模头液喷装置制备了直径在60～280nm的聚偏氟乙烯（PVDF）纤维，结果发现该纤维膜具有3D的卷曲蓬松结构和95.8%的孔隙率，且可通过热压方法提高纤维膜与基体纺黏非织造布的整体性。经过热压后纤维膜的结晶性能有所提高，孔隙率和孔尺寸都有所降低，并且热压膜显示出对微粒具有较高的滞留比率和较高的纯水通量，该研究表明液喷纺纤维膜在应用于高通量微滤膜方面具有较好的前景。

Wu等通过溶液喷射纺在纱窗上直接涂覆纳米纤维制作了一种透明的空气过滤器，达到了80%的光学透明度，实验证明该纳米纤维空气过滤器在PM2.5>708g/m^3的极端情况下，12h内对PM2.5的去除率为90.6%，且非常容易清理。Ye等采用溶液喷射纺制备了金属氧化物改性的聚乳酸（PLA）基纳米纤维膜，其具有优异的水油分离性能。Tan等利用溶液喷射纺制备了二醋酸纤维素（CDA）、聚丙烯腈（PAN）和聚偏氟乙烯（PVDF）复合的多层滤膜，用于对PM2.5的过滤，研究表明使用溶液喷射纺纳米纤维垫制作的复合口罩有着显著的过滤性能，优于商业用口罩。Alvarenga等以甘蔗渣粉煤灰（SBFA）为改性剂，在800℃和CO_2气氛下对溶液喷射纺PA6纳米纤维进行改性，制备的复合纳米纤维膜不仅可以在高流速、低压降下高效吸附，而且具有较高的重复利用率，这种高效低成本的吸附剂为除去水中污染物提供了一种可持续的替代方案。Li等借助溶液喷射纺制备了耐热聚酰亚胺（PI）纳米纤维空气过滤器，测试表明该过滤器具有420℃的高热稳定性，并且在低气流阻力下拥有99.73%的高效过滤性能，可从车辆尾气中除去97%的颗粒物，证明了溶液喷射纺丝在制备应用于高温空气过滤材料中有巨大的潜力。

1.4.3.4 生物医用材料

Medeiros等试纺了PLA/多壁碳纳米管（MWCNT），研究了其电学、热学、表面性能和结晶性能，并将其用于葡萄糖生物传感器。该研究人员又尝试液喷纺PLA/黄体酮（P4）纳米纤维膜，并对其体外释放情况进行了评估。流变测试实验表明，黄体酮与PLA具有交互作用，SEM表征发现，PLA/黄体酮混纺纳米膜具有均相结构，傅里叶红外光谱（FTIR）研究发现了纳米纤维中PLA与酮基之间的混溶和交互作用，*X*射线分析表明，PLA晶粒尺寸随黄体酮含量的增加而变大。该研究通过体外实验证明了黄体酮的释放符合一级动力学原理，并且证明了液喷纺丝技术可有效地将活性因子封装到可降解并具有生物相容性的聚合物纤维中。

庄旭品等试纺了壳核结构的丙烯酸共聚物（ES100）/5-氨基水杨酸（5-ASA），并将其用于药物释放领域，通过液喷纺壳聚糖/聚乙烯醇（PVA）溶液制备的壳聚糖/PVA水凝胶纤维则具有极好的杀菌活性，有望用于创伤修复领域。

Bilbao-Sainz等将PLA与羟丙甲纤维素（HPMC）和盐酸四环素（THC）分别溶解在三氯甲烷/丙酮（CA，体积比为80/20）和2，2，2-三氟代乙醇两种不同的溶剂体系中，通过液喷纺丝分别制备了HPMC-PLA和THC-PLA纤维，并考察了该纤维的直径分布、热学性能、水吸附性和抗菌性能。傅里叶变换红外光谱（FTIR）证实了HPMC和THC成功掺杂到PLA纤维中，且有相分离的现象发生。当HPMC含量较高时，HPMC-PLA纤维的水吸附性较好，并且与纯PLA纤维相比，其对大肠杆菌和单核细胞增多性李斯特菌具有较大的阻止区域。采用CA和TFE这两种溶剂制备的纤维膜具有相同的阻止区域，说明溶剂对纤维的抗菌性能没有明显影响。

Paschoalin等通过溶液喷射纺制备了由聚乳酸和聚乙二醇混合的纳米纤维，树突状细胞与之相互作用后依旧保持了未成熟的表型，说明溶液喷射纺纳米纤维可用于制备柔性的、免疫学惰性的生物材料。El-Newehy等采用溶液喷射纺工艺制备了醋酸纤维素纳米纤维（CANF），并将CANF脱酰化引入纳米纤维素，通过将脲酶和三氰基二氢呋喃分子探针固定在纤维素纳米纤维（CNF）

上，研制了一种纳米纤维膜传感器，传感响应较快（5 ~ 10min）。Lee等借助溶液喷射纺纳米纤维毡快速修复一次性口罩，通过调节纤维尺寸和厚度，为重复使用和延长口罩使用寿命提供了一种简单的方法，也为环境保护做出了贡献。Sousa等采用不同比例的45S5生物活性玻璃（BG）和天然橡胶（NR）制备了具有带状结构的纤维毡生物复合材料，测试结果显示，BG颗粒在NR微纤维表面和内部的分布良好，在200℃下具有良好的热稳定性，这证明了溶液喷射纺丝在生物医用材料领域应用潜力巨大。

1.4.4 液喷纺微纳米纤维的前景展望

作为一种新型高效的微纳米纤维制备技术，液喷纺丝在近年来取得了快速发展。国内外科研工作者做了许多有意义的探索研究工作，并不断致力于对设备纺丝工艺的改善及产品应用性能的提升。但相比已相对成熟的静电纺丝技术，液喷纺丝技术还存在许多缺陷与不足，尤其是在基础理论研究及材料应用研究方面，尚需不断完善和发展。然而，从另一方面来讲，液喷纺丝技术简易的操作方法和较低的设备配置为研究者不断开发纳米纤维的新型应用研究工作提供了便利。在纤维结构方面，液喷纺纳米纤维具有明显区别于静电纺纳米纤维的独特纤维形态结构，并凭借其结构方面的优势，在医用、吸附过滤、电极及电池隔膜材料方面得到了广泛应用。液喷纺丝技术可转化为手持式简易纺丝设备，再加上其纳米纤维易附着沉积的特性，如能在相关技术上得到突破，相信其在未来的手持式快速伤口敷料材料上的应用必将前景广阔。液喷纺丝技术具有熔喷纺丝和静电纺丝技术的优点，纺丝效率可达静电纺丝技术的数倍甚至更多，同时不需要高压电场，能源消耗低，具有原材料广泛、对设备要求低、加工工艺简单、制备流程短、效率高等优点，在微纳米纤维的批量化商业生产中，该技术提供了一种崭新并具有前景的技术路线。

目前，国内外该技术依然处于研究阶段，更多的研究侧重于对新材料的开发，与实现其产业化生产的目标差距较大。仍需对液喷纺丝技术宏量制备纳米纤维的理论和工艺进行详细深入的探究，以实现对微纳米纤维形态和结构的可控制备，同时进行相应特定用途的产品开发，进一步推动该技术的产业化进程。

1.5 微纳米纤维非织造材料在环保防护领域的应用前景

全球人口的快速增长及社会和工业的发展进步给地球生态环境造成了巨大压力，水资源短缺、空气污染和植被破坏等环境问题也日益加剧。如何健康可持续发展已成为当今世界发展的主题。微纳米纤维所具有的表面体积比高、孔隙率高、重量轻、小尺寸效应、界面效应及三维互通的网状结构等特性，使其在环境保护领域（如重金属污染物的吸附去除、PM2.5的过滤防护及生态植被修复等）具有极大的应用前景。

1.5.1 水处理领域

1.5.1.1 处理工业废水

印染加工及染料生产会产生大量有色废水，是工业废水排放的大户。印染废水具有水量大、有机污染物含量高、色度深、碱性大及水质变化大等特点，属难处理的工业废水。非织造材料在此类废水处理中主要通过过滤、吸附等作用对废水作预处理，较常用的是熔喷聚丙烯非织造布。朱超华等采用聚丙烯非织造布对牛仔布染色废水进行预处理，不仅可以去除废水中的纤维及大颗粒杂质，还可以回收靛蓝染料，减轻废水后续处理负荷。陈康等以聚丙烯非织造布为载体制备CaAlg/PP复合膜并用于处理亮蓝染液，经反复脱盐及用氯化钙交联后，仍能保持90.6%的通量和98%的染料截留率。李素等采用非织造布套筒式吸附装置处理染料废水，在非织造布质量为4～8g、处理时间为90～120min的条件下，去除率可达90%以上，吸附量达到了88.43mg/g。非织造布的孔径对印染废水处理效果有较大的影响，叶萌等在采用非织造布动态膜生物反应器（DMBR）处理碱减量印染废水时，小孔径非织造布膜基材比大孔径膜基材更容易形成动态膜，且形成的动态膜性能较大孔径好，对污染物的去除效果更好。

黄霞等采用聚丙烯非织造布与聚乙烯醇的复合载体固定包埋筛选的难降解有机物优势菌种，并对喹啉、异喹啉和吡啶进行降解试验，三种难降解有机物的降解率均达90%以上。石顺存等以涤纶废丝作填料，采用生物接触氧化法对石油化工有机废水进行处理，挂膜完成稳定运行时化学需氧量（COD）去除率在90%以上，出水COD小于150mg/L。方锐采用经壳聚糖改性的聚丙烯非织造布膜组件构建的A/O-MBR工艺对某聚酯化纤厂综合废水进行处理，运行期间出水COD、NH_3-N、TN和浊度分别在40mg/L、0.5mg/L、10mg/L和<0.2NTU以下。

对非织造材料进行改性，可有效提高非织造材料的吸附能力，并通过离子交换和吸附作用去除废水中的重金属离子。AOKI等通过在PP/PE非织造布上接枝磷酸基官能团达到去除废水中铜、钙、铅等重金属离子的目的。庞利娟等利用预辐射接枝对PE非织造布进行改性，在较宽的pH范围内，对Cr（VI）具有良好的去除效果。徐晓等制备了聚乙烯/聚丙烯（PE/PP）皮芯结构非织造布磺酸型吸附材料，该吸附材料在1000Sv/h的高流速下能快速去除Cs^+，最大吸附量为1.35mmol/g。陈元维等采用聚丙烯非织造布接枝丙烯酸合成用于处理重金属离子材料，获得了交换量为1～7mmol/g（干基）的材料。

任华等研究了不同滤料对工业循环水中氨氮、亚硝酸盐、磷酸盐的处理效果，结果表明非织造布作为滤料处理效果优于球形陶粒、碳酸钙矿石。徐光景等采用非织造布生物转盘处理污泥消化液，进水NH_3-N和NO_2^--N平均质量浓度分别为591.7mg/L和391.2mg/L，去除率分别达到34%和47%

1.5.1.2　处理生活污水

非织造布具有较好的保水性，适合作生物填料，研究表明非织造布在空气中放置24h后依然具有较高的含水率，因而在生活污水处理中得到了广泛应用。袁少雄等采用非织造布构建的填料组合单元对经沉淀后的学生宿舍生活污水进行处理，研究表明处理系统对总氮、硝氮和总磷的净化效果较对比系统的净化效果分别提高22.25%、62.88%和26.45%。孟志国等将非织造布作为过滤材料应用于膜生物反应器（MBR）中，研究表明非织造布过滤膜的出水水质与普通微滤膜的差距很小。Moghaddam采用多元酯非织造布处理生活污水，出水固体悬浮物浓度（SS）为16mg/L，总有机碳去除率达87%。Green对聚丙烯非织造布与聚砜膜作为MBR膜组件的处理效果进行了对比，结果表明两种膜组件对有机物与浊度的去除率均达到92%以上。朱琳把非织造布作为膜替代品构建无纺布序列间歇式反应器（FSBR）处理生活污水，与序列间歇式活性污泥反应器（SBR）相比较，COD、氨氮、TN、TP的平均去除率分别提高5.61%、2.11%、5.04%、4.53%。唐云飞等采用非织造布负载平板作为水平流生物膜反应器（HFBR）的载体进行污水处理，当进水COD为150mg/L、氨氮为22mg/L时，去除率分别为85%和99.5%，并且非织造布负载平板生物量明显高于聚乙烯平板。

1.5.2 空气过滤防护领域

作为一种新型过滤材料，非织造材料以其独特的三维立体网状结构及孔隙分布均匀、过滤阻力低、过滤性能好等优点，再加之加工后的形态多样化，正逐步取代传统的机织和针织过滤材料，其在高温烟气过滤、汽车室内空气过滤及空气雾霾防护过滤等方面的应用越来越广泛。

雾霾天气引起人们对空气质量问题的广泛关注。雾霾中不仅含有可吸入呼吸系统的颗粒物PM10、可吸入肺部的颗粒物PM2.5，还存在有害气体。因此，防雾霾口罩已成为人们出行的必备品。市场上常见的防雾霾口罩有防尘口罩、活性炭口罩、PM2.5口罩，这些口罩一般都是由非织造材料制作而成，有些不仅可以防PM2.5，还可以吸附有害气体、抵抗细菌。但目前市场上各种材质和结构的PM2.5防护口罩种类繁多，防护水平参差不齐，无法让使用者在雾霾天气下得到有效防护。因此，发展具有过滤效率高、防护性能好且制备成本低的PM2.5过滤材料是提高PM2.5防护口罩防护效果的关键。

范静静等利用静电纺丝技术在黏胶水刺非织造材料基表面沉积醋酸纤维素，然后再在表层覆盖聚丙烯纺黏非织造布作为复合结构的防护口罩材料，结果表明复合结构材料孔径变小、孔径分布更均匀，并且对1μm以下粒子的过滤效率从24.12%提高到69.76%左右，但对过滤阻力影响不大。吴夏雯测定了不同孔径结构的聚酯非织造布和聚偏氟乙烯（PVDF）微滤膜电晕前后对PM2.5的过滤性能，结果表明聚酯非织造布和PVDF微滤膜对PM2.5的过滤性能差别较大，电晕放电处理技术能有效提高过滤介质对PM2.5的过滤效率。黄宗旺等采用静电纺丝技术，通过在纺丝纤维内部引入不同形貌的黏土矿物及微球前驱体构筑多级结构复合纤维材料，实现了稳定高效的PM2.5过滤效率（>85%）及持续低压差阻力（约39Pa）。田文军采用无机驻极体材料通过静电纺丝技术制备纳米纤维膜，然后使用电晕充电设备制备高效低阻的静电驻极电纺膜空气过滤材料，该材料对PM2.5的过滤效率达99%以上，过滤阻力为90Pa。张威等对丙纶针刺、熔喷和驻极体非织造空气过滤材料的过滤效率、过滤阻力、容尘量、使用寿命及过滤性能的稳定性进行了实验研究和分析，结果表明普通针刺过滤材料过滤效率低，仅可对环境空气中PM2.5做初级过滤，驻极体过滤材料过滤效率高、容尘量高、过滤阻力低，可对环境空气中的PM2.5进行有效过滤。

1.5.3 生态修复领域

在常用的边坡生态防护形式中，利用生态型防护材料进行边坡防护，其以良好的经济效益和社会效益越来越受到人们的关注。非织造土工材料因具有优良的力学性能和水力学性能，且能够很好地满足植物生长的要求，其作为新型的生态护坡材料已被众多学者研究。王中珍等分别采用麻/黏胶针刺布与椰壳纤维、麻网布复合，黄麻网与脱胶后的黄麻复合以及椰壳纤维来制备护坡复合植生材料，所制备的产品不仅能很好地满足植物生长的要求，而且产品本身还可转化为植物的营养基质，并可改良土壤。李素英以废棉纤维、聚丙烯纤维和麻纤维为原料制备针刺非织造材料，用作公路护坡生态毯，该生态毯有利于植被稳定生根生长，可有效起到护坡作用。汤燕伟等比较了不同材料和不同结构的非织造材料基质对植物生长性能的影响，结果表明天然纤维和化学纤维基质均适合草坪草的生长，但天然或再生纤维稍优于化学纤维，薄型针刺非织造材料优于厚型针刺非织造材料。

1.6 主要研究内容

本书紧紧围绕微纳米纤维的制备及其在环保防护领域中的应用这一主题展开，研究内容具体包括以下几个方面。

（1）优化液喷纺微纳米纤维的制备过程。采用Box-Behnken设计和响应曲面分析优化方法，考察实验室自制液喷纺丝装置制备聚环氧乙烷（PEO）微纳米纤维过程中气流压力、溶液浓度、喷嘴直径和注射速率等参数及其交互作用对纤维形貌尤其是纤维直径的影响。通过方差分析，建立纤维直径与各工艺参数之间的响应面模型，基于三维响应面图形分析结果，寻找优化制备液喷纺PEO微纳米纤维的条件范围，并验证所拟合模型的有效性和准确性。

（2）探究液喷纺纤维形貌与环形气流场分布和聚合物射流运动的关联性。

首先考察不同几何形状喷嘴的流场分布，并结合实际实验情况筛选出几何结构合理有效的喷嘴，然后数值研究不同气流压力下液喷环形气体射流场的分布，并采用高速摄影技术捕捉不同气流压力下PAN溶液射流的运动规律，探究液喷纺纤维形貌与环形气流场分布和聚合物射流运动的关系。

（3）探索液喷纺PAN微纳米纤维的改性及其对多元体系中重金属离子的竞争吸附。通过比较普通聚丙烯（polypropylene，PP）非织造布、改性PP非织造布和液喷纺PAN微纳米纤维膜对重金属离子的吸附能力，将液喷纺PAN微纳米纤维膜在一定条件下进行化学改性，合成含偕胺肟基的液喷纺PAN微纳米纤维膜，并考察其对多元重金属离子水溶液体系中Cd（Ⅱ）、Cr（Ⅲ）、Cu（Ⅱ）、Ni（Ⅱ）、Pb（Ⅱ）和Zn（Ⅱ）的竞争吸附作用。

（4）明确偕胺肟基液喷纺PAN微纳米纤维膜对一元体系中重金属离子的吸附性能及其重复利用性能。考察溶液pH值、接触时间、初始浓度和温度对偕胺肟基PAN微纳米纤维膜吸附重金属离子的影响。研究吸附过程中的等温线、动力学和热力学，通过循环吸附—解吸实验考察偕胺肟基PAN微纳米纤维膜的再生与重复利用性能。

（5）针对目前市场上销售的PM2.5口罩普遍存在舒适性差、防护效率低、价格高等问题，采用目前常用的空气过滤材料熔喷非织造材料和纺黏非织造材料，通过考察黏合剂配比、层间黏合方式、黏结点间距、气体流量等因素对复合过滤材料过滤性能的影响，确定复合滤材的最佳设计参数，开发出效率高、阻力低、适用于不同防护要求的复合过滤材料。

（6）针对目前植生护坡材料携带营养物质少、保水能力差、强度不高、防护性能较差等问题，通过深入研究分析植生护坡材料的结构、制备工艺等对材料力学性能和水力学性能的影响，设计并制备了一种结构稳定、制备工艺简单、防护性能好、环境友好且能为植物提供良好生长环境的生态型立体植生护坡土工布。通过植物种植试验，考察复合生态土工布在植物生长中的作用及其在生态修复中的实际应用价值。

参考文献

[1] 王德诚. 世界非织造布市场预测——2024 年达 660 亿美元 [J]. 聚酯工业，2017，30(5)：1.

[2] 王启，姜慧婧，杨玮婧，等. 非织造布的应用现状及前景 [J]. 合成材料老化与应用，2017，46(6)：103–107.

[3] 王静，朱晓婷，马金丽. 非织造布特点及应用领域 [J]. 辽宁丝绸，2016(3)：29，32.

[4] LUO C J，STOYANOV S D，STRID E E，et al. Electrospinning versus fibre production methods：from specifics to technological convergence [J]. Chemical Society Reviews，2012，41(13)：4708–4735.

[5] 桂早霞，刘茜. 溶液喷射纺丝技术的基本原理及其纤维应用 [J]. 纺织导报，2021(6)：70–74.

[6] 胡艳丽，何诗琪，李凤艳，等. 溶液喷射纺纳米纤维的工艺研究及应用进展 [J]. 功能材料，2022，53(1)：1048–1054.

[7] HUANG Z M, ZHANG Y Z，KOTAKI M, et al. A review on polymer nanofibers by electrospinning and their applications in nanocomposites [J]. Composites Science and Technology, 2003, 63(15): 2223–2253.

[8] GRAFE T, GRAHAM K. Polymeric nanofibers and nanofiber webs: a new class of nonwovens [J]. International Nonwovens Journal, 2003(12): 51–55.

[9] ELLISON C J, PHATAK A, GILES D W, et al. Melt blown nanofibers: fiber diameter distributions and onset of fiber breakup [J]. Polymer, 2007, 48(11): 3306–3316.

[10] KAYSER J C, SHAMBAUGH R L. The manufacture of continuous polymeric filaments by the melt-blowing process [J]. Polymer Engineering and Science, 1990, 30(19): 1237–1251.

[11] ZHAO J Y, MAYES R, CHEN G, et al. Effects of process parameters on the micro molding process [J]. Polymer Engineering & Science, 2003, 43(9): 1542–1554.

[12] 柯勤飞，靳向煜. 非织造学 [M]. 上海：东华大学出版社，2004.

[13] FEDOROVA N, POURDEYHIMI B. High strength nylon micro and nanofiber based nonwovens via spunbonding [J]. Journal of Applied Polymer Science，

2007, 104(5) :3434–3442.

[14] MARLA V T, SHAMBAUGH R L. Three dimensional model of the melt-blowing process [J]. Industrial & Engineering Chemistry Research, 2003, 42(26): 6993–7005.

[15] KRUTKA H M, SHAMBAUGH R L, PAPAVASSILIOU D V. Analysis of a melt-blowing die: comparison of CFD and experiments [J]. Industrial & Engineering Chemistry Research, 2002, 41(20): 5125–5138.

[16] SUN Y, WANG X. Optimization of air flow field of the melt-blowing slot die via numerical simulation and genetic algorithm [J]. Journal of Applied Polymer Science, 2010, 115(3):1540–1545.

[17] 王晓梅. 熔喷工艺气流对纤维运动及热熔纤网质量影响的研究 [D]. 上海:东华大学,2005.

[18] 许德涛. 聚乙烯醇静电纺丝工业化相关基础研究 [D]. 苏州:苏州大学,2007.

[19] 刘雍. 气泡静电纺丝技术及其机理研究 [D]. 上海:东华大学,2008.

[20] 丁彬,俞建勇. 静电纺丝与纳米纤维 [M]. 北京:中国纺织出版社,2011.

[21] YARIN A, ZUSSMAN E. Upward needleless electrospinning of multiple nanofibers [J]. Polymer, 2004, 45(9): 2977–2980.

[22] LU B, WANG Y, LIU Y, et al. Superhigh-throughput needleless electrospinning using a rotary cone as spinneret [J]. Small, 2010, 6(15): 1612–1616.

[23] FENG J. Stretching of a straight electrically charged viscoelastic jet [J]. Journal of Non-newtonian Fluid Mechanics, 2003, 116(1): 55–70.

[24] KESSICK R, FENN J, TEPGGER G. The use of AC potentials in electrospraying and electrospinning processes [J]. Polymer, 2004, 45(9): 2981–2984.

[25] SHIN Y, HOHMAN M, BRENNER M, et al. Electrospinning: a whipping fluid jet generates submicron polymer fibers [J]. Applied Physics Letters, 2001, 78(7): 1149–1151.

[26] YARIN A, KOOMBHONGSE S, RENEKER D. Bending instability in electrospinning of nanofibers [J]. Journal of Applied Physics, 2001, 89(5): 3018–3026.

[27] MEDEIROS E S, GLENN G M, KLAMCZYNSKI A P, et al. Solution blow spinning: a new method to produce micro and nanofibers from polymer solutions [J]. Journal of Applied Polymer Science, 2009, 113(4): 2322–2330.

[28] ZHANG L, KOPPERSTAD P, WEST M, et al. Generation of polymer ultrafine fibers through solution air-blowing [J]. Journal of Applied Polymer Science, 2009, 114(6): 3479–3486.

[29] MEDEIROS E S, GLENN G M, KLAMCZYNSKI A P, et al. Solution blow spinning: a new method to produce micro and nanofibers from polymer solutions[J]. Journal of Applied Polymer Science, 2009, 113(4): 2322–2330.

[30] OLIVEIRA J E, MORAES E A, COSTA R G F, et al. Nano and submicrometric fibers of poly(D, L-lactide)obtained by solution blow spinning: process and solution variables [J]. Journal of Applied Polymer Science, 2011, 122(5): 3396–3405.

[31] ZHANG L, KOPPERSTAD P, WEST M, et al. Generation of polymer ultrafine fibers through solution air-blowing [J]. Journal of Applied Polymer Science, 2009, 114(6): 3479–3486.

[32] KOFINAS, PETER, DARISTOTLE, et al. Review of the fundamental principles and applications of solution blow spinning [J]. ACS Applied Materials & Interfaces, 2017, 8(51): 34951–34963.

[33] SHAHRZAD KHANSARI, SUMAN SINHA-RAY, ALEXANDER L, et al. Biopolymer based nanofiber mats and their mechanical characterization[J]. Industrial & Engineering Chemistry Research. 2013, 52(43): 15104–15113.

[34] SINHA-RAY S, YARIN A L, POURDEYHIMI B. The production of 100/400 nm inner/outer diameter carbon tubes by solution blowing and carbonization of core-shell nanofibers [J]. Carbon, 2010, 48(12): 3575–3578.

[35] SINHA-RAY S, ZHANG Y, YARIN A L, et al. Solution blowing of soy protein fibers [J]. Biomacromolecules, 2011, 12(6): 2357–2363.

[36] ZHUANG X P, YANG X, SHI L, et al. Solution blowing of submicron scale cellulose fibers [J]. Carbohydrate Polymers, 2012, 90(2): 982–987.

[37] KHANSARI S, SINHA-RAY S, YARIN A L, et al. Stress-strain dependence

for soy-protein nanofiber mats [J]. Journal of Applied Physics, 2012, 111(4): 044906.

[38] SINHA-RAY S, KHANSARI S, YARIN A L, et al. Effect of chemical and physical cross-linking on tensile characteristics of solution blown soy protein nanofiber mats [J]. Industrial & Engineering Chemistry Research, 2012, 51(46): 15109–15121.

[39] CHEN S, HOU H, HARNISCH F, et al. Electrospun and solution blown three dimensional carbon fiber nonwovens for application as electrodes in microbial fuel cells [J]. Energy & Environmental Science, 2011, 4(4): 1417–1421.

[40] SHI S, ZHUANG X P, CHENG B W, et al. Solution blowing of ZnO nanoflake encapsulated carbon nanofibers as electrodes for supercapacitors [J]. Journal of Materials Chemistry A, 2013, 1(44): 13779–13788.

[41] ZHANG B, ZHUANG X P, Cheng B W, et al. Carbonaceous nanofiber-supported sulfonated poly(ether ether ketone)membranes for fuel cell applications [J]. Materials Letters, 2014(115): 248–251.

[42] ZHUANG X P, JIA K, CHENG B W, et al. Solution blowing of continuous carbon nanofiber yarn and its electrochemical performance for supercapacitors [J]. Chemical Engineering Journal, 2014(237): 308–311.

[43] HUANG Z, KOLBASOV A, YUAN Y, et al. Solution blowing synthesis of li-conductive ceramic nanofibers[J]. ACS Applied Materials & Interfaces, 2020, 12(14): 16200–16208.

[44] SILVA V D, SIMÕES T A, LOUREIRO F J A, et al. Solution blow spun nickel oxide/carbon nano composite hollow fibres as an efficient oxygen evolution reaction electrocatalyst[J]. International Journal of Hydrogen Energy, 2019, 44(29): 14877–14888.

[45] RUIZ V M, SIRERA R, MARTÍNEZ J M, et al. Solution blow spun graded dielectrics based on poly vinylidenefluoride/multi-walled carbon nanotubes nanocomposites[J]. European Polymer Journal, 2020(122): 109–397.

[46] AN S, SANKARAN A, YARIN A L. Natural biopolymer based triboelectric nanogenerators via fast, facile, scalable solution blowing[J]. ACS Applied

Materials & Interfaces, 2018, 10(43): 37749–37759.

[47] ZHAO Y, KAMG W, LI L, et al. Solution blown silicon carbide porous nanofiber membrane as electrode materials for supercapacitors[J]. Electrochimica Acta, 2016(207): 257–265.

[48] KOLBASOV A, SINHA-RAY S, YARIN A L, et al.Heavy metal adsorption on solution blown biopolymer nanofiber membranes [J]. Journal of Membrane Science, 2017(530): 250–263.

[49] WANG N, CHEN Y, REN J, et al. Electrically conductive polyaniline/polyimide microfiber membrane prepared via a combination of solution blowing and subsequent in situ polymerization growth[J]. Journal of Polymer Research, 2017, 24(3): 42.

[50] TONG J, XU X, WANG H, et al. Solution blown core-shell hydrogel nanofibers for bovine serum albumin affinity adsorption[J]. RSC Advances, 2015(5): 83232–83238.

[51] TAO X, ZHOU G, ZHUANG X P, et al. Solution blowing of activated carbon nanofibers for phenol adsorption[J]. RSC Advances, 2014, 5(8): 5801–5808.

[52] MERCANTE L A, FACURE M, LOCILETO D A, et al. Solution blow spun PMMA nanofibers wrapped with reduced graphene oxide as an efficient dye adsorbent[J]. New Journal of Chemistry, 2017, 41(17): 9087–9094.

[53] HSIAO H Y, HUANG C M, HSU M Y, et al. Preparation of high surface area PAN based activated carbon by solution blowing process for CO_2 adsorption [J]. Separation and Purification Technology, 2011(82): 19–27.

[54] SHI L, ZHUANG X P, TAO X, et al. Solution blowing nylon 6 nanofiber mats for air filtration [J]. Fibers and Polymers, 2013, 14(9): 1485–1490.

[55] KHALID B, BAI X, WEI H, et al. Direct blow-spinning of nanofibers on a windows creen for highly efficient PM2.5 removal[J]. Nano Letters, 2017, 17(2): 1140–1148.

[56] YE B, JIA C, LI Z, et al. Solution blow spun PLA/SiO_2 nanofiber membranes toward high efficiency oil water separation[J]. Journal of Applied Polymer Science, 2020, 137(37): 49103.

[57] TAN N P B, PACLIJAN S S, ALI H N M, et al. Solution blow spinning(SBS) nanofibers for composite air filter masks[J]. ACS Applied Nano Materials, 2019, 2(4): 2475–2483.

[58] ALVARENGA A D, CORREA D S. Composite nanofibers membranes produced by solution blow spinning modified with CO_2 activated sugarcane bagasse fly ash for efficient removal of water pollutants[J]. Journal of Cleaner Production, 2021(285): 125376.

[59] LI Z, SONG J, LONG Y, et al. Large scale blow spinning of heat resistant nanofibrous air filters[J]. Nano Research, 2020, 13(3): 861–867.

[60] OLIVEIRA J E, CAPPARELLI MATTOSO L H, SOUTO MEDEIROS E, et al. Poly lactic acid /carbon nanotube fibers as novel platforms for glucose biosensors [J]. Biosensors, 2012, 2(1): 70–82.

[61] OLIVEIRA J E, ZUCOLOTTO V, MATTOSO L H C, et al. Multi-walled carbon nanotubes and poly lactic acid nanocomposite fibrous membranes prepared by solution blow spinning [J]. Journal of Nanoscience and Nanotechnology, 2012, 12(3): 2733–2741.

[62] OLIVEIRA J E, MEDEIROS E S, CARDOZO L, et al. Development of poly lactic acid nanostructured membranes for the controlled delivery of progesterone to livestock animals [J]. Materials Science & Engineering C-Materials for Biological Applications, 2013, 33(2): 844–849.

[63] ZHUANG X P, SHI L, ZHANG B, et al. Coaxial solution blown core-shell structure nanofibers for drug delivery [J]. Macromolecular Research, 2013, 21(4): 346–348.

[64] LIU R, XU X, ZHUANG X P, et al. Solution blowing of chitosan/PVA hydrogel nanofiber mats [J]. Carbohydrate Polymers, 2014(101): 1116–1121.

[65] BILBAO SAINZ C, CHIOU B S, VALENZUELA MEDINA D, et al. Solution blow spun poly lactic acid/hydroxypropyl methylcellulose nanofibers with antimicrobial properties [J]. European Polymer Journal, 2014(54): 1–10.

[66] PASCHOALIN R T, TRALDI B, AYDIN G, et al. Solution blow spinning fibres: new immunologically inert substrates for the analysis of cell adhesion

and motility[J]. Acta Biomaterialia, 2017(51): 161–174.

[67] EL NEWEHY M H, EL HAMSHARY H, SALEM W M. Solution blowing spinning technology towards green development of urea sensor nanofibers immobilized with hydrazine probe[J] .Polymers, 2021, 13(4): 531.

[68] LEE J S, KIM H J, JUNG S, et al. Repair of disposable air filters by solution blown nano/micro fibrous patches[J]. ACS Applied Nano Materials, 2020, 3(11): 11344–11351.

[69] SOUSA E A, SILVA M J, SANCHES A O, et al. Mechanical, thermal, and morphological properties of natural rubber/45S5 bioglass® fibrous mat with ribbon-like morphology produced by solution blow spinning[J]. European Polymer Journal, 2019(119): 1–7.

[70] 朱超华,邱滔,徐圃清,等. 牛仔布染色废水中的靛蓝回收技术研究 [J]. 环境科学与技术,2010,33(4):137–140.

[71] 陈康,赵孔银,张志箭,等. 海藻酸钙 / 聚丙烯无纺布复合过滤膜的制备及性能 [J]. 复合材料学报,2019(1):1–6.

[72] 李素,沈忱思,柳建设. 大面积壳聚糖无纺布的吸附性能及其分离回用强化 [J]. 科学技术与工程,2017,17(18):118–125.

[73] 叶萌,杨波,李方,等. 无纺布动态膜生物反应器处理碱减量印染废水 [J]. 环境工程学报,2013,7(9):3421–3426.

[74] 方锐. UF-A/O-MBR 工艺处理聚酯化纤废水的研究 [D]. 大连:大连理工大学,2009.

[75] AOKI S, SAITO K, JYO A, et al. Phosphoric acid fiber for extremely rapid elimination of heavy metal ions from water [J]. Analytical Sciences, 2001(17): 205–208.

[76] 庞利娟. 聚乙烯纤维(无纺布)辐射改性及其对金属离子的吸附研究 [D]. 上海:中国科学院大学(中国科学院上海应用物理研究所),2018.

[77] 徐晓,刘西艳,赵晓燕,等. 预辐射接枝改性无纺布制备铯离子吸附材料 [J]. 辐射研究与辐射工艺学报,2017,35(5):28–37.

[78] 陈元维,寇晓康,高月静,等. 用于除去浓缩果汁中微量重金属的螯合纤维的研制—— (I)PP 无纺布紫外接枝丙烯酸的条件及性能 [J]. 高分子材料科学

与工程,2004(6):153–156.

[79] 任华,蓝泽桥,答和庆,等. 不同滤料在循环水工厂化水处理系统中的应用效果分析 [J]. 河北渔业,2012(3):8–11.

[80] 徐光景,杨凤林,徐晓晨,等. 利用厌氧无纺布生物转盘快速启动 Anammox 中试实验 [J]. 工业水处理,2013,33(2):38–41.

[81] 袁少雄,陈文音,陈章和. 无纺布填料影响生活污水自净作用的基础研究 [J]. 安徽农业科学,2010,38(25):13986–13988.

[82] 孟志国,杨凤林,张兴文. 无纺布——膜生物反应器在生活污水处理中应用 [J]. 大连理工大学学报,2007(3):344–348.

[83] MOGHADDAM M R A, SATOH H, MINO T. Performance of coarse pore filtration activated sludge system [J]. Water Science and Technology, 2003, 46(11):71–76.

[84] GREEN G, BELFORT G. Fouling of ultrafiltration membranes: lateral migration and the particle trajectory model [J]. Desalination, 1980(35): 129–147.

[85] 朱琳. FSBR 反应器脱氮除磷效果试验研究 [D]. 哈尔滨:哈尔滨工业大学,2010.

[86] 唐云飞,王荣昌,赵建夫. 水平流生物膜反应器处理村镇污水的运行特性 [J]. 中国给水排水,2013,29(7):24–28.

[87] 赵奕,靳向煜,吴海波,等 . 我国高温烟气非织造过滤材料的现状与发展前景 [J]. 东华大学学报(自然科学版),2020,46(6):874–880.

[88] 陈拼. 无纺布纤维汽车空调过滤器过滤特性及应用研究 [D]. 衡阳:南华大学,2019.

[89] 娄辉清,曹先仲,周蓉,等. 非织造复合滤材对空气中 PM2.5 的过滤防护性能 [J]. 上海纺织科技,2020,48(8):47–51,64.

[90] 张威,谷海兰. 非织造空气过滤材料对 PM2.5 的过滤性能 [J]. 上海纺织科技,2013,41(2):59–61.

[91] 范静静,周莉,胡洁,等. 复合结构防护口罩材料的制备及性能研究 [J]. 材料导报,2015,29(4):50–54.

[92] 吴夏雯,陆茵. 不同过滤介质对 PM2.5 过滤性能与效果 [J]. 环境工程学报,

2016,10(4):1933–1938.

[93] 黄宗旺,廖娟,张毅,等. 纺锤状纤维结构的设计及其 PM2.5 过滤性能研究 [J]. Science China Materials,2021,64(5):1278–1290.

[94] 田文军. 静电驻极无机颗粒掺杂 PVDF 电纺膜制备及其在 PM2.5 防护中的应用 [D]. 武汉:武汉纺织大学,2019.

[95] 张威,谷海兰. 非织造空气过滤材料对 PM2.5 的过滤性能 [J]. 上海纺织科技,2013,41(2):59–61.

[96] 王中珍,周镭. 可降解非织造布护坡复合植生材料的研究开发 [J]. 上海纺织科,2016,44(11):6–7.

[97] 王中珍,冯洪成,丁帅,等. 可降解黄麻护坡复合植生材料的研究开发 [J]. 山东纺织科技,2017,44(1):13–17.

[98] 王中珍,周镭,丁帅. 可降解椰壳纤维格室的研究开发 [J]. 产品设计与开发,2016,44(12):39–41.

[99] 李素英. 公路护坡生态毯的研制 [J]. 产业用纺织品,2012,31(1):6–9.

[100] 汤燕伟,于伟东,周蓉. 非织造基质的理化性能和植物生长性能的研究 [J]. 产业用纺织品,2005,28(2):16–20.

第2章 液喷纺微纳米纤维的优化制备

2.1 引言

为考察纺丝过程中工艺参数对纤维形貌的影响，以往实验室最常用的优化策略是单次单因子法，即在假设各因素间不存在交互作用的前提下，通过一次只改变一个因素及其水平而固定其他因素水平，然后逐因素进行考察的优化设计方法。但由于所考察的实验因素间常存在相互影响，采用该方法并非总能获得最佳的优化条件。另外，当考察的因素较多时，所需的实验次数和实验周期也随之增加。目前虽然在液喷纺丝可行性的探索及应用方面取得了一定成果，但并没有系统深入地研究液喷纺丝过程中各工艺参数的交互作用对制备微纳米纤维的影响。

响应曲面优化法（response surface methodology，RSM）是结合统计学和数学而产生的一种用于开发、改善和优化生产过程的有效方法，多用来优化若干独立变量或非独立变量对一个或多个响应变量影响的实验。响应曲面法通过局部实验建立连续变量的曲面模型来评价分析各种影响因子（单因素）及其交互作用（交互因素）与响应值之间的关系，并预测一定实验范围条件下的响应值。通过该方法可以得到这些参数的曲面轮廓，该响应曲面图展现了加工参数范围并指出了获得最优参数即特征值的方向。虽然与通常采用的正交实验法一样，均建立在正交设计原理的基础上，但响应曲面法采用了更为合理的实验设计方法，能够减少实验次数和时间，且提供足够多的信息对实验进行全面研究，而正交设计法无法找到整个实验区域内各个因素的最佳组合及响应值的最优值。响应曲面优化设计法遵循一定的实验次序，如筛选独立变量和相应的水平、通过适当和准确的实验设计方法构造响应面模型、评估所拟合近似模型回归系数的显著性及曲面模型的充分性和有效性。在液喷纺丝方面，Oliveira等采用响应曲面法初步讨论了在气流压力一定的条件下，以纤维平均直径为响应值、以聚合物溶液浓度和注射速率为变量进行曲面优化，研究结果发现聚合物溶液浓度对纤维直径大小及其分布有着重要影响。

基于在整体因素空间具有准确预测的优良特性，中心组合设计和Box-Behnken（BBD）设计是常用的响应曲面实验设计方法。Box-Behnken设计是Box和Behnken于1960年提出的一种拟合二阶响应曲面的三水平等间距设计，由2^k因子设计与不完全区组设计组合而成。在响应曲面实验设计中，Box-Behnken设计程序比中心组合设计更有优势，如相同设计点时具有较少的试验次数，并且具有旋转性和球面对称性。

为了弥补单次单因子和正交设计实验方法的缺陷，本章在预实验的基础上，通过采用Box-Behnken实验设计和响应曲面分析优化方法，系统考察液喷纺聚环氧乙烷（PEO）微纳米纤维过程中实验参数，如气流压力、溶液浓度、喷嘴直径和注射速率这四个参数及其交互作用对纤维形貌尤其是纤维直径的影响，以期获得优化制备液喷纺微纳米纤维的工艺参数和实验方法。

2.2 材料与方法

2.2.1 试剂与仪器

试剂：聚环氧乙烷（平均分子量约为100万，上海连胜化工有限公司，并且使用前未经进一步纯化）。实验时将不同质量的PEO粉末分别溶解在蒸馏水中配置不同浓度的PEO溶液，然后将混合物在100℃恒温水浴锅中搅拌3h，得到浓度分别为8%、9%和10%（质量分数）的均一透明PEO溶液。

仪器：扫描电镜（日立TM-1000）、图像处理软件（ImageJ v2.1.4.7，美国国家卫生研究院）、电子天平（AL204，梅特勒托利多仪器有限公司）、水浴锅（HH-4，金坛精达仪器制造厂）。

2.2.2　液喷纺PEO微纳米纤维的制备及其表征

实验室液喷纺丝装置示意图如图2–1所示。该装置的核心部件由注射泵（LSP01–1A，保定兰格恒流泵有限公司）、自制环形同轴喷嘴、精密压力表［LRP–1/4–4，FESTO，费斯托（中国）有限公司］及无油空压机（DA7002，江苏岱洛医疗科技有限公司）组成。注射泵能按预定的注射速率挤压聚合物溶液，空压机产生压缩空气并通过气管连接到环形同轴喷嘴，气流压力由精密压力表调节。在本实验装置设计中，将内喷嘴伸出外喷嘴4mm。喷嘴平面到接收装置的距离为50cm。通过注射泵将PEO溶液连续输送至内喷嘴并挤出，挤出的聚合物溶液射流将被外喷嘴喷出的高速压缩气体射流加速并拉伸，在此过程中，经溶剂挥发和溶液射流的摆动作用，聚合物纤维固化沉积在铜网接收装置上形成微纳米纤维膜。

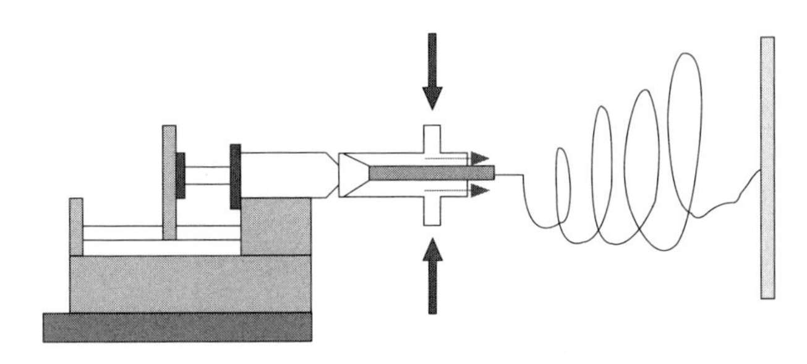

图2–1　液喷纺丝装置示意图

首先将制备好的液喷纺PEO纳米纤维样品在真空中进行喷金处理，以减少电荷聚集，然后采用扫描电镜表征其形貌。通过ImageJ图像处理软件随机测试三张扫描电镜照片中的30根纤维的直径，并求其平均值。

2.2.3　单因素预实验确定工艺参数取值范围

预实验以获得直径均匀的纳米级纤维为目标，其他因素不变，考察气流压力、溶液浓度、喷嘴直径和注射速率单一因素变化时，液喷纺PEO微纳米纤维形貌及纤维直径的变化趋势，从而确定所选工艺参数的取值范围。

2.2.4　响应面实验设计与统计分析

本实验中，采用响应曲面设计法来确定和量化溶液性能尤其是溶液浓度和加工参数，如气流压力、喷嘴直径和注射速率对液喷纺PEO纤维形貌特别是纤维直径的影响，并确定用于次序优化的实验参数设计范围。在液喷纺丝过程中，主要关注的是所制备纤维的平均直径及直径分布范围，理想的工艺条件下应该可获得直径较小且分布均匀的纤维。但由于在响应曲面设计中，响应值必须是可明确量化的指标，而纤维直径的分布范围不易量化，因此在纤维制备过程中以纤维平均直径作为优化目标，而在工艺条件优化工作中同时考虑纤维平均直径和直径分布范围。本实验构造基于Box–Behnken实验设计方法的响应曲面模型，评估所选实验参数在选定范围内的统计显著性，预测和优化液喷纺PEO纤维的直径。

根据前期单因素预实验研究结果，本实验所选择的四个独立变量分别为气流压力（X_1）、溶液浓度（X_2）、喷嘴直径（X_3）和注射速率（X_4），并将PEO纤维直径作为响应值。以 –1、0和1分别代表自变量的低、中、高水平，且各种因素水平在空间均等分布。依据方程x_i=（X_i–X_0）/ ΔX对自变量进行编码，其中，x_i是编码值，X_i是真实值，X_0是实验中心点变量真实值，ΔX是自变量变化步长。液喷纺丝过程中变量范围根据前期单因素预实验取得，即在气流压力为0.125 ~ 0.375kgf/cm^2[1]、溶液浓度为8% ~ 10%（质量分数，下同）、喷嘴直径为0.41 ~ 0.84mm及注射速率为0.5 ~ 1.5mL/h的条件下可连续制备PEO纤维。以纤维直径为响应值的四因素三水平的BBD实验因素和水平见表2–1。

表2–1　BBD实验因素和水平

因素	变量水平和范围		
	–1	0	1
X_1 气流压力（kgf/cm^2）	0.125	0.25	0.375
X_2 溶液浓度（%）	8	9	10
X_3 喷嘴直径（mm）	0.41	0.63	0.84
X_4 注射速率（mL/h）	0.5	1.0	1.5

[1] 1kgf/cm^2=0.098MPa，为了与实验过程中所使用压力表的单位一致，本章中的气流压力单位采用kgf/cm^2。

典型的四因素全二次多项式响应面模型方程如式（2-1）：

$$Y=\beta_0+\sum_{i=1}^{4}\beta_iX_i+\sum_{i=1}^{4}\beta_{ii}X_i^2+\sum_{i=1}^{3}\sum_{j=i+1}^{4}\beta_{ij}X_iX_j+\xi \tag{2-1}$$

式中：Y为响应值；X_i为独立变量；β_0、β_i、β_{ii}和β_{ij}分别为截距、线性项、二次项和交互项的回归系数；ξ为随机误差项。

通过方差分析和各种相关系数R^2值可估计响应面模型的拟合准确性。在统计学中，常采用F检验对实验数据进行方差分析以评价模型的统计显著性，P值也是检验模型和回归项（线性项、两因素交互项和二次项）统计显著性的一个参数。为考察统计性，通常认为显著水平为0.05是最大可接受的可能性，而模型中每一项的可能性（P值）在95%置信区间小于0.05时可被认为具有统计显著性。本研究中采用多元回归分析（最小二乘法）来拟合响应值和实验值的关系，并通过剔除非显著项（在95%置信区间，$P>0.05$）即模型退减法（model reduction method）进一步精简全二次响应面模型方程。R^2在统计学中称为复相关系数，用来说明模型方程与实验值的相关性。R^2值通常在0和1之间，R^2值较低时意味着平均预测值附近还有其他变异。为了使模型方程充分近似代表实验值，通常希望R^2值大于0.9。但是，R^2值对自由度非常敏感并且随着模型中添加项的增多而变大，而校正决定系数（adjusted R^2，R^2_{adj}）对自由度的敏感性较低且受模型中增加项的影响不大。R^2_{adj}指模型中响应值的变异能被所近似的多元回归方程解释的比例，该参数体现了二次曲面模型方程拟合实验数据的充分性，因此也被用来判定模型方程的充分性。通常情况下，R^2_{adj}值比R^2值低，且R^2_{adj}值与预测R^2值（predicted R^2，R^2_{pred}）相差在0.2以内时，被认为在统计学上具有合理一致性。

为判断所选择模型的统计性能，需分析残差的特点。残差被定义为模型预测值与所研究的整个设计空间相同因素水平的实验值之间的差异。对于一个充分预测的模型，希望残差服从正态分布，即模型预测值与实验结果之间的差异是由随机次序产生的。本研究中主要检验残差的正态概率分布，即通过考察残差数据点是否呈近似线性，判断其是否服从正态分布。由于一次实验设计中所有实验次序的权重不同，导致残差的标准误差不同，也就是说原始残差属于不同的正态群体，从而使原始残差不能检验回归假设的正确性。将残差进行学生化处理（即学生化残差）可使不同的正态分布变成统一标准正态分布，进而平衡由于设计点位置不同导致的权重差异。学生化残差，一般情况下是指实验学生化残差和样本学生化残差，前者是残差与实验标准差之比，后者是残差与样本标准差之比。该方法不仅使计算更加简洁，而且所得判断条件也更加准确。

2.3 结果与讨论

2.3.1 Box-Behnken实验设计与结果

根据前期预实验研究结果得知，影响液喷纺PEO纤维的因素相当复杂，可变因素较多，且由于单因素实验水平仅限于局部区域，不能全面反应各影响因素之间的交互作用。本研究根据Box-Behnken实验设计原理，对前期筛选出的气流压力（X_1）、溶液浓度（X_2）、喷嘴直径（X_3）和注射速率（X_4）四个主要影响因素，采用Design-Expert8.0.1软件设计四因素三水平共29组随机实验的响应曲面分析方法设计实验。设计方案中的29个实验点分为两类：其一是析因点，自变量取值在X_1、X_2、X_3和X_4所构成三维顶点的24个析因点；其二是零点，即区域中心点，本实验重复五次，用于估计整个实验的纯误差。通过测量上述每一组实验所制备PEO纤维的直径，求出每组纤维直径的平均值作为Box-Behnken实验响应值，四因素三水平实验设计及结果见表2-2。

表2-2　四因素三水平实验设计及结果

试验序号	独立变量水平编码值				响应值（纤维平均直径）(nm)
	X_1	X_2	X_3	X_4	
1	0	0	–1	1	767.98
2	1	1	0	0	719.33
3	–1	–1	0	0	617.58
4	1	0	0	1	772.99
5	–1	0	0	–1	680.28
6	0	0	1	1	901.97
7	–1	1	0	0	875.65
8	0	1	–1	0	977.73

续表

试验序号	独立变量水平编码值				响应值（纤维平均直径）(nm)
	X_1	X_2	X_3	X_4	
9	0	0	−1	−1	653.02
10	0	0	0	0	720.41
11	1	0	1	0	771.90
12	0	−1	0	1	597.04
13	0	0	0	0	727.19
14	1	−1	0	0	465.57
15	0	0	0	0	710.26
16	0	0	0	0	717.88
17	0	1	0	−1	712.00
18	0	0	1	−1	784.72
19	1	0	−1	0	800.86
20	0	0	0	0	711.78
21	−1	0	−1	0	938.53
22	0	−1	−1	0	579.39
23	1	0	0	−1	369.82
24	−1	0	0	1	700.49
25	0	1	0	1	862.18
26	0	−1	0	−1	480.72
27	0	1	1	0	1084.04
28	0	−1	1	0	689.60
29	−1	0	1	0	1007.81

2.3.2　响应面模型的建立及显著性检验

对表 2–2 中响应值与各因素值之间进行多元回归拟合，得到全二次多项式回归模型为：

$$
\begin{aligned}
Y = {} & 979.88 - 1151.25X_1 + 467.21X_2 - 3422.33X_3 + 138.89X_4 - 8.62X_1X_2 \\
& - 913.86X_1X_3 + 1531.84X_1X_4 - 4.53X_2X_3 + 16.93X_2X_4 + 5.32X_3X_4 \\
& - 690.18X_1^2 - 18.28X_2^2 + 3111.05X_3^2 - 261.93X_4^2
\end{aligned}
\tag{2–2}
$$

式中：Y 为纤维平均直径（nm）；X_i（i=1, 2, 3, 4）为实际独立变量；X_1 为气流压力（kgf/cm^2）；X_2 为溶液浓度（%）；X_3 为喷嘴直径（mm）；X_4 为注射速率（mL/h）。

模型的可靠性可从方差分析结果中考察，方差分析结果见表2-3。

表2-3　全二次多项式响应面模型的方差分析

源项	平方和	自由度	均方差	*F*值	*P*值
模型	6.75E+05	14	48201.22	17.22	<0.0001（*）
回归项					
X_1	70513.40	1	70513.40	25.20	0.0002（*）
X_2	2.70E+05	1	2.70*E*+05	96.59	<0.0001（*）
X_3	22753.13	1	22753.13	8.13	0.0128（*）
X_4	70854.16	1	70854.16	25.32	0.0002（*）
X_1X_2	4.64	1	4.64	1.66*E*-03	0.9681
X_1X_3	2412.77	1	2412.77	0.86	0.3689
X_1X_4	36664.59	1	36664.59	13.10	0.0028（*）
X_2X_3	3.80	1	3.80	1.36*E*-03	0.9711
X_2X_4	286.62	1	286.62	0.10	0.7537
X_3X_4	1.31	1	1.31	4.68*E*-04	0.9830
X_1^2	754.36	1	754.36	0.27	0.6117
X_2^2	2167.89	1	2167.89	0.77	0.3936
X_3^2	1.34E+05	1	1.34*E*+05	47.94	<0.0001（*）
X_4^2	27815.13	1	27815.13	9.94	0.0071（*）
残差	39178.06	14	2798.43	—	—
纯误差	187.64	4	46.91	—	—
总和	7.14E+05	28	—	—	—
R^2=0.9451，R^2_{adj}=0.8903，R^2_{pred}=0.6850，*CV%*=7.17，信噪比=16.919					

注　*表示统计结果具有显著性。

从表中可看出，全二次多项式模型在95%的置信区间具有统计显著性，线性项如溶液浓度（X_2）、注射速率（X_4）、气流压力（X_1）和喷嘴直径（X_3）以及交互项（X_1X_4）对纤维平均直径具有显著影响（P<0.05）。由于模型中存在非显著项（P>0.05），本实验拟采用后退模型降阶法（backward model reduction method）来剔除方程中的非显著项，进一步精简优化响应面模型。后退法是模型降阶算法中最优先的选择，采用这种方法时模型中的所有项将会被重新计算并考虑其重新纳入模型中的可能性。通过多元回归分析，精简后二次响应面模型的方差分析和回归系数的显著性见表2-4和表2-5。

表2-4　精简后曲面模型的方差分析

源项	平方和	自由度	均方差	F值	P值
模型	6.70E+05	7	95654.15	45.23	<0.0001（*）
残差	44416.10	21	2115.05	—	—
纯误差	187.64	4	46.91	—	—
总和	7.14E+05	28	—	—	—
R^2=0.9378，R^2_{adj}=0.9171，R^2_{pred}=0.8679，$CV\%$=6.23，信噪比=26.999					

表2-5　精简后曲面模型回归系数的显著性分析

源项	回归系数	自由度	标准差	F值	P值
截距	701.65	1	13.87		
X_1	-76.66	1	13.28	33.34	<0.0001（*）
X_2	150.09	1	13.28	127.80	<0.0001（*）
X_3	43.54	1	13.28	10.76	0.0036（*）
X_4	76.84	1	13.28	33.50	<0.0001（*）
X_1X_4	95.74	1	22.99	17.34	0.0004（*）
X_3^2	148.43	1	17.51	71.90	<0.0001（*）
X_4^2	-60.86	1	17.51	12.09	0.0023（*）

从表中可看出，该模型方程的P<0.0001，说明用该精简回归方程描述各因素与响应之间的关系时，响应变量与所选自变量的关系显著，即所拟合的响应面模型具有高度显著性和合理性。R^2值为0.9378，表明模型与实验值之间相关性较好，说明模型拟合程度良好，实验误差较小。R^2_{adj}和R^2_{pred}值分别为0.9171和0.8679，比全二次响应面模型的R^2_{adj}和R^2_{pred}值（0.8903和0.6850）有所增加，且该精简模型中的R^2_{pred}与R^2_{adj}的差值小于0.2，说明所拟合的模型具有合理一致性。R^2_{adj}值为0.9171，表明大约91.71%的纤维直径变异分布在所研究的4个因子及其选定范围内，且总变异中仅有8.29%的变异不能由该模型解释，表明模型拟合程度较好。变异系数（coefficient variability，$CV\%$）表示不同水平的处理组之间的变异程度。精简后模型的$CV\%$值由7.17降至6.23，说明模型的可信度高，实验数据合理，可重复性较好。信噪比（signal to noise ratio）是表示信号与噪声的比例，通常希望该值大于4。精简模型中信噪比值为26.999，比全二次模型的信噪比16.919有所提高，肯定了模型的充分性和合

理性，说明模型具有足够高的精确度，能准确地反映实验结果。从精简后模型的回归系数显著性检验结果（表2–5）可知，一次项（X_1、X_2、X_3和X_4）、交互项（X_1X_4）和二次项（X_3^2和X_4^2）对液喷纺PEO纤维平均直径的影响高度显著，且各因子对响应值的影响不是简单的线性关系。精简优化后的曲面模型包含了一系列的显著项，其方程式如式（2–3）所示：

$$Y = 617.77 - 2145.09X_1 + 150.09X_2 - 3811.33X_3 + 257.60X_4 + 1531.84X_1X_4 + 3211.09X_3^2 - 243.44X_4^2 \quad (2\text{–}3)$$

从该方程中可看出，气流压力（X_1）和溶液浓度（X_2）与液喷纺PEO纤维直径具有直接相关性；喷嘴直径（X_3）和注射速率（X_4）与纤维平均直径具有二次相关性，气流压力（X_1）与注射速率（X_4）的交互项对平均直径也有影响。

2.3.3 响应曲面图形分析

通过上述二次多项回归方程所做的三维（3D）响应曲面如图2–2所示。该组动态图通过组合相同响应值（纤维平均直径）的点，图形化显示了所拟合的回归模型。该图形可直观反映各因素对响应值的影响，并可从中找出实验参数最佳因素水平范围及参数间的交互作用情况。

2.3.3.1 气流压力的影响及与其他因素的交互作用分析

气流压力对液喷纺PEO纤维平均直径的影响如图2–2（a ~ c）所示。由图2–2（a）可看出，气流压力对纤维直径的影响在一定程度上受溶液浓度的限制，在聚合物溶液浓度相对较低（8% ~ 9%）时，增大气流压力能明显减小纤维直径；但在较高浓度（10%）条件下，纤维直径对气流压力的响应较小。这一结论与静电纺丝过程中增加电压对纤维直径的影响不同，静电纺丝过程中纤维直径并不随着电压的改变而发生显著变化，在聚合物溶液浓度较低时，电压的改变对纤维直径几乎没有影响。气流压力对纤维直径的影响与喷嘴直径无关［图2–2（b）］，对于不同直径的喷嘴，增加气流压力时纤维直径的变化呈现出相似的趋势，即随着气流压力的升高纤维直径先降低后稍有变大；但是，在喷嘴直径较大且气流压力较小时，液喷纺PEO纤维的直径较大，这主要是由于气流压力较小时，其作用于聚合物射流上所产生的拉伸力减弱。又由拟合响应面模型方程（2–3）可看出，该方程中没有气流压力和喷嘴直径的交互项

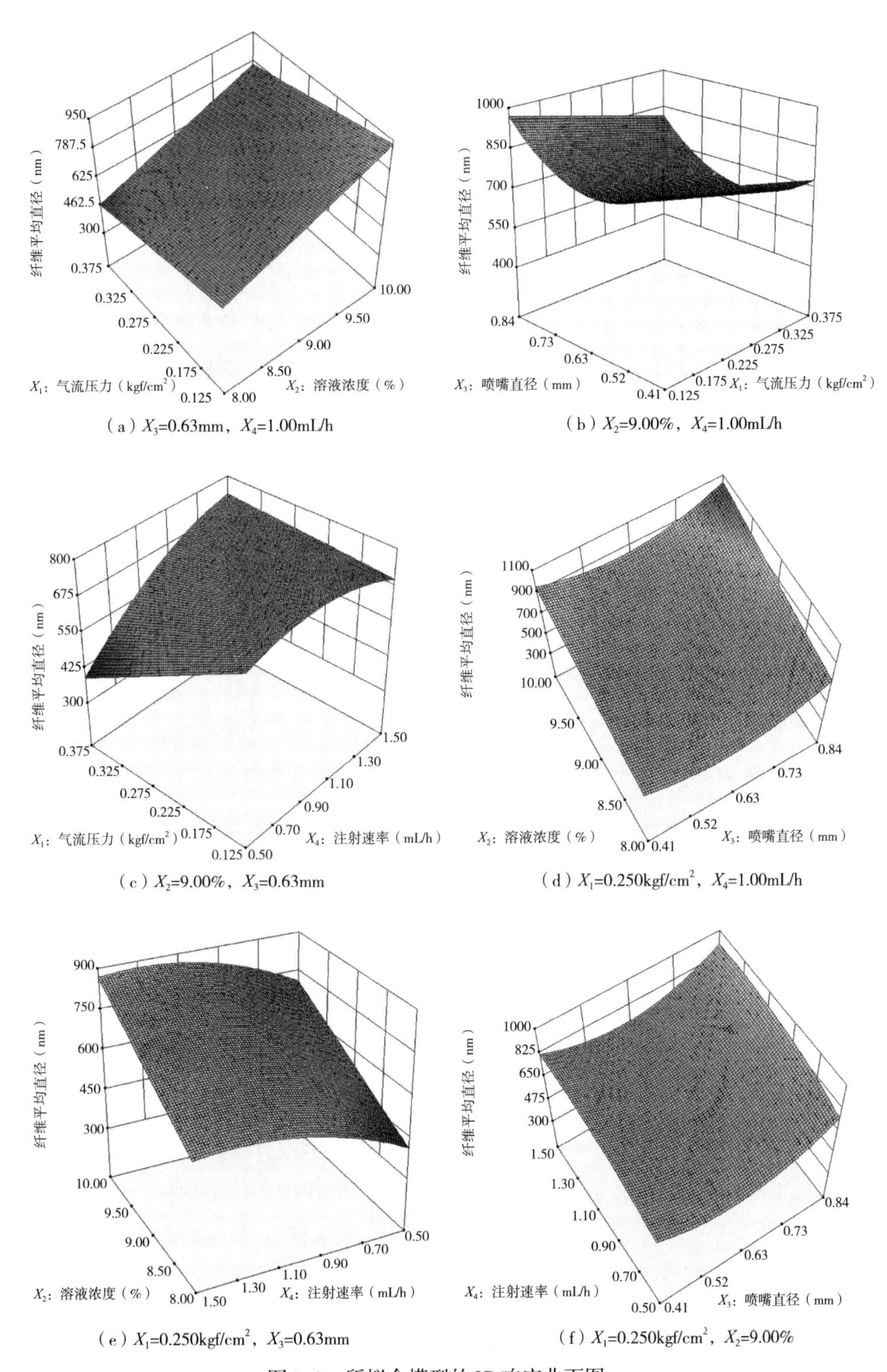

(a) X_3=0.63mm，X_4=1.00mL/h

(b) X_2=9.00%，X_4=1.00mL/h

(c) X_2=9.00%，X_3=0.63mm

(d) X_1=0.250kgf/cm²，X_4=1.00mL/h

(e) X_1=0.250kgf/cm²，X_3=0.63mm

(f) X_1=0.250kgf/cm²，X_2=9.00%

图2-2　所拟合模型的3D响应曲面图

存在。在可纺丝范围内，注射速率较低时，增加气流压力对降低纤维直径具有明显的影响，如图2-2（c）所示。这是由于注射速率较低时，随气流压力增加，单位时间内只有较小的质量流受到较大的气流拉伸作用。结合前面所述精简后的响应面模型方程（2-3）和表2-5可看出，气流压力和注射速率之间具有较强的交互作用。

2.3.3.2 溶液浓度的影响及与其他因素的交互作用分析

图2-2（a）、（d）、（e）显示了溶液浓度对纤维平均直径的影响。从图2-2（a）、（e）中可看出，在可纺丝范围内，当气流压力或注射速率一定时，纤维直径随着聚合物浓度的变大而逐渐增加，这说明在溶液浓度较低的条件下更容易制备较细的纤维，且与前人研究液喷和静电纺丝的结论一致，即纤维直径对溶液浓度的响应较大。这是由于随着聚合物溶液浓度增大，大分子链的缠结程度增大，导致溶液黏度随之增加，由聚合物的黏弹性能控制的黏性力和表面张力也相应增大，而高的黏弹力容易抑制液喷纺丝过程中的拉伸和剪切作用力，因此，在这种情况下，液喷纺PEO纤维直径有所增加。从图2-2（a）、（e）可推断，当PEO溶液浓度低于8%时，理论上应该可以制备出更细的纤维，但在实际实验中发现，当PEO溶液浓度为6%时，由于大分子链之间的缠结浓度不足，液喷纺PEO不能成纤，而是形成液滴（droplets）和串珠（beads）。因此，本实验条件下所拟合的经验模型及其3D响应曲面图不适用于外推到其他参数的情况。另外，如图2-2（d）所示，在可纺纤维范围内，当气流压力和注射速率固定时，不论喷嘴直径如何变化，液喷纺PEO纤维的直径均随着溶液浓度的增加而增加，这说明溶液浓度与喷嘴直径之间没有交互作用。

2.3.3.3 喷嘴直径的影响及与其他因素的交互作用分析

由上面的分析可知，液喷纺PEO纤维平均直径对喷嘴直径的响应程度低于气流压力和溶液浓度这两个参数［（图2-2（b）、（d）］，但喷嘴直径的改变对纤维直径的变化也有一定影响，在其他参数固定的条件下，纤维直径随着喷嘴直径的增加呈现出先降低后升高的趋势。当气流压力和注射速率一定时，如图2-2（d）所示，在聚合物溶液浓度较低（8% ~8.5%，质量分数）时，选择适中的喷嘴直径（0.5 ~ 0.7mm），可制备出较细的纤维。这是由于随着喷嘴直径增大到一定范围（0.5 ~ 0.7mm）时，聚合物溶液与喷嘴内壁之间单位体积的摩擦力降低。此外，由于初生泰勒锥底端直径等于喷嘴直径，而喷嘴顶端悬垂液滴（pendent drop）体积随着喷嘴直径的增加而变大，这样气体射流与聚合物射流之间的接触面积增大，导致作用于聚合物射流表面的剪切力变大。这与静电纺聚乙烯醇（PVA）纳米纤维的研究结论不完全相同，有研究人员认为纤维直径将随着喷嘴直径的增加而变小，这是由于聚合物注射速率增加和喷嘴顶端悬垂液滴体积的增大，而增加喷嘴直径可能有助于提供多射流喷射的基点。但通过肉眼宏观观察，本实验中只有一束聚合物射流，并没有发现射流或纤维劈裂现象，在接下来的研究中将采用高速摄影技术来证实这一结论。从图2-2（f）可以看出，当气流压力和溶液浓度一定时，在注射速率不同的条件下，喷嘴直径对纤维直径的影响不大，但当注射速率较小（0.5～0.8mL/h）且喷嘴直径适中（0.5～0.7mm）时，也可获得较细的纤维，这与前面分析溶液浓度与喷嘴直径的交互作用时的结论是一致的。

2.3.3.4 注射速率的影响及与其他因素的交互作用分析

为保持纺丝过程中泰勒锥的动态平衡和产生连续射流，喷嘴顶端悬挂一定的聚合物溶液是必要的，而聚合物溶液注射速率对于可形成纤维的溶液体积量起决定性作用。注射速率对液喷纺PEO微纳米纤维的影响如图2-2（c）、（e）、（f）所示。由前面的分析及图2-2（c）可知，注射速率与气流压力之间存在明显的交互作用，在可纺丝范围内，溶液注射速率较小且气流压力较大时，有利于液喷纺PEO纤维的细化。从拟合的曲面响应模型方程式（2-3）中的显著项X_1X_4中也可看出二者之间的交互作用。与聚合物溶液浓度相比，液喷纺PEO纤维直径对注射速率响应较小［图2-2（e）］，这与静电纺丝过程中注射速率的影响相似，静电纺纳米纤维直径并不随着注射速率的改变而发生显著变化。但是在聚合物溶液浓度较低（8%～8.5%）的条件下，随着注射速率的降低，液喷纺PEO纤维直径变小。当气流压力和溶液浓度一定时，对于任何直径的喷嘴，纤维直径均随着注射速率的增加而变大［图2-2（f）］，这是由于注射速率增加时，单位时间内聚合物溶液的挤出量增加，而气流拉伸作用力是固定的，即单位时间内聚合物溶液受到的作用力不变，进而导致所纺纤维的直径增加。

2.3.4 模型验证与工艺条件的优化

为了验证所拟合回归模型的有效性和准确性，将实验所制备液喷纺PEO纤维的直径实测值与相同条件下的模型预测值作对比，并计算其线性相关系数，结果如图2-3（a）所示。从图中可以看出，预测值与实验所测结果吻合较好，线性相关系数为0.9378，这也说明了在整个实验设计空间上理论预测值与实验值之间的相关性良好。

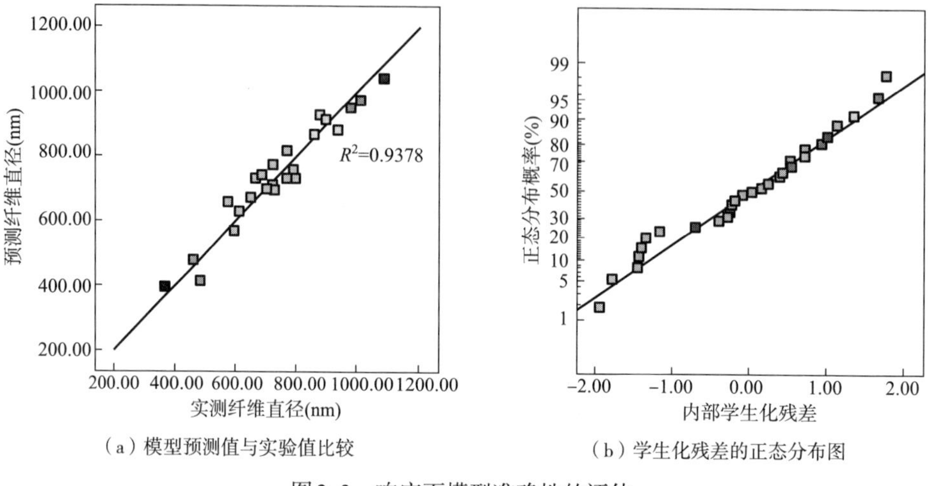

（a）模型预测值与实验值比较　　（b）学生化残差的正态分布图

图2-3　响应面模型准确性的评估

为检验标准差的正态性假设，考虑其学生化残差的概率分布，如图2-3（b）所示，残差呈近似线性分布，这说明模型的标准差服从正态分布。学生化残差的正态性分布证实了模型预测值与实验值之间的差异是随机产生的（无系统偏差）。

为了验证本实验所拟合曲面响应模型的预测准确性，在实验水平范围内，通过另外三组独立实验对模型进行证实。所选实验条件下液喷纺PEO纤维的SEM照片如图2-4所示，该条件下模型预测值与实验结果的比较见表2-6。从表中可看出，不同条件下的实验值和预测值的相对误差较小，预测值与实验结果之间具有一致性。这说明基于实验所建立的模型是合理有效的，该套统计学实验设计与分析方法对液喷纺纤维工艺参数的优化具有一定的实践指导意义。

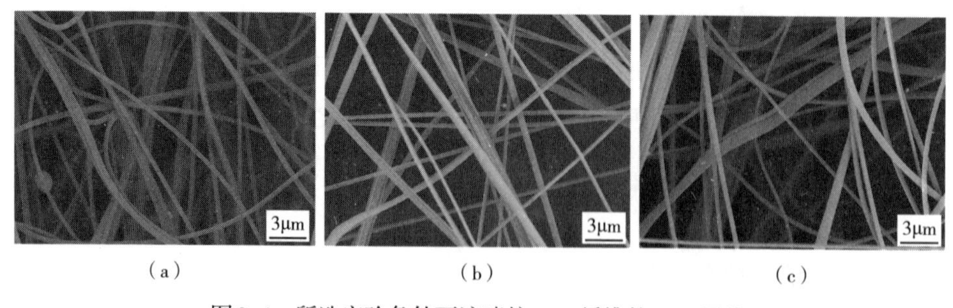

（a）　　（b）　　（c）

图2-4　所选实验条件下液喷纺PEO纤维的SEM照片

表2-6 所选实验条件下液喷纺PEO纤维直径的预测值与实验值比较

实验序号	气流压力（kgf/cm^2）	溶液浓度（%，质量分数）	喷嘴直径（mm）	注射速率（mL/h）	纤维直径（nm）		相对误差（%）
					实验值	预测值	
a	0.18	8	0.63	0.8	586.22	576.58	1.64
b	0.20	8.7	0.84	0.5	785.32	779.89	0.69
c	0.36	10	0.63	1.2	843.79	860.15	1.94

通过对模型和响应曲面的分析，并结合实际实验条件的可操作性及工艺参数实施的可行性，得出液喷纺连续制备直径较小且分布均匀的PEO纤维的最优工艺条件为：溶液浓度为8%，气流压力为$0.25kgf/cm^2$，注射速率为0.5mL/h，喷嘴直径为0.63mm，根据方程（2-3）计算得到该条件下所制备纤维的平均直径为414.98nm。在该工艺条件下进行五次重复实验，测得纤维直径分布在200~750nm之间，其中直径范围在350~500nm之间的纤维占69%，平均直径为450.73nm（图2-5），与预测值相差较小。

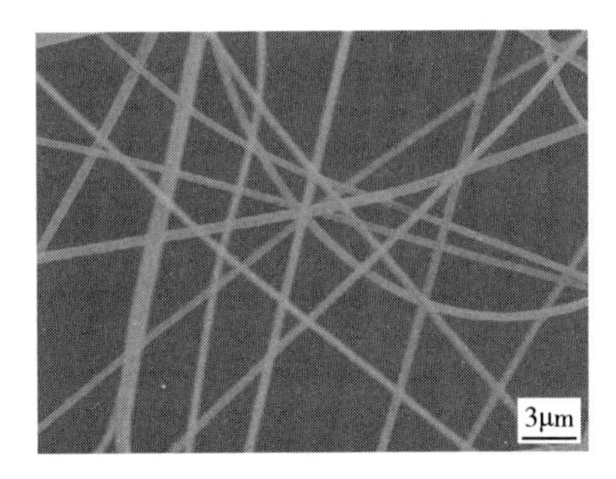

图2-5 优化工艺条件下所纺PEO纤维的SEM照片

2.4 小结

本章在前期预实验的基础上，采用Box-Behnken设计和响应曲面法对影响液喷纺PEO微纳米纤维的四个因素（溶液浓度、气流压力、喷嘴直径和注射速率）进行了优化研究，得到的主要结论如下。

（1）以液喷纺PEO微纳米纤维的平均直径为响应值，拟合二次多项式回归模型并对模型进行精简，通过方差分析和显著性检验，发现溶液浓度、注射速率、气流压力和喷嘴直径及气流压力与注射速率的交互项对液喷纺PEO微纳米纤维的直径具有显著性影响。

（2）响应曲面图形可直观反映各因素对响应值的影响，在可纺丝范围内，当溶液浓度为8%～8.5%、气流压力为0.25～0.375kgf/cm^2、注射速率为0.5～0.8mL/h及喷嘴直径为0.5～0.7mm时，可制备出较细直径的液喷纺微纳米PEO纤维。

（3）本实验所拟合响应曲面模型的有效性和准确性通过分析另外三组独立实验进行了验证，通过比较不同实验条件下纤维直径的预测值和实测值，二者的相对误差较小，证实了本实验所拟合模型的有效性和准确性，并为液喷纺制备其他聚合物纤维提供一定的理论指导。

（4）通过模型和响应曲面分析确定了优化制备直径较小且分布均匀的PEO纤维的条件是溶液浓度为8%（质量分数）、气流压力为0.25kgf/cm^2、注射速率为0.5mL/h、喷嘴直径为0.63mm，在此条件下所制备纤维的直径分布在200～750nm之间，平均值为450.37nm，与预测值基本一致。

参考文献

[1] 邢慧雅. 响应面法优化藜麦发酵浓浆发酵工艺研究 [D]. 太原：山西大学，2019.

[2] MYERS R H, MONTGOMERY D C, ANDERSON-COOK C M. Response surface methodology: process and product optimization using designed experiments [M]. New Jersey: Wiley, 2009.

[3] AGARWAL P, MISHRA P, SRIVASTAVA P. Statistical optimization of the electrospinning process for chitosan/polylactide nanofabrication using response surface methodology [J]. Journal of Materials Science, 2012, 47(10): 4262–4269.

[4] 杨静. 玉米秸秆纤维素酶水解研究及响应曲面法优化 [D]. 天津：天津大学，2007.

[5] SUKIGARA S, GANDHI M, AYUTSEDE J, et al. Regeneration of bombyx mori silk by electrospinning. Part 2. process optimization and empirical modeling using response surface methodology [J]. Polymer, 2004, 45(11): 3701–3708.

[6] NEO Y P, RAY S, EASTEAL A J, et al. Influence of solution and processing parameters towards the fabrication of electrospun zein fibers with sub-micron

diameter [J]. Journal of Food Engineering, 2012, 109(4): 645–651.

[7] 汪彬彬，车振明 . Plackett-Burman 和 Box-Benhnken Design 实验设计法优化华根霉产糖化酶发酵培养基的研究 [J]. 食品科技，2011，36(5): 41–45.

[8] RAY S, LALMAN J A. Using the Box–Benkhen design(BBD)to minimize the diameter of electrospun titanium dioxide nanofibers [J]. Chemical Engineering Journal, 2011, 169(1–3): 116–125.

[9] OLIVEIRE J E, MORAES E A, COSTA R G F, et al. Nano and submicrometric fibers of poly(D, L-lactide)obtained by solution blow spinning: process and solution variables [J]. Journal of Applied Polymer Science, 2011, 122(5): 3396–3405.

[10] BOX G E P, BEHNKEN D W. Some new three level designs for the study of quantitative variables [J]. Technometrics, 1960, 2(4): 455–475.

[11] COWLES M, DAVIS C. On the origins of the 0.05 level of statistical significance [J]. American Psychologist, 1982, 37(5): 553–558.

[12] TSIMPLIARAKI A, SVINTERIKOS S, ZUBURTIKUDIS I, et al. Nanofibrous structure of nonwoven mats of electrospun piodegradable polymer nanocomposites: a design of experiments(DOE)study [J]. Industrial & Engineering Chemistry Research, 2009, 48(9): 4365–4374.

[13] BOX G E P, DRAPER N R. Empirical model-building and response surfaces [M]. New York: John Wiley and Sons, 1987.

[14] RUI XU, YICHENG HONG. The weighting functions constructed by studentized residual in weighted least square [J]. Journal of Innovation and Social Science Research, 2019, 6(11): 79–82.

[15] TAN S H, INAI R, KOTAKI M, et al. Systematic parameter study for ultra fine fiber fabrication via electrospinning process [J]. Polymer, 2005, 46(16): 6128–6134.

[16] MEDEIROS E S, GLENN G M, KLAMCZYNSKI A P, et al. Solution blow spinning: a new method to produce micro and nanofibers from polymer solutions [J]. Journal of Applied Polymer Science, 2009, 113(4): 2322–2330.

[17] ZHANG L F, KOPPERSTAD P, WEST M, ct al. Generation of polymer ultrafine fibers through solution air blowing [J]. Journal of Applied Polymer

Science, 2009, 114(6): 3479–3486.

[18] HSIAO H Y, HUANG C M, LIU Y Y, et al. Effect of air blowing on the morphology and nanofiber properties of blowing-assisted electrospun polycarbonates [J]. Journal of Applied Polymer Science, 2012, 124(6): 4904–4914.

[19] KATTI D S, ROBINSON K W, KO F K, et al. Bioresorbable nanofiber-based systems for wound healing and drug delivery: optimization of fabrication parameters [J]. Journal of Biomedical Materials Research Part B: Applied Biomaterials, 2004, 70B(2): 286–296.

[20] KONG C S, LEE T H, LEE K H, et al. Interference between the charged jets in electrospinning of polyvinyl alcohol [J]. Journal of Macromolecular Science Part B-Physics, 2009, 48(1): 77–91.

[21] KONG C S, LEE S G, LEE S H, et al. Electrospinning instabilities in the drop formation and multi-jet ejection part I: various concentrations of PVA(polyvinyl alcohol)polymer solution [J]. Journal of Macromolecular Science, Part B, 2011, 50(3): 517–527.

[22] ZONG X H, KIM K, FANG D F, et al. Structure and process relationship of electrospun bioabsorbable nanofiber membranes [J]. Polymer, 2002, 43(16): 4403–4412.

[23] RAMAKRISHNA S, FUJIHARA K, TEO W-E, et al. An introduction to electrospinning and nanofibers [M]. Singpore: World Scientific Pub Co Inc, 2005.

第3章　液喷纺微纳米纤维形貌与环形气流场分布和聚合物射流运动的关联性

3.1　引言

近年来，人们对新兴起的液喷纺丝技术给予越来越多的关注，但由于液喷纺丝过程中气流场的动力学行为相当复杂，对于其气流场分布在理论和实验上的研究相对较少。喷射流场中沿气流运动方向的中心线速度和湍流强度对于预测液喷纺纤维性能有重要意义。此外，对气流场的了解也有助于模拟纤维成型过程，因此，研究液喷纺丝过程中的气流场分布对液喷纺丝技术的发展具有重要意义。作为一种相对成熟的纺丝技术，熔喷纺丝是采用高速、高温、高压气流拉伸聚合物熔体制备微米纤维的方法，目前，科研人员从理论和实验方面对熔喷气流场的研究相对较多。本章将借鉴熔喷纺丝过程中气流场的模拟方法，采用计算流体动力学（CFD）的方法探索液喷纺环形气流场的分布。

本章首先考察不同几何形状喷嘴的气流场分布情况，在此基础上筛选出几何形状合理有效的喷嘴，然后研究不同气流压力下液喷环形气体射流场的分布。上一章的研究结果表明气流压力对PEO纤维形貌有显著影响，而且由于液喷纺丝是采用高压高速气流直接拉伸聚合物溶液制备微纳米纤维，其制备过程不受聚合物溶液的导电性、溶剂极性等因素影响，因此上一章中对PEO的研究结论同样适用于液喷纺PAN纤维的论述。同时为了对后面两章吸附应用实验做准备，本章将采用高速摄影技术捕捉不同气流压力下PAN溶液射流（纤维）的运动，深入探讨液喷纺纤维形貌与气流场分布和聚合物射流运动的关联性。

3.2 材料与方法

3.2.1 试剂与仪器

试剂：聚丙烯腈（平均分子量约为70000），丙烯腈（91.4%，摩尔分数）和丙烯酸甲酯（8.6%，摩尔分数）的共聚体，浙江杭州湾腈纶纤维有限公司；*N*，*N*–二甲基乙酰胺（DMAc，分析级，国药化学试剂有限公司，使用前未经进一步纯化）。PAN粉末在使用前先在60℃烘箱中预干燥6h。然后将15g PAN粉末溶解在85g DMAc中，并将该混合物在60℃恒温水浴锅中搅拌3h，得到浓度为15%（质量分数）的均一透明PAN溶液。

仪器：表面张力仪（BZY–1，上海衡平仪器仪表厂）；扫描电镜（SEM，日立TM–3000）；图像处理软件（ImageJ v2.1.4.7，美国国家卫生研究院）；高速摄影仪（HG–100K，美国Redlake公司）；电子天平（AL204，梅特勒托利多仪器有限公司）；鼓风干燥箱（DHG9050A，上海精密仪器仪表有限公司）；水浴锅（HH–4，金坛精达仪器制造有限公司）等。

3.2.2 液喷纺PAN微纳米纤维的制备

液喷纺PAN微纳米纤维的制备采用的是第二章所述的自制实验装置，该装置主要由注射泵（LSP01–1A，保定兰格恒流泵有限公司）、自制环形同轴喷嘴、精密压力表［LRP–1/4–4，FESTO，费斯托（中国）有限公司］和无油空压机（DA7002，江苏岱洛医疗科技有限公司）组成。本实验将探索四种形状结构不同的环形喷嘴的气流场分布及液喷纺纤维的情况，四种喷嘴的主要区别是内喷嘴伸出或缩进外喷嘴的长度不同，其中喷嘴A、B、C和D分别表示内喷嘴伸出外喷嘴4mm、2mm、0和–2mm。环形喷嘴A的纵截面示意图如图3–1所示，其中D_i和D_o分别是内外喷嘴直径

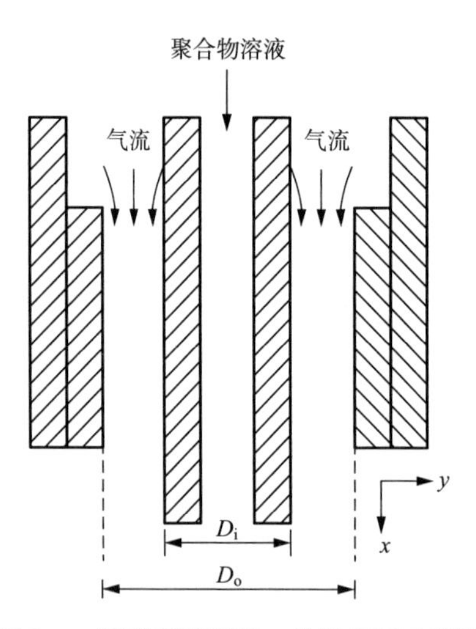

图3–1 液喷环形喷嘴A的纵截面示意图

为0.91mm和2.5mm。本实验是在溶液注射速率为1.5mL/h及接收距离为60cm的条件下进行的，通过注射泵将PAN溶液从注射器中挤出到同轴气体射流中，经气流拉伸并伴随着溶剂挥发和溶液射流的摆动作用，聚合物射流被拉伸变细。与此同时，拉伸变细的聚合物沉积在铜网接收装置上形成液喷纺PAN微纳米纤维膜。

3.2.3 液喷纺丝过程中聚合物射流运动的高速摄影

液喷纺丝过程中聚合物射流（纤维）的运动采用高速摄影仪捕捉，该摄影仪具有25～100000帧/秒（frames per second，fps）的帧速率记录图像的能力，本实验中采用的记录速度为1000fps。实验中将焦距为24～85mm、最大视角为2.8的尼康广角变焦镜头与高速摄影仪联合使用。本章中采用的图像数据以512×384像素的分辨率记录。光源采用2个1300W的新闻灯。

高速摄影照片的处理和分析采用Beard等在分析熔喷纤维运动时使用的方法和软件，具体就是首先选取1s内连续拍摄的1000幅照片，用Adobe Photoshop 7.0软件对照片进行处理，以突出照片中纤维的运动轨迹，并使图片格式统一化，然后将处理后的照片在视频编辑器Corel VideoStudio Pro X5中进行合成，将照片转化成可连续放映的视频，并通过QuickTime将其转化成可分析的视频格式（MOV格式），最后采用Video Point软件分析纤维上不同点处的运动轨迹。Video Point是一款功能强大的视频分析软件，其主要特点是在对系统进行定标后可研究单个物体一维、二维的运动、转动，同时在一个画面中可选取多个物体进行研究。

3.2.4 液喷环形气体射流场的数值模拟

3.2.4.1 计算域选定和网格生成

本研究采用Fluent 6.3软件对液喷环形气体射流场进行数值模拟。在对实验部分所采用的四种喷嘴产生的环形射流场进行数值模拟前，首先要选定气体射流场的计算域。基于Moore等在数值研究熔喷等温环形气体射流场分布时所采用的方法，本实验在数值模拟液喷环形射流场分布时也忽略聚合物溶液射流和气体射流间的耦合作用。这是由于在液喷纺丝过程中，聚合物溶液射流质量较小且在高速气流场中快速细化成纤维，聚合物射流的存在对气流场的影响较小。由于忽略聚合物溶液射流对气体射流的作用，以图3–1所示的喷嘴A为例，其对称平面将变成其二维（2D）平面的对称线，从而减少了模拟计算的尺寸，通过将中心线设置成对称边界，可采用Fluent 6.3软件中的基于压力的2D求解器进行运算。

本研究中所采用的计算区域如图3–2所示，该区域是基于实验过程中喷嘴A下方气流运动区域的2D近似。将坐标系的原点（O）指定为内喷嘴末端面的中心点，x轴正向（轴向）垂直于喷嘴平面向下，y轴正向（径向）垂直于x轴。该区域的网格划分按照Shambaugh等在模拟熔喷射流场时采用的方法，具体划分方法如下：沿x轴方向，计算域从气体射流入口到其充分发展区域，主要包括入口长度（BD）5mm，从坐标原点开始延伸至射流充分发展区域的长度（OG）70mm；沿y轴方向，将包括气流入口在内的上端面长度指定为5mm，下端面的长度（FG）取20mm。根据上述划分方法，液喷环形气流场的计算区域被指定为如图3–2所示的特殊形状，以保证其具有足够的尺寸限制气体射流在此区域的充分发展。

指定计算区域后还需对此区域进行网格划分。由于所选计算区域规则成直角的形状，因此采用四边形单元进行网格划分。首先在Gambit软件（Fluent 6.3软件的前处理软件）中生成粗糙网格，然后通过Fluent软件对接近气体射流入口的区域进行加密。本实验中参考Moore等在分析熔喷等温环形射流场时采用的加密方法，对包括射流入口和从射流出口上端面沿x轴方向延伸至15mm处的整个横向区域进行加密。

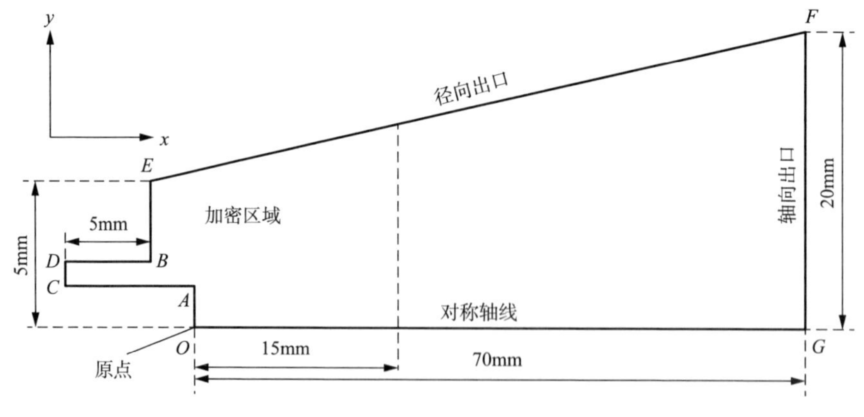

图3–2 喷嘴A的计算区域和网格加密区域

3.2.4.2　模拟参数的设置

选定计算区域和生成网格后，需对Fluent软件中的模拟参数进行设置。将图3-2所示的计算区域的入口（*CD*）设置为压力入口边界，入口处的绝对压强分别设置为1.121atm、1.242atm和1.363atm[1]，静止温度设置为300K，径向出口（*EF*）和轴向出口（*FG*）都设置为常压（1atm）条件下的压力出口边界，同时将气体射流场中心线（*OG*）指定为对称边界。在上述所设置的边界条件下，实验中所采用的压缩气流可认为是可压缩气体，并启用理想气体模型，又由于所采用压缩气流的近似等温特性，因此可假设气体黏度不变，并指定其能量边界条件。由于近入口处的气流黏度损耗和出口处的气流扩散造成的热差异，因此，实验过程中气流并非完全等温。入口壁面和其他壁面设置均采用软件中的默认设置，即静止温度为300K时的无滑移边界。湍流设置根据之前在研究熔喷气流场分布时采用的参数值。入口边界湍流强度为10%，水力直径为（D_o-D_i）/2，出口边界湍流强度为10%，长度为20mm。为达到计算结果收敛，除能量方程的残差需达到10^{-6}外，其他模型方程均设置为10^{-5}。在此条件下，对于不同几何结构的喷嘴，本实验中所有模拟迭代数为4500～5000步。

3.2.4.3　网格独立性检验

为检验计算区域划分的不同网格数量对模拟结果的影响，以喷嘴A为例，根据前述网格划分及加密方法在计算区域中生成38011、67744、119996和224030四边形单元格的四种不同网格数。其中最低精度的网格（38011网格单元）划分只在Gamit软件中生成，其他三个高精度网格具有相同的粗糙网格数（38011网格单元），并在Fluent软件中对接近气体射流入口的区域进行不同程度的加密。对以上四种不同网格数划分的几何模型，所采用的模拟实验参数和条件设置完全相同。以气流入口压力为1.363atm为例，具有四种不同网格数的喷嘴A的中心线平均速度衰减曲线的比较如图3-3所示。从图中可以看出，具有67744单元格的网格与另外两个较大网格产生的速度大小相差不大，三者速度曲线几乎重合，但与38011单元格的网格速度差别较大，这说明采用67744单元格的网格数已足够大且能够模拟真实气流场的情况，即67744单元格的网格划分方法可满足网格无关性的要求。因此，本实验将采用与喷嘴A中生成

[1] 1atm=1.01 × 10^5Pa。

67744单元格相同的网格划分和加密方法分别对喷嘴B、C和D进行数值模拟。不同几何形状喷嘴的四边形网格的数量见表3-1，网格数量的不同取决于环形喷嘴几何形状的微小差异。

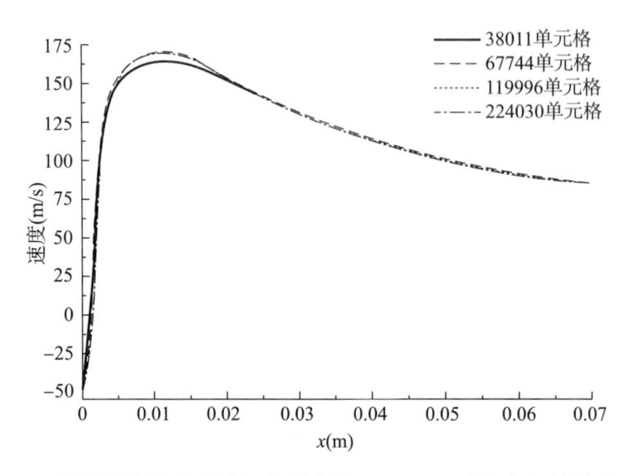

图3-3　不同网格数的喷嘴A在压力为1.363 atm时的中心轴线速度图

表3-1　不同几何形状喷嘴及其网格数量

喷嘴	外伸长度（mm）	网格数量（单元格）
A	4	67744
B	2	64104
C	0	60464
D	−2	57464

3.2.4.4　湍流模型的选择

基于对熔喷气流场的研究表明，标准k—ε模型能够以快速收敛的方式准确模拟平均流场分布，且能够提供与实验测量较一致的结果；而且，标准k—ε模型能有效解决气流场模拟过程中的回流问题。因此，本模拟实验采用标准k—ε模型作为液喷纺丝气流场的湍流模型。标准k—ε模型是一个基于湍动能（k）和耗散率（ε）输运方程的半经验模型，k源于数学精确方程，而ε是由物理推理得到。在本实验中，忽略重力的影响。因此，描述标准k—ε模型的输运方程式如下：

$$\frac{\partial(\rho k)}{\partial t}+\frac{\partial(\rho k u_i)}{\partial x_i}=\frac{\partial}{\partial x_j}\left[(\mu+\frac{\mu_{\mathrm{t}}}{\sigma_k})\frac{\partial k}{\partial x_j}\right] +2\mu_{\mathrm{t}}\left(\frac{\partial u_i}{\partial x_j}+\frac{\partial u_j}{\partial x_i}\right)\frac{\partial u_i}{\partial x_j}-2\rho\varepsilon M_{\mathrm{t}}^{2} \tag{3-1}$$

$$\frac{\partial(\rho\varepsilon)}{\partial t}+\frac{\partial(\rho\varepsilon u_i)}{\partial x_i}=\frac{\partial}{\partial x_j}\left[(\mu+\frac{\mu_{\mathrm{t}}}{\sigma_\varepsilon})\frac{\partial \varepsilon}{\partial x_j}\right] +2C_{\varepsilon_1}\frac{\varepsilon}{k}\mu_{\mathrm{t}}\left(\frac{\partial u_i}{\partial x_j}+\frac{\partial u_j}{\partial x_i}\right)\frac{\partial u_i}{\partial x_j}-C_{\varepsilon_2}\rho\varepsilon\left(\frac{\varepsilon}{k}+1\right) \tag{3-2}$$

式中：k为湍流动能［1/2（$10*u_{\mathrm{i}}+u_j$），$\mathrm{m^2/s^2}$］；ε为湍动能的耗散率；C_{ε_1}，C_{ε_2}均为k—ε模型的常数；M_{t}为马赫数；t为时间（s）；u_i，u_j分别为第i、j方向上的湍流波动；x、y为空间坐标（mm）；μ_{t}为湍流黏度［kg/（m·s）］；ρ为密度（$\mathrm{kg/m^3}$）；σ_k，σ_ε分别为湍动能、耗散率的普朗特常数。

其中，μ_{t}是k和ε的函数，表达式如下：

$$\mu_{\mathrm{t}}=\rho C_\mu\frac{k^2}{\varepsilon} \tag{3-3}$$

上述方程中常数的默认值为：

$$C_{\varepsilon_1}=1.44,\ C_{\varepsilon_2}=1.92,\ \sigma_k=1.0,\ C_\mu=0.09\text{及}\sigma_\varepsilon=1.3$$

3.3　结果与讨论

3.3.1　液喷环形气体射流速度场分析

实验以喷嘴A为例分析液喷环形射流速度场分布，其气流入口下方的速度场如图3-4所示。图3-4（a）为速度分布整体轮廓图，从图中可以看出，高速射流从环形喷嘴喷出后，先分别单独运动一定距离，而后开始相互融合，并在到达喷嘴下方某一位置后合并成一股射流，最终以相同的速度向下运动。此外，气体射流速度沿喷嘴轴向方向逐渐降低，并且其衰减程度随着离喷嘴距离的增大（x和y距离都变大）而增大。图3-4（b）为喷嘴A下方速度分布的局部放大轮廓图，从图中可清楚看出，两股平行射流的速度轮廓图在离开喷嘴后的势核区（potential core region）具有向射流对称中心线倾斜的趋势。这种平行拉伸流类似于熔喷纺丝过程中的气体射流在Schwarz类型模头下方的运动，且已有研究表明采用Schwarz类型模头进行纺丝具有减少聚合物降解、降低消耗、提高纤维强度和经济性等优势。图3–4（c）是喷嘴A出口附近局部放大的速度矢量图，从图中可看出，在喷嘴平面下方两股收敛气流的三角形区域有两个回流区出现。这是由于从环形喷嘴喷出的两股射流的相互夹带和单股射流到势核区湍动量的抽吸作用，从而在喷嘴下方形成负压区，进而导致单股射流轴向对称中心线弯曲。

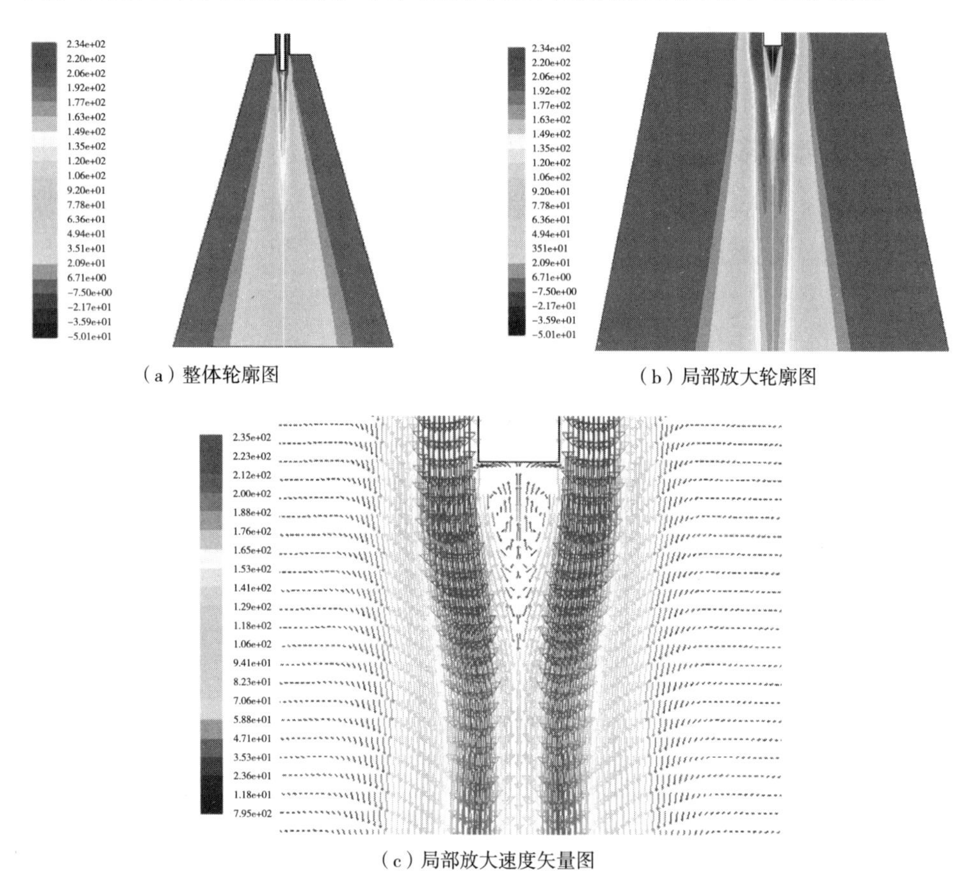

（a）整体轮廓图

（b）局部放大轮廓图

（c）局部放大速度矢量图

图3–4　喷嘴A下方的速度场分布图

3.3.2　喷嘴几何形状对环形气流场分布的影响

液喷纺丝过程中气流场中心线速度和湍流量的分布情况对研究和预测纺丝性能具有重要意义。已有研究表明，在熔喷纤维成型过程中，聚合物熔体射流在拉伸和细化过程中的运动轨迹一般是沿着两股射流的中心对称线。沿纺丝线的气流速度较大对纺丝过程是有利的，这是由于气流速度较高时，施加在聚合物射流上的拉伸力作用更强，从而更容易拉伸细化纤维。与此过程类似，液喷纺丝过程中希望纺丝中心线的速度尽可能大，为制备纳米级纤维提供可能性和可操作性。图3-5给出了在入口压力为1.363atm时，不同几何形状喷嘴下方的气流中心线速度曲线。从图中可看出，对于四种几何形状不同的喷嘴来说，喷嘴出口附近沿气流速度为负值，该现象与图3-4（c）速度矢量图显示的回流区气流反向运动相对应，而后中心线平均速度沿x轴正向逐渐增加，并在喷嘴下方0.01～0.02m处达到最大值，然后沿纺丝线逐渐衰减。喷嘴D的气流速度变化趋势与其他三个略有不同，在气流速度达到最大值之前的任意位置处，喷嘴D的速度都小于其他喷嘴，之后喷嘴D的速度略大于其他喷嘴，且其衰减变化过程与其他喷嘴逐渐趋于一致。尽管喷嘴C的最大速度比其他三个喷嘴略大，但这四种喷嘴各自最大速度的差别并不是很明显。

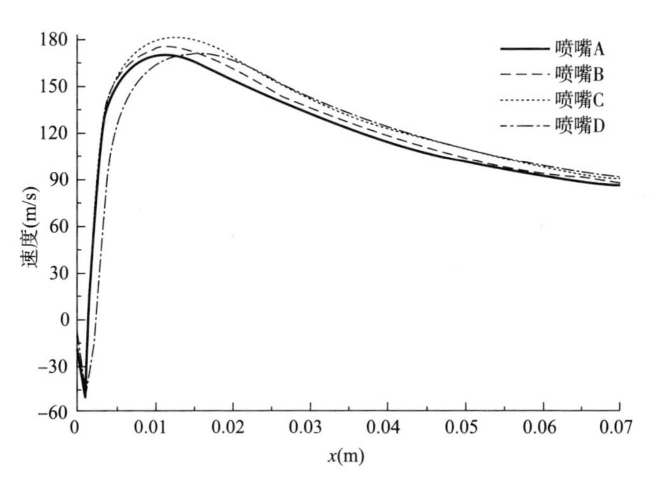

图3-5　不同几何形状喷嘴下方的气流中心线平均速度分布图

为选择最合理有效几何形状的喷嘴，除了中心线速度外，还需考虑气流场的其他物理量。作为表征速度波动相对强度的物理量，湍流强度是评估各种几何形状喷嘴是否足够理想的重要参数。一般来说，在环形气体射流的对称中心线或聚合物纤维附近获得平稳气流场有利于纺丝过程的顺利进行，并且湍流速度波动越小，越有助于阻止纺丝过程中聚合物射流运动不稳定现象的发生。Shambaugh等在研究熔喷纺丝过程中发现，聚合物射流运动中的不稳定现象会导致纤维弯曲、扭转或相对于纺丝线运动，从而导致聚合物射流之间黏结、阻塞喷丝孔、中断纺丝过程等。图3-6比较了在入口压力为1.363atm时，不同几何形状喷嘴的湍流强度沿气体射流中心线的分布曲线。对所选的四种喷嘴来说，其湍流强度分布具有相似的变化趋势，随着气体射流向前加速运动至收敛合并区，流场中的湍流强度也随之逐渐增加，并且很快达到湍流强度的第一个最大峰值。喷嘴D湍流强度的变化趋势与其他喷嘴有所不同，其达到最小湍流的位置比其他三个喷嘴稍远，并且在此之前喷嘴D的湍流强度大于其他喷嘴，之后的变化趋势逐渐和其他喷嘴一致。与图3-5相比，气流场湍流强度第一个最大峰值位置比最大速度值出现的要早。由于湍流产生正比于平均速度曲线图的斜率，因此，当平均速度达到最大值时，湍流强度衰减到最低值。然后，随着平均速度斜率的增加，湍流强度继续上升到局部最大值，之后沿着x轴正向逐渐衰减。

根据上述分析可知，湍流强度的大小与纺丝中心线平均速度有关，当中心线速度增大时湍流强度也随之增加。尽管沿纺丝中心线速度越大对液喷纺丝过程越有利，但在实际实验过程中并不希望沿纺丝线方向（x轴正向）的湍流强度太大。上述两方面的矛盾表明湍流强度沿x轴正向的积分值越小越有利于液喷纺丝过程的顺利进行。从图3-5和图3-6中可看出，喷嘴A的中心线速度小于喷嘴B和C，但其具有相对较小的湍流强度积分值。此外，根据实际实验过程和结果发现，内缩型喷嘴D和平齐型喷嘴C会导致纺丝过程聚合物溶液间断

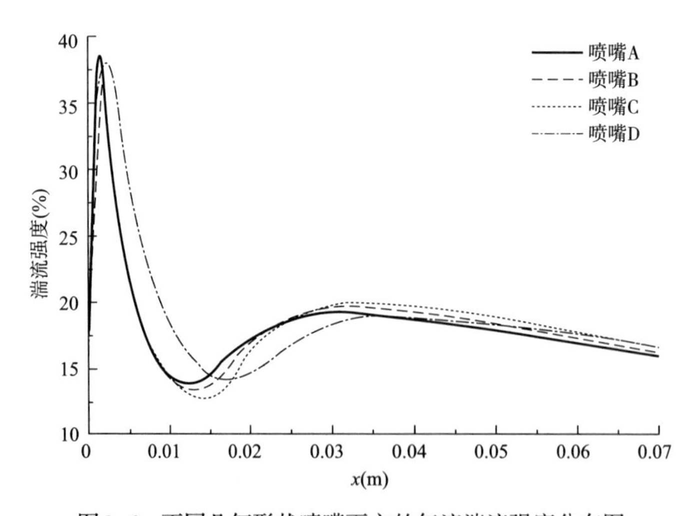

图3-6　不同几何形状喷嘴下方的气流湍流强度分布图

喷出且极易阻塞喷嘴，从而造成纺丝过程中断；而外伸型喷嘴A和B特别是喷嘴A能够避免上述内缩型喷嘴的缺点，实现连续纺丝。这一结论与Krutka等在研究熔喷模头几何形状对气流场的影响结果一致，他们认为外伸型喷嘴能有效减小纺丝中心线的湍流波动，阻止聚合物纤维的断裂和集聚。因此，综合考虑各方面的影响因素，确定喷嘴A的结构更为合理有效，并将其用于后续的实验研究中。

3.3.3 气流压力对气流场分布的影响

根据第2章的实验结果可知，液喷纺丝过程中气流压力对纤维形貌尤其是纤维直径有重要的影响。图3-7给出了喷嘴A在不同入口压力（1.121atm、1.242atm和1.363atm）条件下的中心线平均速度和湍流强度的变化曲线，从图中可以看出，气流中心线平均速度和湍流强度都随着气流压力的增加而增大。由上一小节的分析结果可知，在液喷纺丝过程中希望有较大的气流速度和较小的湍流强度，因此根据不同气流压力条件下的气流场分布情况并不能确定液喷纺丝过程中最佳的气流压力。为了进一步明确气流压力对纺丝过程的影响，还需进一步研究不同压力条件下液喷纺微纳米纤维的形貌与流场物理量和聚合物射流运动间的关系。

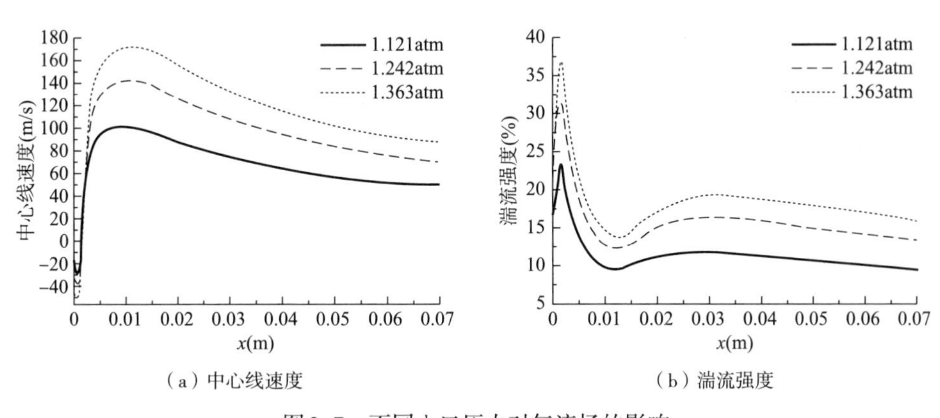

（a）中心线速度　　（b）湍流强度

图3-7　不同入口压力对气流场的影响

3.3.4 纤维形貌与气流场物理量和聚合物射流运动的关联性分析

在采用气流力作为拉伸力的纺丝过程中，气流速度增大的同时会导致气体射流与聚合物射流的相对速度增加。Chung等在研究熔喷工艺制备纤维的过程中发现，作用在聚合物射流或纤维上的气流力随着相对速度的增加而变大，并认为气流力与相对速度之间的关系符合如下公式：

$$dF = C\rho_a \pi^{0.815} \mu^{0.61} Q^{0.185} (U - V_L)^{1.39} dx / V_l^{0.185} \quad (3-4)$$

式中：F为气流力；x为纤维轴；C为常数；ρ_a为气体密度；μ为气体动力黏度；Q为聚合物体积流量；U为气流速率；V_L为纤维最终速度。

从式（3–4）可以推断出，作用在聚合物射流或纤维上的气流力与气体射流和聚合物射流之间的相对速度（$U–V_L$）成正相关。由于较大的气流作用力有利于聚合物纤维的快速拉伸和细化，这就解释了纺丝线上较大的平均气流速度有利于纺丝进行的原因。

在流体力学中，韦伯数（We）和雷诺数（Re）是表征与气体射流和液体射流相对速度有关的物理量，它们的定义式分别为：

$$We = \rho_a u_r d / 2\sigma \quad (3-5)$$

$$Re = \rho_l u_l d / \mu_l \quad (3-6)$$

式中：ρ_a为气流密度；u_r为气体射流与液体射流之间的相对速度；σ为表面张力；d为中心管（即本文中内喷嘴）的内径；ρ_l、u_l和μ_l分别为液体的密度、速度和黏度。

Eroglu等研究发现，环形气流射流包围的圆形液体射流的直线段部分长度L（在原文中作者称为intact length，即完整段长度或未受扰长度）随We的增大而变短，随Re的增大而变长。L与We和Re之间的关系可用下式表示：

$$L / d = 0.5We^{-0.4} Re^{0.6} \quad (3-7)$$

根据上述理论可推断出，高速气流场中气体射流与液体射流之间相对速度的增大，会使液体射流直线段部分变短且不稳定，从而更易导致射流的弯曲不稳定（bending instability）和摆动（flapping）现象，这一结论也与高速摄影实验观察到的现象一致。图3–8所示的是不同入口气流压力（对应于气体与聚合物射流之间的相对速度大小不同）条件下的高速摄影照片，图中虚线框的长度代表聚合物射流直线段部分的长度。从图中可看出，聚合物射流直线段长度随着气流入口压力（即相对速度）的增大而逐渐减小。该现象与Reneker等在研究静电纺丝过程中射流直线段长度的结论相似，Reneker等的研究结果表明射流直线段长度的增加或减小通常与静电纺丝过程中的电压改变有明显的关系。

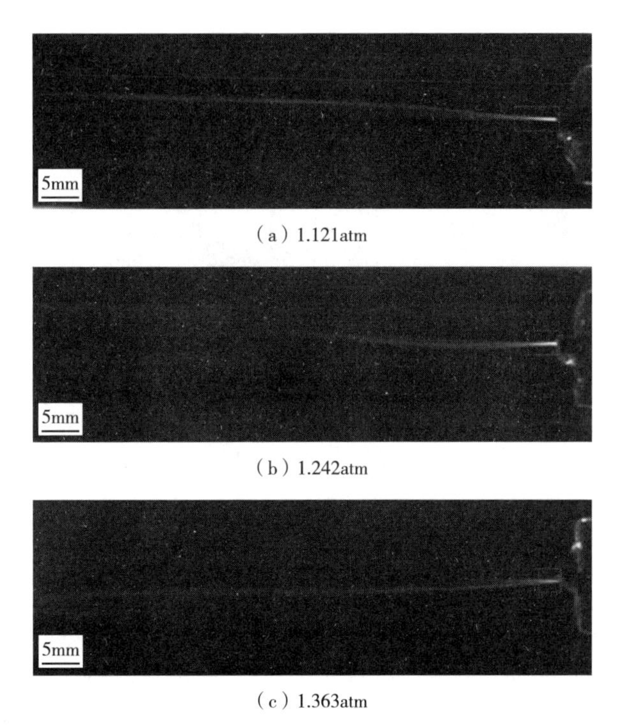

（a）1.121atm

（b）1.242atm

（c）1.363atm

图3-8 不同入口气流压力条件下聚合物射流直线段长度比较

根据Entov等对液体射流在气体射流中运动的动力学理论可知，当气体射流速度（U_0）超过某一临界值（U^*）时，液体射流将会有小的弯曲扰动出现并增长，逐渐形成弯曲不稳定。该临界值对应于液体射流的弯曲不稳定现象起始点的速度值，该值可根据下式计算得到：

$$U^* = \sqrt{\alpha / (\rho_a a_0)} \tag{3-8}$$

式中：α为液体表面张力系数；a_0为未扰动液体射流的半径，即本实验中的内喷嘴内半径。

在本实验中，α=0.034kg/s^2，ρ_a=1.293kg/m^3，a_0=d/2=0.3mm，根据式（3-8）计算得到本实验中的临界值U^*=9.36m/s。将计算结果与图3-7（a）中不同压力条件下沿x轴方向的速度模拟值相比较，可以发现除距离喷嘴很小一段距离（x<2mm）外，沿x轴方向的其他气流速度都远大于该临界值，这意味着在聚

合物射流被挤出喷嘴后很短时间内就发生了弯曲不稳定（图3–9）。通过对实验过程的高速摄影观察和对射流运动照片的分析发现，聚合物射流从喷嘴中挤出后首先保持一定长度的直线段运动，然后开始连续摆动即沿纺丝线上下振动（图3–9）。关于射流不稳定和摆动现象在静电纺丝、熔喷纺丝和气体射流过程中也均有发现，聚合物射流分别经历静电驱动和空气动力驱动的弯曲不稳定过程。

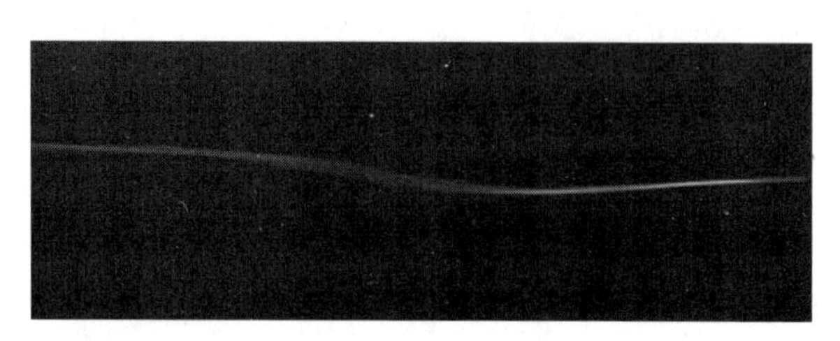

图3–9　液喷纺丝过程中聚合物射流弯曲不稳定和摆动现象的高速摄影照片

由上面的分析可知，聚合物射流在液喷环形气流场中存在摆动现象，为更进一步探究其运动情况，需得知其摆动的位移、频率和幅度。这是由于可以通过横向位移的变化了解聚合物射流在拉伸变细过程中的运动轨迹，摆动频率和幅度会影响液喷纺微纳米纤网的结构和性能，且摆动幅度对设计和确定多孔喷丝头各孔之间的最佳距离有参考意义。摆动频率和幅度的计算采用Beard等在研究熔喷纤维运动规律时采用的方法。频率的计算是基于求正弦波频率的方法，其数值为周期的倒数。周期是通过求每两个连续相邻波峰（正向位移极大值与反向位移极小值）之间的时间差（半个周期）的平均值，然后将该值乘以2得到。摆动幅度是通过对每一个位移极大值与极小值的绝对值求平均值得到。

通过分析本实验中聚合物射流在不同气流压力条件下的高速摄影照片，获得了聚合物射流在x—y平面内沿x轴摆动的位移、幅度和频率如图3–10、表3–2和图3–11所示。图3–10表示的是不同压力条件下聚合物射流在x—y平面内沿x轴不同距离处的相对位置，图中每一数据点对应于高速摄影仪捕捉到的聚合物射流运动的一帧照片，其数值表示该点处聚合物射流在特定时刻沿$-y$到$+y$方向上的位移。从图中可以看出，聚合物射流在拉伸变细的过程中存在横向位移，不同压力条件下，聚合物射流的横向位移在喷嘴附近比较小，并且随着离开喷嘴距离的增大而增大。从表3-2可看出，在本实验所研究的压力范围内，聚合物射流某一特定位置的摆动幅度随压力的增大呈现先小幅增加后减小的趋势；在气流压力相同的条件下，射流的摆动幅度在x—y平面随离开喷嘴距离的增大而增加。从图3-11可以看出，在不同气流压力条件下，聚合物射流在纺丝线上的摆动频率则随气流压力的增加而变大。

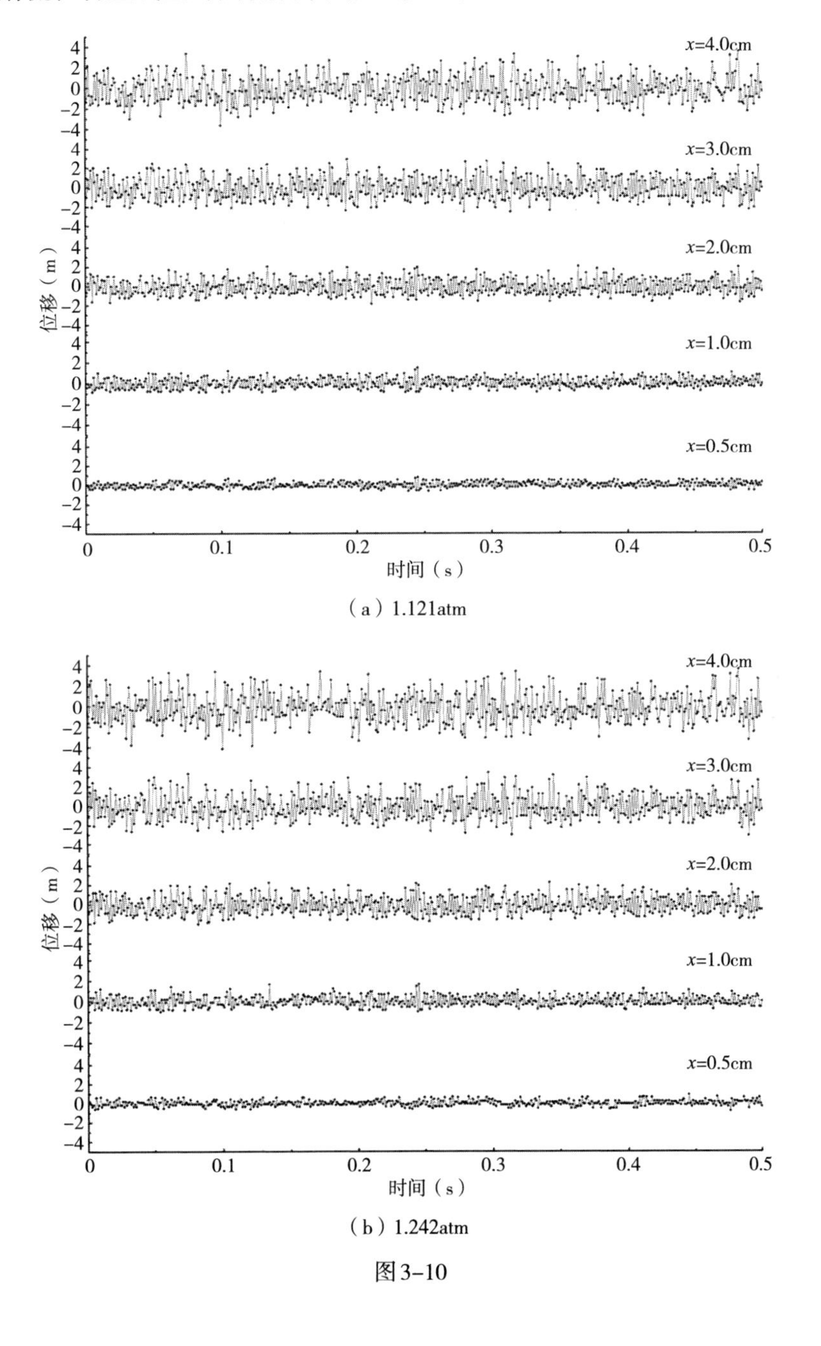

（a）1.121atm

（b）1.242atm

图3-10

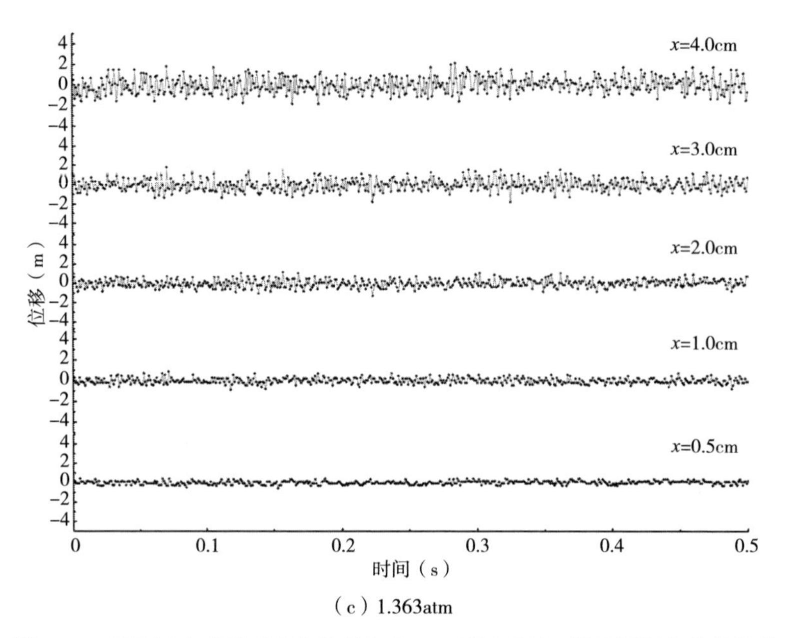

（c）1.363atm

图3-10　不同压力条件下聚合物射流在x—y平面内沿x轴不同距离处的位移

表3-2　不同压力条件下沿x轴不同距离处聚合物射流摆动的平均幅度 单位：mm

气流压力（atm）	沿x轴距离（cm）				
	0.5	1.0	2.0	3.0	4.0
1.121	0.23	0.40	0.70	1.00	1.10
1.242	0.23	0.41	0.80	1.09	1.21
1.363	0.15	0.23	0.34	0.48	0.63

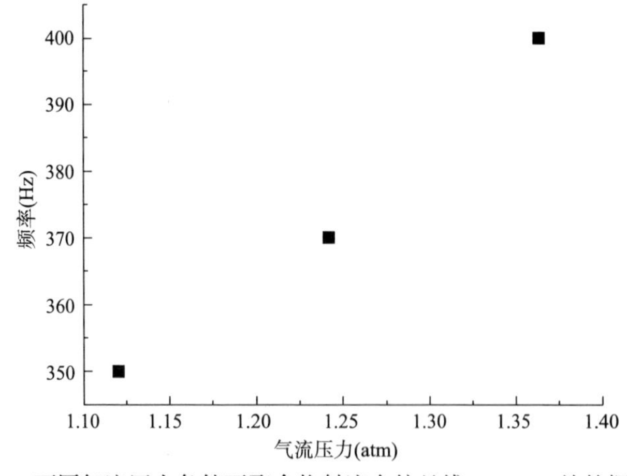

图3-11　不同气流压力条件下聚合物射流在纺丝线x=2.0 cm处的摆动频率

从上述分析可知，液喷纺丝气流场中聚合物射流的拉伸细化不仅来自气流力的直接作用，而且与聚合物射流自身弯曲扰动的增加有关，该弯曲扰动是由湍流漩涡激发，并且弯曲扰动的程度随气流横向分布力作用的变大而增加。此外，液喷纺丝过程中采用的是聚合物—溶剂作用体系，溶剂挥发可能是另外一个不可忽略的因素。为证实这些因素对纺丝过程的影响，需对不同气流压力条件下液喷纺PAN纤维的形貌（图3-12）进行比较。

如图3-12（a）所示，当气流压力为1.121atm时，纤维平均直径约为801nm，主体纤维直径主要分布在700～900nm之间，直径大于1000nm的纤维约占9%。这是由于在气流压力较低的条件下，气体射流与聚合物射流之间的相对速度较小，不能提供较大的气流力进一步拉伸细化聚合物纤维，从而导致所制备纤维的直径偏大，且直径大于1000nm的纤维所占比例较大。当气流压力增加到1.242atm时，纤维平均直径降低至634nm，主体纤维直径分布在500～700nm之间［图3-12（b）］，并且纤维直径也变得比较均匀一致。PAN纤维的均匀化和细化作用主要归因于气体射流与聚合物射流之间相对速度的增大，从而产生较大的拉伸力作用于聚合物射流上。此外，较高的气流压力使聚合物射流在初始阶段形成相对较短且不稳定的直线段部分，弯曲不稳定现象和摆动行为加剧，从

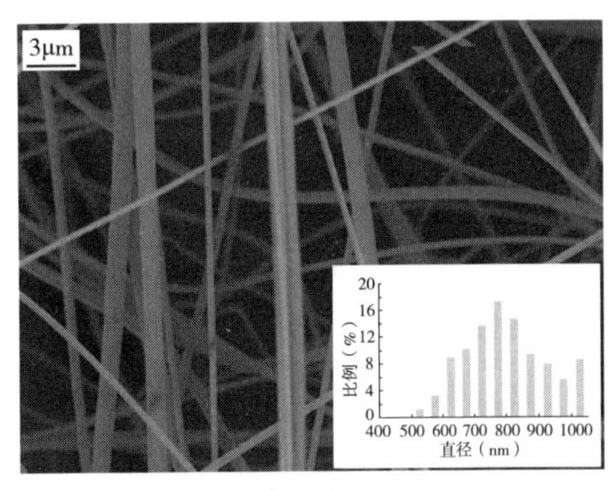

（a）1.121atm

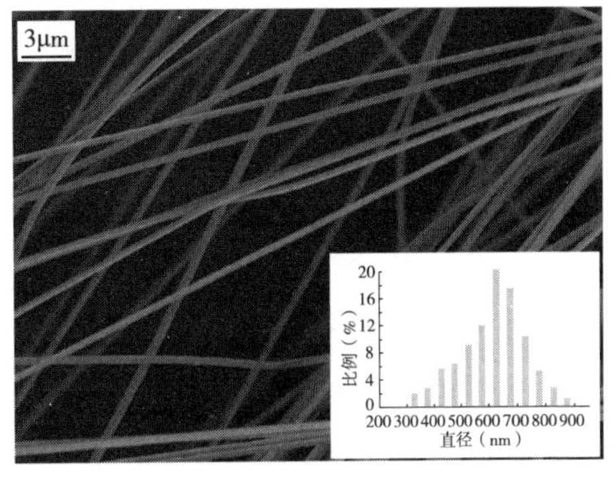

（b）1.242atm

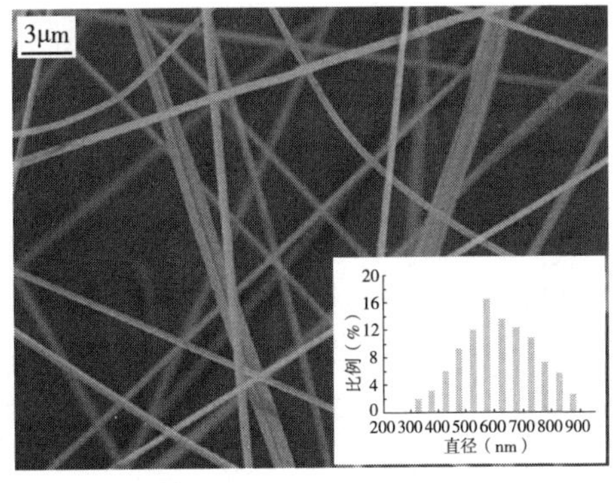

（c）1.363atm

图3-12　不同气流压力条件下液喷纺PAN纤维的SEM照片

而产生明显的拉伸和细化作用。但是，随着气流压力继续增加到1.363atm，如图3–12（c）所示，从外观上看PAN纤维的直径不均匀程度增加，虽然纤维平均直径降低至606m，但是与气流压力为1.242tm时［图3–12（b）］相比，直径小于650m的纤维数量由原来的65%降低至62%，而纤维直径范围在700～900nm的比例由原来的20%增加到28%。这是由于随着气流压力的增加，气流速度和湍流强度也同时增大（图3–7），当气流压力增加到1.363atm时，由于湍流强度太大从而造成了纤维形貌的不一致性，并且较高的气流速度会加速聚合物射流表面溶剂的挥发，进而加快聚合物射流的固化速率。因此，当气流压力太大时，纤维细化的程度也有所减弱。综上所述，气流压力的变化不仅影响液喷纺PAN纤维的平均直径，而且对其直径分布也有明显的影响。

通过对高速摄影仪捕捉到的不同气流压力条件下液喷纺丝过程中聚合物射流（纤维）运动轨迹的分析结果表明，制备PAN纤维的实验过程中只有一股聚合物射流，但当气流压力增加到1.363atm时，所制备的纤维中出现了一些纤维束，如图3–13所示。这可能是由于在气流压力较高的条件下，当聚合物射流运动至某一区域时，周围气体射流已严重衰减，运动着的聚合物射流有足够的时间追随其打圈成环的自然本性，即连续聚合物射流的片段之间会产生自交叉（self–crossover）和重叠（overlapping）现象。另外，湍流扰动的强度随着气流压力的增加而变大，从而导致聚合物纤维在到达接收装置时出现自缠绕（self–entanglement）和粘连现象，这与熔喷单股和多股射流纺丝时出现的现象类似。此外，导致出现纤维束的另一个原因可能是接收装置正面（纤维沉积的一面）和背面的气流量不平衡，当气流从喷嘴中喷出后，由于接收装置的阻隔作用，在接收装置正面的气流量比背面大得多，多余或未穿过接收网的气流会夹带着浮游纤维（未收集在接收装置上而飘浮在空中的纤维）反弹回来，气流压力越大，则被反弹的气流量越多。与此同时，反弹气流中夹带的浮游纤维又会被从喷

图3–13　液喷纺PAN纤维在压力为1.363atm时出现的纤维束SEM照片

嘴喷出的气体射流吹向接收装置，并与气体射流中新产生的纤维缠绕在一起，导致缠结纤维束的出现。

3.4　小结

本章采用数值模拟法研究了液喷环形射流场的分布，采用高速摄影技术捕捉了纺丝过程中射流的运动，探讨了纤维形貌与气流场分布和聚合物射流运动的关系，为可控制备液喷纺微纳米纤维提供了理论基础和实验依据。得到的主要结论如下。

（1）采用CFD方法对液喷纺丝过程中喷嘴下方的气流场分布进行研究。速度轮廓图显示了两股平行射流在喷嘴下方一定距离处融合成一股自由射流，随后沿喷嘴轴线方向逐渐衰减。局部放大的速度矢量图显示了液喷环形气流场在喷嘴附近形成负压区，导致单股射流轴向对称中心线弯曲。

（2）综合不同喷嘴下方气流场中心线速度、湍流强度的数值分析及实验结果表明，内缩型喷嘴和平齐型喷嘴具有较高的中心线速度和较强的湍流强度，但会出现聚合物溶液间断喷出和阻塞喷嘴的现象；外伸型喷嘴具有相对较小的湍流强度积分值，有利于纺丝过程的连续进行。液喷环形气体射流场中心线速度和湍流强度随气流压力的增大而增大。

（3）不同气流压力条件下液喷纺PAN微纳米纤维形貌与环形气流场分布情况有关，气体射流与聚合物溶液射流之间的相对速度、聚合物射流直线段部分的长度、速度波动、聚合物射流的摆动以及溶剂挥发等因素均对液喷纺丝过程中的纤维形貌有较大影响。

（4）由液喷纺PAN微纳米纤维过程的高速摄影实验发现，聚合物射流在纺丝过程中的运动呈现一定的规律。在相同的气流压力条件下，射流的摆动幅度随离开喷嘴距离的增大而增大；在不同的气流压力条件下，聚合物射流在某一特定位置的摆动振幅随压力的增大呈现先增大后减小的趋势，而摆动频率则随气流压力的增加而变大。

（5）液喷纺PAN微纳米纤维的形貌随气流压力的增加发生明显的变化。当气流压力由1.121atm增加到1.242atm时，纤维平均直径由801nm降低至

634nm，并且纤维直径也变得比较均匀一致，继续增加气流压力至1.363atm时，纤维平均直径的降低幅度变小且不均匀程度增加，并伴随着纤维束的出现。

参考文献

[1] BEARD J H, SHAMBAUGH R L, SHAMBAUGH B R, et al. On-line measurement of fiber motion during melt blowing [J]. Industrial & Engineering Chemistry Research, 2007, 46(22): 7340–7352.

[2] MOORE E M, SHAMBAUGH R L, PAPAVASSILIOU D V. Analysis of isothermal annular jets: comparison of computational fluid dynamics and experimental data [J]. Journal of Applied Polymer Science, 2004, 94(3): 909–922.

[3] KRUTKA H M, SHAMBAUGH R L, PAPAVASSILIOU D V. Analysis of a melt-blowing die: comparison of CFD and experiments [J]. Industrial & Engineering Chemistry Research, 2002, 41(20): 5125–5138.

[4] KRUTKA H M, SHAMBAUGH R L, PAPAVASSILIOU D V. Effects of die geometry on the flow field of the melt-blowing process [J]. Industrial & Engineering Chemistry Research, 2003, 42(22): 5541–5553.

[5] WANG Y D, WANG X H. Investigation on a new annular melt-blowing die using numerical simulation [J]. Industrial & Engineering Chemistry Research, 2013, 52(12): 4597–4605.

[6] KRUTKA H M, SHAMBAUGH R L, PAPAVASSILIOU D V. Analysis of multiple jets in the schwarz melt-blowing die using computational fluid dynamics [J]. Industrial & Engineering Chemistry Research, 2005, 44(23): 8922–8932.

[7] SUN Y F, WANG X H. Optimization of air flow field of the melt blowing slot die via numerical simulation and genetic algorithm [J]. Journal of Applied Polymer Science, 2010, 115(3): 1540–1545.

[8] Fluent Inc. FLUENT 6.3 User's Guide[DB/OL]. http://hpce.iitm.ac.in/anuals/Fluent_6.3/ fluent6.3/help/html/ug/main_pre.htm, 2006.

[9] SHAMBAUGH R L. A macroscopic view of the melt-blowing process for producing microfibers [J]. Industrial & Engineering Chemistry Research, 1988, 27(12): 2363–2372.

[10] MILLER D R, COMINGS E W. Force-momentum fields in a dual-jet flow [J]. Journal of Fluid Mechanics, 1960, 7(2): 237–256.

[11] NASR A, LAI J C S. Two parallel plane jets: mean flow and effects of acoustic excitation [J]. Experiments in Fluids, 1997, 22(3): 251–260.

[12] BANSAL V, SHAMBAUGH R L. On-line determination of diameter and temperature during melt blowing of polypropylene [J]. Industrial & Engineering Chemistry Research, 1998, 37(5): 1799–1806.

[13] CHUNG T-S, ABDALLA S. Mathematical modeling of air-drag spinning for nonwoven fabrics [J]. Polymer Plastics Technology and Engineering, 1985, 24 (2-3): 117–127.

[14] EROGLU H, CHIGIER N, FARAGO Z. Coaxial atomizer liquid intact lengths [J]. Physics of Fluids A: Fluid Dynamics, 1991, 3(2): 303–308.

[15] RENEKER D H, YARIN A L. Electrospinning jets and polymer nanofibers [J]. Polymer, 2008, 49(10): 2387–2425.

[16] ENTOV V, YARINA. The dynamics of thin liquid jets in air [J]. Journal of Fluid Mechanics, 1984(140): 91–111.

[17] RENEKER D H, YARIN A L, FONG H, et al. Bending instability of electrically charged liquid jets of polymer solutions in electrospinning [J]. Journal of Applied Physics, 2000, 87(9): 4531–4547.

[18] SINHA-RAY S, YARIN A L, POURDEYHINI B. Meltblowing: I-basic physical mechanisms and threadline model [J]. Journal of Applied Physics, 2010, 108(3): 034912.

[19] YARIN A L, SINHA-RAY S, POURDEYHIMI B. Meltblowing: II-linear and nonlinear waves on viscoelastic polymer jets [J]. Journal of Applied Physics, 2010, 108(3): 034913.

[20] BENAVIDES R E, JANA S C, RENEKER D H. Role of liquid Jet stretching and bending instability in nanofiber formation by gas jet method [J]. Macromolecules, 2013, 46(15): 6081–6090.

[21] YARIN A L, SINHA-RAY S, POURDEYHIMI B. Meltblowing: multiple polymer jets and fiber-size distribution and lay-down patterns [J]. Polymer, 2011, 52(13): 2929–2938.

[22] SINHA-RAY S, YARIN A L, POURDEYHIMI B. Prediction of angular and mass distribution in meltblown polymer lay-down [J]. Polymer, 2013, 54(2): 860–872.

第4章 液喷纺PAN微纳米纤维的改性及其对多元体系中重金属离子的竞争吸附

4.1 引言

4.1.1 重金属废水的来源和危害

随着社会的不断进步和工业的迅速发展，重金属废水污染已对生态系统和公众健康构成严重威胁，水体重金属污染已成为世界上最严重的环境问题之一，重金属废水的治理受到国内外科研工作者的高度重视。目前所说的重金属污染一般指生物毒性显著的金属，包括汞、镉、铅、铬、砷以及锌、铜、钴、镍、锡等。近年来，随着工业发展和人类自身活动的增加，大量含有重金属污染物的工业废水和城市生活污水被排入江河湖泊。主要来自有色金属生产、电镀、采矿、化工等行业所排放的工业废水，包括矿山排水、废石场淋浸水、选矿厂尾矿排水、有色金属冶炼厂除尘排水、有色金属加工厂酸洗水、电镀厂镀件洗涤水、钢铁厂酸洗排水等。此外，电解、农药、医药、油漆、颜料等行业也会排放一定量的重金属废水。废水中重金属离子的种类、含量及其存在形态随生产种类不同而有所差异。据估算，全球每年排放到环境中的有毒重金属高达数百万吨，其中砷为12.5万吨，镉为3.9万吨，铜为14.7万吨，汞为1.2万吨，铅为34.6万吨，镍为38.1万吨，并且呈逐年上升的趋势。

由于重金属不能被分解破坏，只能转移它们的存在位置和转变它们的物理和化学形态，因此废水中的重金属污染即使在非常低的浓度下也具有高毒性、不可生物降解和致癌的特性，对生态系统和公众健康构成了严重威胁。大多数金属离子及其化合物易被水中悬浮颗粒所吸附而沉淀于水底的沉积层中，长期污染水体。某些重金属及其化合物能在鱼类及其他水生生物体内以及农作物组织内富集、累积参与生物圈循环，并通过食物链作用进入人体，在人体内累积，从而导致各种疾病和机能紊乱，最终对人体健康造成严重危害。如食入汞后直接沉入肝脏，对大脑视神经破坏极大，含有微量的汞饮用水，长期使用会引起蓄积性中毒；铬会造成四肢的麻木、精神异常；镉可导致高血压，引起心脑血管疾病，破坏骨钙，引起肾功能失调；铅是重金属污染中毒性比较大的一种，可直接损伤人的脑细胞，特别是胎儿的神经系统，可造成先天大脑沟回浅、智力低下，对老年人可造成脑死亡等。

4.1.2 重金属废水处理技术

重金属离子可采用化学法、物理法和生物法进行去除，其中化学法主要有沉淀法、电化学法等；物理法主要有离子交换法、吸附法和膜分离法；生物法主要有生物絮凝法、植物修复法和生物吸附法等。

4.1.2.1 化学法

（1）沉淀法。化学沉淀法操作简单、成本低廉，是目前工业废水中使用最广泛的重金属处理技术之一。该技术主要通过化学物质与重金属离子反应形成不溶性沉淀物，然后将沉降或过滤后形成的沉淀物与水分离，从而达到去除重金属的目的。常用的化学沉淀法有氢氧化物沉淀和硫化物沉淀。

胡运俊使用氢氧化钙除汞，发现在pH=8，投加量为Hg的1倍时，Hg^{2+}浓度可从0.1mg/L降至0.04mg/L，同时发现Cd^{2+}、Pb^{2+}、Cu^{2+}对氢氧化钙除汞具有抑制作用，而Zn^{2+}有促进作用。赵洪贵提出使用石灰沉淀法处理含砷废水具有很好的效果，因为石灰会与砷生成砷酸钙或亚砷酸钙，这两种物质均难溶于水，通常砷的去除率随pH值的升高而增加，其最佳pH值为11.9，继续提高pH值容易出现反溶现象。张更宇通过向电镀废水中投加氢氧化钙，调节pH=8时，废水中锌的去除率达到100%，锰达到99.87%，镍达到99.93%，继续提高pH值到12，锰和镍的去除率基本不变，而锌的去除率降低。这是由于部分重金属氢氧化物为两性氢氧化物，其在一定pH值下会沉淀析出，继续增大pH值，反而会溶解到水中。王雷针对重金属酸性废水，采用分步硫化法，在硫氢化钠用量为1.4倍、质量浓度为20%，反应时间为2h的条件下，实现了铜和砷的分离。

中和沉淀法对大多数重金属都适用，但对于综合重金属废水，往往需要调节pH＞12才能保证大部分重金属离子被沉淀析出，且由于溶度积及溶液中其他共存离子的影响，也会导致pH值很高时，部分重金属离子仍无法达到外排标准。此外，废水中的重金属以阴离子酸根（如砷酸根、硒酸根、铬酸根等）形式存在时，直接采用中和沉淀的方法往往无法将重金属去除达标，需加入钙盐、铁盐和铝盐等混凝，然后加碱中和沉淀才能达标。

（2）电化学法。电化学法的主要作用机制为电解，目标重金属离子发生氧化还原反应后富集到电解材料的阴阳两极，从而达到快速去除与收集重金属的目的，其常用于重金属的回收。电化学法具有反应时间快、便于操作、处理成本低、不会对环境造成二次污染及技术适用范围广的优点，是一种环境友好型废水处理技术。

4.1.2.2　物理法

（1）离子交换法。利用离子交换树脂能高效快速地去除废水中的重金属，最常用的是具有磺酸基团的强酸性树脂（$—SO_3H$）和具有羧酸基团（—COOH）的弱酸性树脂。曾婧使用离子交换树脂去除Cr（Ⅵ），在pH=4、温度为45℃的条件下，投加0.9g树脂，交换60min，可使废水中的Cr（Ⅵ）从50mg/L降至0.02mg/L。邹晓勇使用离子交换法去除硫酸锰溶液中的镍、钴，使用6%～10%的稀硫酸作解析液、30～50g/L的氨水作转型剂，在流速为1.5～2BV/h时，可将硫酸锰溶液中的镍钴离子含量从10～20mg/L降至低于3mg/L，解析液中镍钴离子含量均富集了25倍左右。离子交换树脂法处理重金属废水一般针对单一重金属进行处理，处理后重金属可回收。离子交换法可大幅度减少固体废弃物的处理费用，以此节约成本。此外，该方法还具有诸多其他优点，如操作简单、容易再生、处理水量较大、处理效果好等。但需注意的是，离子交换剂易被氧化失效，因此该方法的适用范围比较有限且容易造成二次污染，在实际工程中一般不用于处理重金属浓度较高及水质波动性较大的废水。

（2）吸附法。吸附处理被认为是重金属废水处理中有效且经济的方法，是目前应用最为广泛的技术之一，因为它具有操作方便、能耗低、产生的残留物少、容量大、可重复使用等优点。吸附法的原理可分为两个过程：一是吸附过程，废水中的重金属离子被吸附到吸附剂表面；二是沉淀过程，废水中的重金属被沉淀得以去除。在实际工程中，物理吸附和化学吸附往往是同时存在的，两者的协同作用使重金属从废水中去除。目前大多数为去除重金属离子而开发的吸附剂依赖于目标物质与吸附剂表面存在的官能团的相互作用。因此，选取适当的吸附剂同样是吸附的关键，具有大比表面积和足够结合位点的吸附剂对于吸附亲和力和容量至关重要。活性炭的比表面积大、微孔数目多、化学性质稳定，是最常用的传统吸附剂，在实际工程中表现出很强的吸附能力。纳米材料比表面积大、表面原子多，具备了不次于其他传统吸附剂的吸附特性，因此在近几年备受关注。

（3）膜分离法。膜分离法利用了渗透膜的选择透过性，重金属废水中的大分子物质被膜截留，从而去除废水中的重金属污染物，在应用该技术时，溶液的化学形态不发生任何改变。膜分离技术可进一步细分为电渗析、微滤、纳滤、超滤、反渗透等。该技术具有占地面积小、处理效果好、污泥产量少、能耗低等优点，因此国内外已有不少学者深入地研究和探索了膜处理技术对重金属废水的处理性能，并取得了突破性进展，采用不同类型膜材料进行分离已显示出对重金属去除的巨大前景。Katsou等采用膜分离技术对废水中的重金属进行去除，Cu^{2+}、Pb^{2+}、Ni^{2+}和Zn^{2+}的去除效率分别为80%、98%、50% 和77%。但是，膜污染和膜堵塞等问题仍限制着膜分离技术在实际工程中的应用。因为实际的重金属废水中可能还存在微生物、油污、固体颗粒等其他物质，因此进一步改善膜的抗污染性、抗压性等性能仍是诸多科研工作者需努力的方向。

4.1.2.3 生物法

一般情况下，微生物及植物对重金属有较好的絮凝、吸附、积累、富集等作用，生物处理法就是依靠这些作用的共同配合以完成对重金属的去除，其主要包括生物絮凝法、植物修复法和生物吸附法。

（1）生物絮凝法。微生物或其新陈代谢产物对重金属有较好的絮凝沉淀作用，而生物絮凝法正是利用这一作用完成对重金属废水的处理，整个过程无毒无害、处理效率高，且絮凝物的分离操作简单。如前所述，选取合适的生物絮凝剂也同样重要，蛋白质、黏多糖、纤维素和核糖聚合物材料共同组成了生物絮凝剂。

（2）植物修复法。高等植物，尤其是草本植物、木本植物，对重金属有较好的吸收、沉淀、富集等作用，这些植物被称为金属积累植物或超积累植物。植物修复法利用这些植物的特性，以达到去除土壤或废水中重金属的目的。该方法正是利用这些植物对重金属进行吸取、沉淀、富集，并使其活性下降，以减少重金属向周边环境的扩散，然后对重金属进行萃取、富集、输送，最后人工收割部分含有重金属的植物根部采取和地上枝条，以达到去除、回收重金属的目的。在实际工程中，植物修复法可原位实施，减轻了对周边环境的影响，也不会造成二次污染，是一种环境友好型技术。进一步来讲，植物修复技术所需种植的植物还可达到净化和美化环境的功效。此外，该方法还可从植物中回收贵重金属，且运行成本远远低于传统方法，是一种经济合理的技术。

（3）生物吸附法。生物吸附法具备可与传统吸附剂媲美的吸附性能，同时具有环境友好的特点，因此获得国内外学者的广泛关注。在最近的一些研究中，蛋壳，橄榄核，花生、开心果果壳、甜菜渣和向日葵等都被研究人员制作成生物吸附剂，将重金属从废水中除去。Celebi等以泡茶的废料（BTW）为吸附剂，对铅（Pb）、锌（Zn）、镍（Ni）、镉（Cd）四种重金属进行去除试验，结果表明，与其他生物吸附剂相比BTW是一种更有效的吸附剂，故BTW可作为一种有效的替代吸附剂来以除废水中的重金属。

4.1.3　微纳米纤维在重金属废水处理中的应用

吸附剂去除废水中重金属离子的过程大多数依赖于吸附剂表面的功能基团与目标物质的相互作用，而传统吸附剂受制于材料本身的比表面积小、活性位点数少及选择性差等，对重金属离子的吸附效率不高。因此，开发具有较大比表面积且能提供较多活性结合位点的吸附材料对于提高吸附剂的亲和性和吸附量至关重要。与传统材料相比，纳米纤维材料吸附剂具有比表面积大、吸附位点数多、内粒扩散距离短和孔径尺寸可调等优势，能显著提高吸附效率。吸附剂中常见的功能基团有羧基、氨基、磺酸基和磷酸基等，其中氨基活性度较高，该基团中的氮原子具有孤对电子，可与重金属离子配位形成稳定的络合物，因此氨基被认为是最有效吸附重金属离子的功能基团。

与传统的树脂、泡沫和纤维相比，纳米纤维由于具有较高的比表面积，从而能大幅度提高吸附速率和吸附量。因此，研究开发纳米纤维吸附剂引起了科研人员的极大关注。作为一种高性能吸附材料，聚合物纳米纤维尤其是螯合纤维被广泛应用于工业废水处理及重金属离子富集、回收等方面，并被认为是吸附和分离材料的主要发展方向之一。聚丙烯腈是一种用途广泛且价格便宜的聚合物，目前已被用于制备静电纺PAN纳米纤维。PAN螯合纤维具有吸附量高、吸附平衡快、回收率高及成本低廉等优势，以及PAN纤维本身还具有理想的耐化学腐蚀性、热稳定性、不易燃性和良好的力学性能等，被认为是一种能高效去除和回收水中金属离子的材料，特别是可用于低浓度金属离子的去除和回收。Deng等通过将直径范围在20～50μm的聚丙烯腈（PAN）纤维与二亚乙基三胺（DETA）溶液反应，制备了氨基螯合PAN微米纤维，并将其与未改性PAN微米纤维同时用于吸附水溶液中的Pb（Ⅱ）和Cu（Ⅱ）。结果发现，在二者投入量相同的条件下，未改性PAN微米纤维对Pb（Ⅱ）和Cu（Ⅱ）的吸附量远远低于氨基螯合PAN微米纤维的吸附量，这是因为吸附量依赖于金属离子与纤维表面的相互作用，而氨基螯合PAN微米纤维表面有更多可吸附的活性位点。Neghlani等比较了DETA氨基螯合的PAN纳米纤维膜和氨基PAN微米（23μm）纤维膜对水溶液中的Cu（Ⅱ）的吸附性能，研究发现氨基螯合PAN纳米纤维膜的吸附速率是氨基PAN微米纤维膜的3倍，且平衡吸附量是氨基PAN微米纤维膜的5倍。上述研究表明，纤维表面的活性基团及纤维直径和比表面积等对纤维材料的吸附性能有较大的影响，因此，寻找或制备含有表面活性基团（如氨基、羧基、巯基等）的微纳米纤维吸附材料是吸附法处理重金属废水的关键。偕胺肟基（$H_2N—C═N—OH$）是氨基的一种，是吸附材料中最常见的活性基团之一，它能和铬、镉、铅、铜、镍、锌等多种重金属离子形成稳定的配合物，并且偕胺肟基的纳米纤维具有比表面积大、易于制备和易于物理/化学修饰、吸附量高、吸附速度快、易洗脱、再生性能好等优点，因此受到国内外科研人员的广泛关注。

基于上述前人的研究结论和前面优化制备液喷纺微纳米纤维的实验结果，本章以聚丙烯腈为原料，以获得直径较小且均匀一致的纤维为目标制备液喷纺PAN微纳米纤维膜，并将其与盐酸羟胺（$NH_2OH·HCl$）溶液在一定的条件下进行化学反应，合成含偕胺肟基的液喷纺PAN微纳米纤维膜。着重考察偕胺肟基液喷纺PAN微纳米纤维膜对废水中Cd（Ⅱ）、Cr（Ⅲ）、Cu（Ⅱ）、Ni（Ⅱ）、Pb（Ⅱ）和Zn（Ⅱ）6种重金属离子的吸附作用，实验中所选的Cd

（Ⅱ）、Cr（Ⅲ）和Pb（Ⅱ）是《重金属污染综合防治“十二五”规划》中的第一类防控对象，Cu（Ⅱ）、Ni（Ⅱ）和Zn（Ⅱ）是第二类防控对象。主要研究内容包括：一是，偕胺肟基液喷纺PAN微纳米纤维膜吸附重金属离子的可行性，并将其与普通聚丙烯（PP）非织造布、偕胺肟基改性PP非织造布及未改性液喷纺PAN微纳米纤维膜的吸附能力进行比较研究；二是，通过考察偕胺肟基改性液喷纺PAN微纳米纤维膜对不同条件下多元体系中重金属离子的吸附行为，研究多种重金属离子共存情况下多元体系中的竞争吸附作用和机理。

4.2 材料与方法

4.2.1 试剂与仪器

4.2.1.1 试剂

聚丙烯腈（平均分子量约为70000），丙烯腈（91.4%，摩尔分数）和丙烯酸甲酯（8.6%，摩尔分数）的共聚体，浙江杭州湾腈纶有限公司；普通聚丙烯非织造布（厚度为0.3mm，克重为80～120g/m^2，纤维直径为20～25μm）。*N*，*N*–二甲基乙酰胺（DMAc）、碳酸钠（Na_2CO_3）、盐酸羟胺（$NH_2OH·HCl$）、硝酸镉［$Cd(NO_3)_2·4H_2O$］、硝酸铬［$Cr(NO_3)_3·9H_2O$］、硝酸铜［$Cu(NO_3)_2·3H_2O$］、硝酸镍［$Ni(NO_3)_2·6H_2O$］、硝酸铅［$Pb(NO_3)_2$］、硝酸锌［$Zn(NO_3)_2·6H_2O$］、硝酸（HNO_3）、氢氧化钠（NaOH）、碳酸钠（Na_2CO_3）等（国药化学试剂有限公司，所有化学试剂均为分析级或以上级别，并且使用前未经进一步纯化）。通过称取相应质量的重金属化合物直接溶解在Milli–Q超纯水中来配制含Cd（Ⅱ）、Cr（Ⅲ）、Cu（Ⅱ）、Ni（Ⅱ）、Pb（Ⅱ）和Zn（Ⅱ）的标准储备溶液。其他试剂溶液采用分析级试剂与Milli–Q超纯水配制。

4.2.1.2 仪器

精密pH计（PHS–25，上海雷磁仪器厂）、电子天平（AL204，梅特勒托利多仪器有限公司）、电感耦合等离子体发射光谱仪（ICP，Thermo iCAP 6000，赛默飞世尔公司）、扫描电镜（SEM，日立TM–1000，日立公司）、图像处理软件（ImageJ v2.1.4.7，美国国家卫生研究院）、傅里叶红外光谱仪（FT–IR，Nicolet 8700，赛默飞世尔公司）、六联磁力搅拌器（84–1A6，上海司乐仪器有限公司）、超纯水机（Milli–Q Academic A10，密理博公司）、鼓风干燥箱（DHG9050A，上海精密仪器仪表有限公司）、水浴锅（HH–4，金坛精达仪器制造厂）等。

4.2.2 液喷纺PAN微纳米纤维的制备及表征

液喷纺PAN微纳米纤维膜的制备采用第3章所述的实验装置和实验方法。简单地说，聚合物溶液在高速高压同轴气体射流的拉伸作用下，经聚合物射流的摆动、溶剂挥发和固化作用，沉积在铜网接收装置上形成微纳米纤维膜。本实验所采用的条件如下，PAN溶液浓度哦15%（质量分数），气流压力为0.25kgf/cm^2，注射速率为1.5mL/h，接收距离为60cm，内喷嘴内径为0.6mm。经扫描电镜测试分析，纤维呈现杂乱无规排列并粘连成膜形态，主体纤维的直径分布在500 ~ 700nm的范围内，纤维直径小于650nm的占65%，平均直径为634nm。

4.2.3 液喷纺PAN微纳米纤维的改性及表征

将100mg PAN微纳米纤维膜加入100mL pH值为7、浓度为0.5mol/L盐酸羟胺溶液中（溶液pH值用Na_2CO_3调节），然后将其置于水浴锅中，在70℃下反应2h，反应完毕后将纤维膜取出，并用超纯水洗涤3次，在40℃下真空干燥后得到偕胺肟基改性PAN（APAN）微纳米纤维膜，贮存于阴凉干燥条件下备用。普通PP非织造布按照上述改性方法同步进行，并用于后续的对照实验中。

采用KBr压片制样法对未改性和改性后的PAN微纳米纤维膜进行傅里叶变换红外光谱（FTIR）表征，选定光谱范围400 ~ 4000cm^{-1}，分辨率0.4cm^{-1}。通过对比光谱图，揭示盐酸羟胺对液喷纺PAN微纳米纤维的功能化改性效果。

4.2.4 APAN微纳米纤维膜吸附重金属离子的可行性

4.2.4.1 一元体系的可行性吸附实验

以含Cd（Ⅱ）、Cr（Ⅲ）、Cu（Ⅱ）、Ni（Ⅱ）、Pb（Ⅱ）和Zn（Ⅱ）等一

元重金属离子的溶液体系为研究对象，分别取浓度为10mg/L的上述一元重金属溶液100mL，用HNO_3或NaOH溶液调节pH值（3～6），然后加入不同的吸附材料（普通PP非织造布、偕胺肟基改性PP非织造布、液喷纺PAN微纳米纤维膜、偕胺肟基改性PAN微纳米纤维膜），间隔一定时间取样并测定溶液中重金属离子的浓度，并分别按式（4–1）和式（4–2）计算不同材料对重金属离子的吸附能力，即吸附量（q_e）和吸附效率（η）：

$$q_e = \frac{(C_0 - C_e)V}{M} \tag{4-1}$$

$$\eta = \frac{C_0 - C_e}{C_0} \tag{4-2}$$

式中：q_e为吸附量（mg/g）；C_0、C_e为反应前后金属离子的浓度（mg/L）；V为溶液体积（L）；M为吸附材料的质量（g）；η为吸附效率（%）。

4.2.4.2　多元体系的可行性吸附实验

取100mL浓度均为10mg/L的含Cd（Ⅱ）、Cr（Ⅲ）、Cu（Ⅱ）、Ni（Ⅱ）、Pb（Ⅱ）和Zn（Ⅱ）6种重金属离子的混合溶液，在前述一元体系可行性吸附实验中确定的最佳pH值条件下加入10mg APAN微纳米纤维膜，间隔一定时间取样并测定溶液中各重金属离子的浓度，考察偕胺肟改性PAN微纳米纤维膜在多元重金属离子共存条件下对上述几种重金属离子的吸附作用。

4.2.5　多元体系的竞争吸附实验

4.2.5.1　相同浓度条件下的竞争吸附

分别取几组100mL含一定浓度的Cd（Ⅱ）、Cr（Ⅲ）、Cu（Ⅱ）、Ni（Ⅱ）、Pb（Ⅱ）和Zn（Ⅱ）6种重金属离子的混合溶液，每组实验中各重金属离子的初始浓度保持相同。用0.1mol/L HNO_3或NaOH溶液调节溶液pH值至6，然后加入10mg偕胺肟改性PAN微纳米纤维膜，在搅拌条件下反应24h后取样测试溶液中各重金属离子的浓度，根据反应前后金属离子的浓度变化，分别计算偕胺肟改性PAN纤维膜对不同重金属的吸附量。同时进行相同条件下一元重金属离子的吸附实验，并将结果与多元体系吸附实验结果进行对比。

4.2.5.2 目标金属离子浓度变化时的竞争吸附

分别取几组100mL含一定浓度的Cd（Ⅱ）、Cr（Ⅲ）、Cu（Ⅱ）、Ni（Ⅱ）、Pb（Ⅱ）和Zn（Ⅱ）6种重金属离子的混合溶液，除目标重金属外，各组实验中其他5种重金属离子的初始浓度均相同并保持不变。用0.1mol/L HNO_3或NaOH溶液调节溶液pH值至6，然后加入10mg偕胺肟改性PAN微纳米纤维膜，反应24h后取样分析溶液中重金属离子的浓度，根据反应前后金属离子的浓度差异，分别计算偕胺肟改性PAN微纳米纤维膜对不同重金属的吸附量。同时进行相同条件下一元体系重金属离子的吸附实验，并将结果与多元体系吸附实验结果进行对比。

4.2.6 分析方法

水质分析方法均按照《水和废水监测分析方法》（第四版）规定的方法进行，其中pH值采用玻璃电极法测定，重金属离子浓度测试采用电感耦合等离子体发射光谱法（ICP）。电感耦合等离子体发射光谱仪在使用之前先采用0.1、1和10mg/L的标准使用液校正，该标准使用液是由2%的HNO_3稀释一定量的浓度为1000mg/L的标准原液得到。

4.3 结果与讨论

4.3.1 APAN微纳米纤维膜对一元体系中重金属离子的吸附作用

4.3.1.1 不同pH值下重金属离子的存在状态

为了研究不同材料的吸附能力，首先必须明确不同pH值条件下各种重金属离子在水溶液中的存在状态，确定金属离子开始沉淀的pH值，避免金属沉淀物对吸附过程和结果的影响。不同pH条件下Cd（Ⅱ）、Cr（Ⅲ）、Cu（Ⅱ）、Ni（Ⅱ）、Pb（Ⅱ）和Zn（Ⅱ）6种重金属离子在溶液中的存在状态如图4-1所示。

从图4-1可以看出，当pH<6时，6种重金属离子在水溶液中均以溶解态的形式存在；当pH>7时，Cr（Ⅲ）开始形成沉淀；当pH>8时，Cd（Ⅱ）和Cu（Ⅱ）开始沉淀；当pH>9时，Ni（Ⅱ）、Pb（Ⅱ）和Zn（Ⅱ）开始沉淀；当

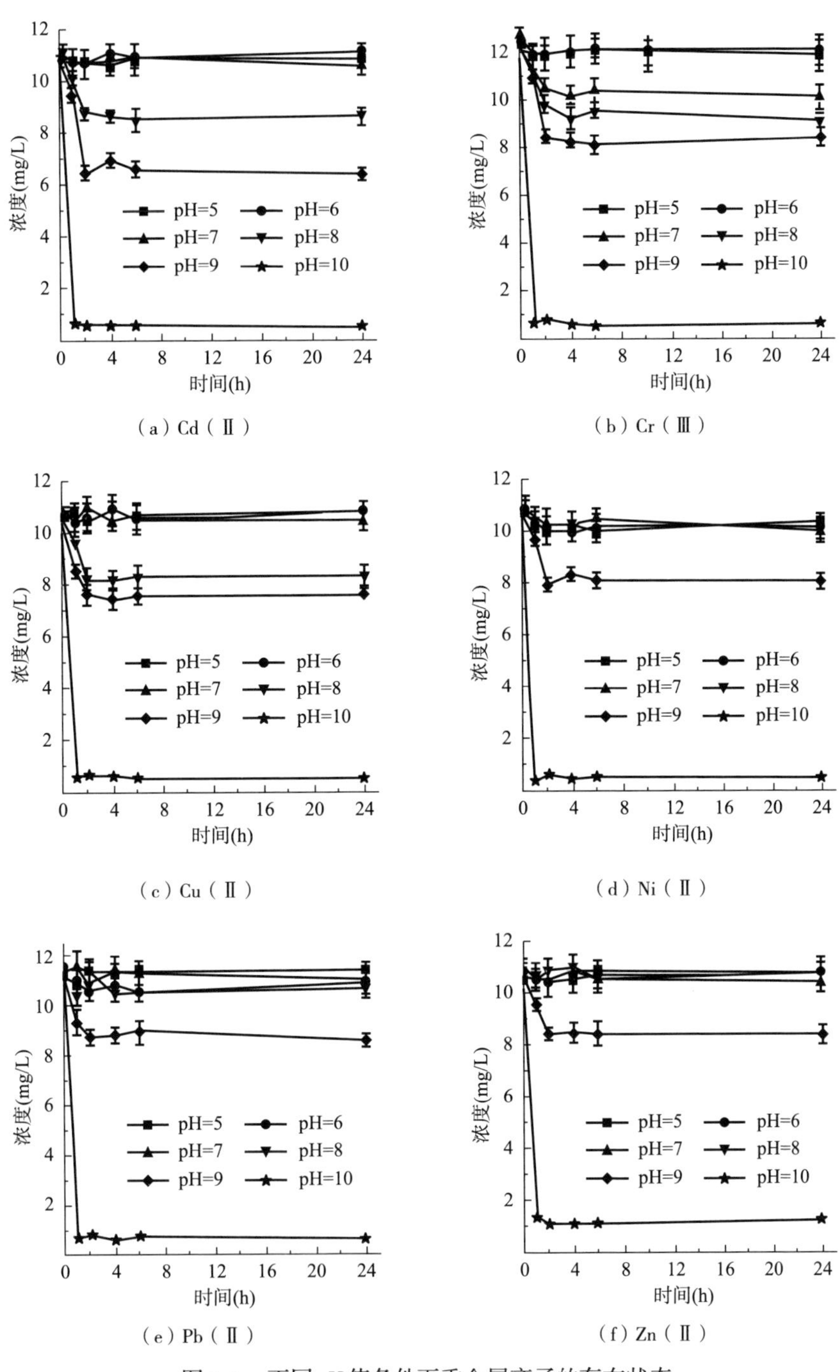

（a）Cd（Ⅱ）

（b）Cr（Ⅲ）

（c）Cu（Ⅱ）

（d）Ni（Ⅱ）

（e）Pb（Ⅱ）

（f）Zn（Ⅱ）

图4-1 不同pH值条件下重金属离子的存在状态

pH>10时，6种重金属离子基本上完全以沉淀的形式存在，因此，实验过程中的pH值应控制在6以下，以避免生成沉淀物对吸附过程的影响。

4.3.1.2 普通PP非织造布与液喷纺PAN微纳米纤维膜的吸附实验

普通PP非织造布和液喷纺PAN微纳米纤维膜对重金属离子的吸附作用分别如图4-2和图4-3所示。

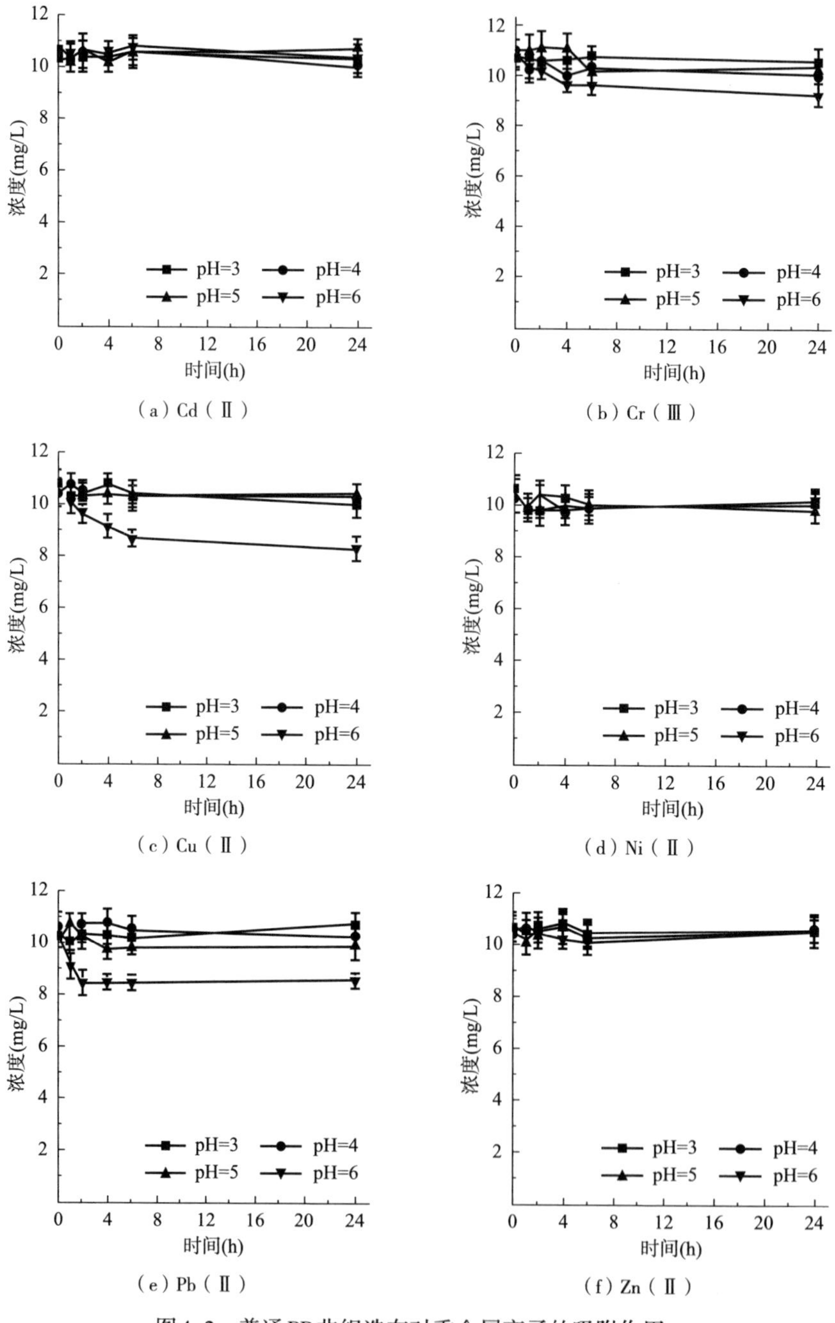

（a）Cd（Ⅱ）

（b）Cr（Ⅲ）

（c）Cu（Ⅱ）

（d）Ni（Ⅱ）

（e）Pb（Ⅱ）

（f）Zn（Ⅱ）

图4-2 普通PP非织造布对重金属离子的吸附作用

从图4-2可以看出，在pH值为3～6的范围内，普通PP非织造布对Cd（Ⅱ）、Ni（Ⅱ）和Zn（Ⅱ）基本上没有吸附作用。当pH<5时，普通PP非织造布对Cr（Ⅲ）、Cu（Ⅱ）和Pb（Ⅱ）基本上也没有吸附作用，但当pH=6时，对上述3种重金属离子均有一定的吸附作用，其吸附量分别为3.49、5.04和3.36mg/g。这很可能是由于非织造布表面没有可与金属离子螯合的活性基团，主要依靠PP非织造布自身的物理吸附作用去除部分重金属离子。

该实验结果表明普通PP非织造布对重金属离子的吸附具有一定选择性，仅对Cr（Ⅲ）、Cu（Ⅱ）和Pb（Ⅱ）有一定的吸附作用，并且溶液pH值对吸附过程有一定的影响。但由于该非织造布的吸附量较小，并不能用于重金属废水的处理过程。

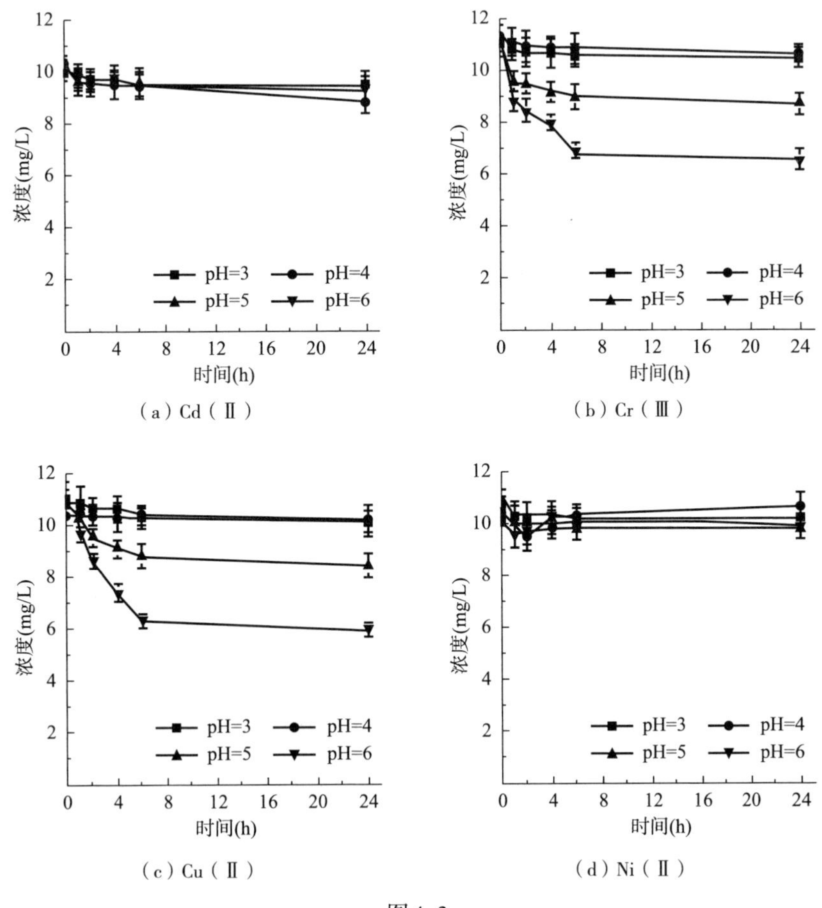

（a）Cd（Ⅱ）　（b）Cr（Ⅲ）

（c）Cu（Ⅱ）　（d）Ni（Ⅱ）

图4-3

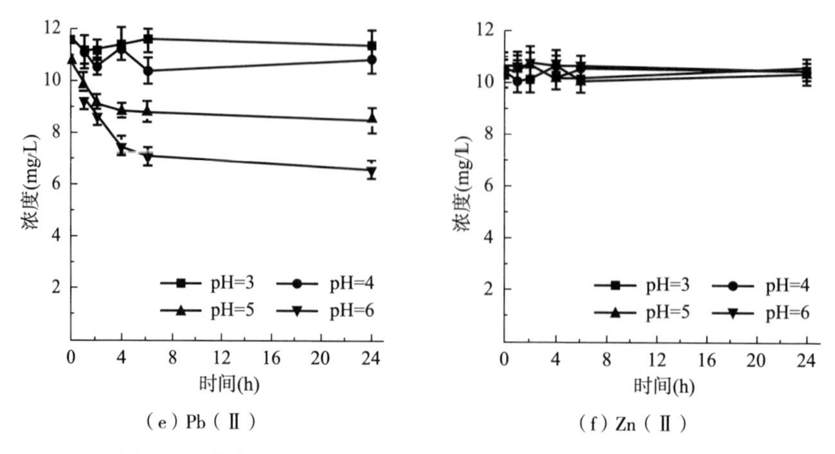

（e）Pb（Ⅱ）　　（f）Zn（Ⅱ）

图4-3　液喷纺PAN微纳米纤维膜对重金属离子的吸附作用

从图4-3可看出，在pH值为3～6的范围内，液喷纺PAN微纳米纤维膜对Cd（Ⅱ）、Ni（Ⅱ）和Zn（Ⅱ）基本上没有吸附作用。当pH<4时，液喷纺PAN纤维膜对Cr（Ⅲ）、Cu（Ⅱ）和Pb（Ⅱ）基本上也没有吸附作用，但当pH>5时，对上述3种离子均有一定的吸附作用，且吸附量随着pH值的升高而增加。在pH=6的条件下，液喷纺PAN纤维膜对Cr（Ⅲ）、Cu（Ⅱ）和Pb（Ⅱ）的吸附量分别为23.54mg/g、25.97mg/g和21.21mg/g。与普通PP非织造布类似，PAN微纳米纤维膜也没有能与金属离子螯合的活性基团，对重金属离子的去除主要依靠自身的物理吸附作用，但PAN微纳米纤维的比表面积和孔隙率远高于普通PP非织造纤维材料，因此其吸附能力高于普通PP非织造布。

上述实验表明普通PP非织造布和液喷纺PAN微纳米纤维膜对特定的重金属离子有一定的吸附作用，但由于其吸附量较小，限制了它们在重金属废水处理中的应用。

4.3.1.3　偕胺肟改性PP非织造布和APAN微纳米纤维膜的吸附实验

由上面的实验结果可知，普通PP非织造布和液喷纺PAN微纳米纤维膜对6种金属离子的吸附能力并不强，因此，拟采用盐酸羟胺溶液在一定条件下对普通PP非织造布和液喷纺PAN微纳米纤维膜进行改性，引入可与重金属离子螯合的活性基团，提高其吸附能力。根据前面的实验结果可知，当pH值为5～6时，普通PP非织造布和液喷纺PAN微纳米纤维膜对某些重金属离子有一定的吸附作用，因此偕胺肟改性PP非织造布和偕胺肟改性PAN微纳米纤维膜的吸附实验仅在pH值为5和6的条件下进行，且保持各种重金属离子的初始浓度为10mg/L。

从图4-4可看出，与普通PP非织造布相比，偕胺肟改性后的PP非织造布对6种重金属离子均有一定的吸附作用，吸附量也较改性前有所增加。

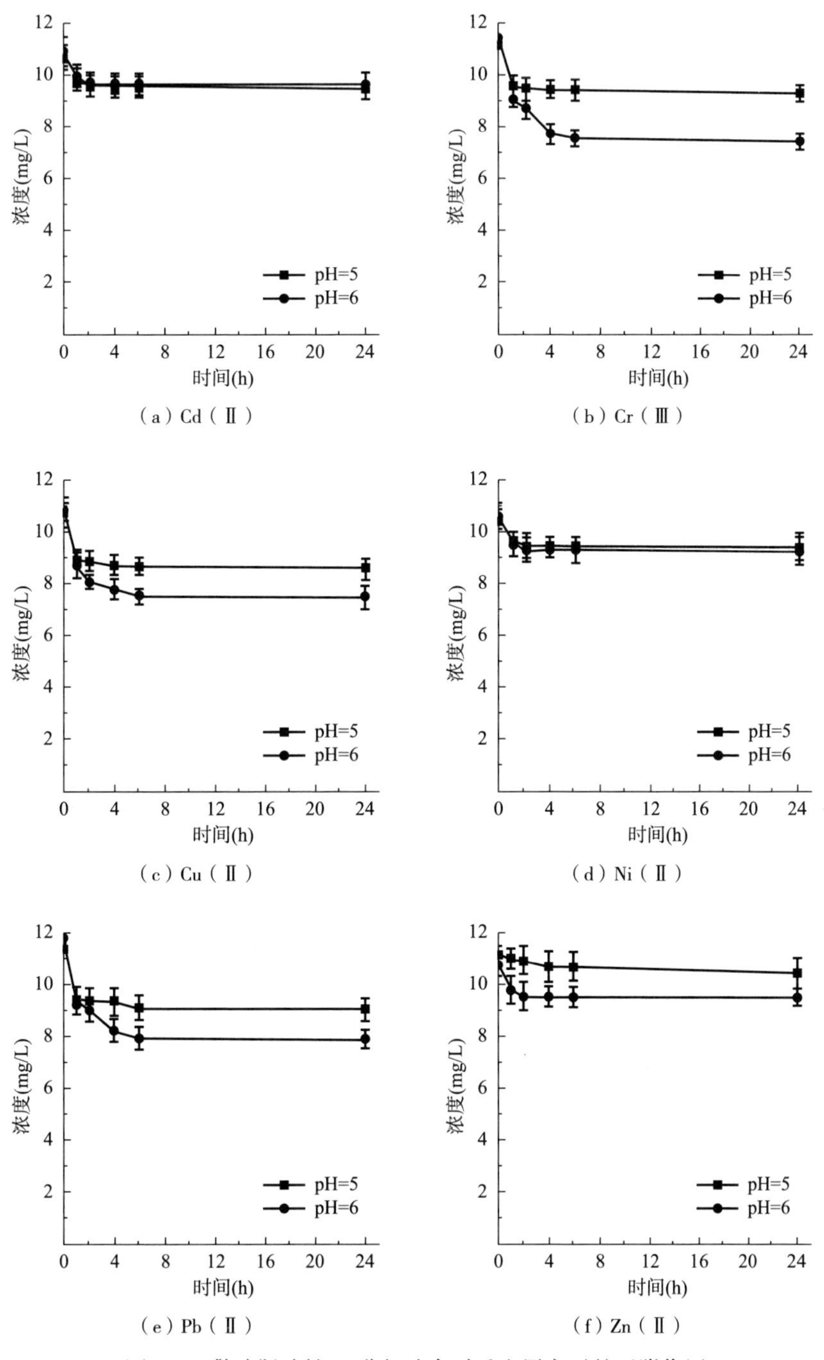

（a）Cd（Ⅱ） （b）Cr（Ⅲ）

（c）Cu（Ⅱ） （d）Ni（Ⅱ）

（e）Pb（Ⅱ） （f）Zn（Ⅱ）

图4-4 偕胺肟改性PP非织造布对重金属离子的吸附作用

这可能是因为盐酸羟胺中的部分活性基团（如氨基或羟基）接枝到非织造布上，一部分重金属离子通过络合作用被吸附。其所吸附重金属种类的增加和吸附量的提高，说明偕胺肟改性对于非织造布吸附能力的提升具有一定效果。但改性PP非织造布的吸附能力仍然较弱（<10mg/g），达不到重金属废水处理的要求，因此采用普通PP非织造布或偕胺肟改性PP非织造布处理重金属废水是不可行的。

从图4-5可看出，APAN微纳米纤维膜比未改性的纤维膜在吸附重金属方面具有明显的优势，具体表现在以下几个方面。

（1）改性后纤维膜所能吸附的重金属种类增加，改性前纤维膜仅对Cr（Ⅱ）、Cu（Ⅱ）和Pb（Ⅱ）3种金属离子具有一定的吸附作用，改性后对6种重金属离子均有吸附作用。

（2）改性后纤维膜的吸附能力增加，在初始浓度均为10mg/L的条件下，

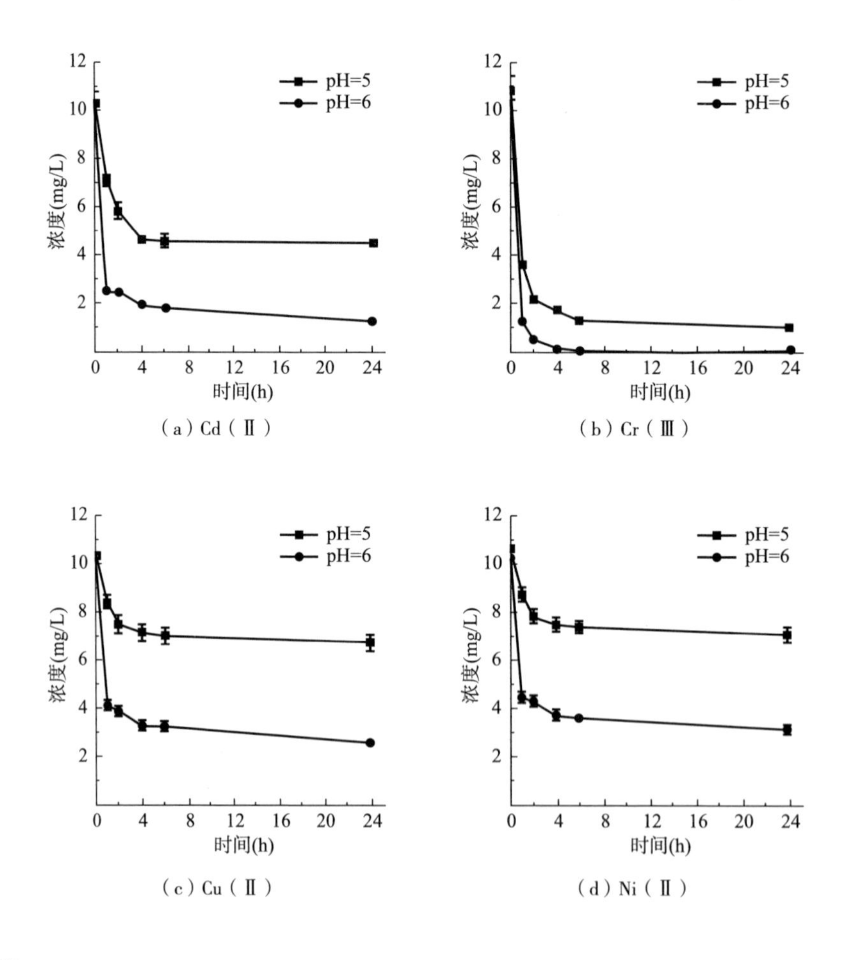

（a）Cd（Ⅱ）　（b）Cr（Ⅲ）　（c）Cu（Ⅱ）　（d）Ni（Ⅱ）

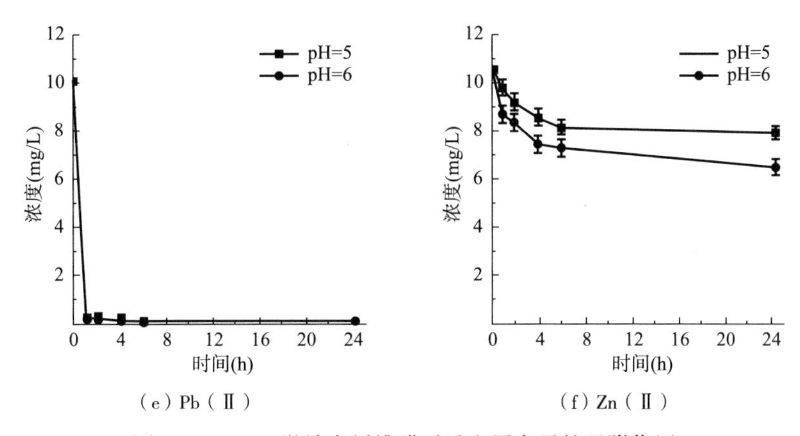

（e）Pb（Ⅱ）　　（f）Zn（Ⅱ）

图4-5　APAN微纳米纤维膜对重金属离子的吸附作用

改性前对Cr（Ⅱ）、Cu（Ⅱ）和Pb（Ⅱ）的吸附效率分别为41.8%、46.1%和37.5%，改性后对Cr（Ⅱ）和Pb（Ⅱ）的吸附效率接近100%，对Cu（Ⅱ）、Cd（Ⅱ）、Ni（Ⅱ）和Zn（Ⅱ）的吸附效率分别为87.1%、74.7%、70.2%和38.5%。

（3）改性后纤维膜的吸附速率加快，在相同时间内改性后的纤维膜对重金属离子的吸附量明显高于改性前的。该实验结果表明，APAN微纳米纤维膜在吸附重金属离子方面具有明显的优势，其能吸附的重金属种类较多，吸附量较大，有望应用于重金属废水的处理过程。

4.3.1.4　不同吸附材料的吸附性能比较

比较上述不同材料在pH=6的条件下对6种重金属离子的吸附能力，结果如图4-6所示。

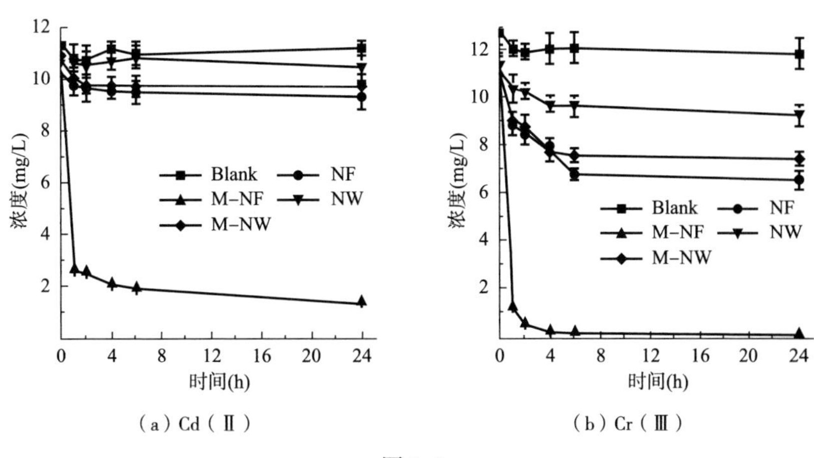

（a）Cd（Ⅱ）　　（b）Cr（Ⅲ）

图4-6

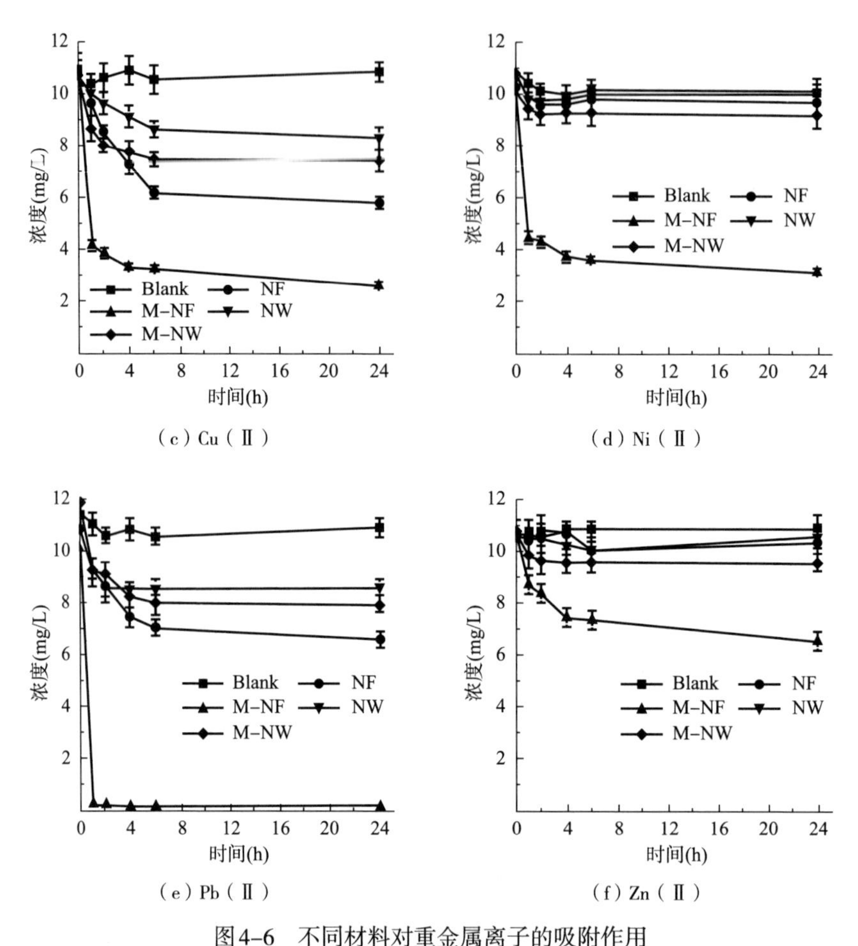

（c）Cu（Ⅱ）　（d）Ni（Ⅱ）

（e）Pb（Ⅱ）　（f）Zn（Ⅱ）

图4-6　不同材料对重金属离子的吸附作用

注　Blank—空白实验　NF—PAN微纳米纤维膜　M-NF—偕胺肟改性PAN微纳米纤维膜　NW—普通PP非织造布　M-NW—偕胺肟改性PP非织造布

从图4-6中可看出，在相同条件下，对实验所选择的六种重金属离子来说，偕胺肟改性液喷纺PAN微纳米纤维膜的吸附能力明显优于其他三种吸附材料，不同材料的吸附能力具有如下顺序：偕胺肟改性液喷纺PAN微纳米纤维膜＞未改性液喷纺PAN微纳米纤维膜＞偕胺肟改性PP非织造布＞普通PP非织造布。另外，偕胺肟改性液喷纺PAN微纳米纤维膜在吸附重金属离子的种类、吸附量、吸附速率等方面比改性前均有明显的提高。因此，对液喷纺PAN微纳米纤维膜进行偕胺肟改性并将其应用于重金属废水的处理是可行的，本章将重点研究偕胺肟改性液喷纺PAN微纳米纤维膜对重金属离子的吸附作用。

4.3.2　偕胺肟改性液喷纺PAN微纳米纤维的FTIR表征

本研究中采用傅里叶变换红外光谱仪（FTIR）表征改性前后液喷纺PAN微纳米纤维化学结构的改变，以阐明盐酸羟胺对液喷纺PAN微纳米纤维的表面改性机制。如图4-7所示，未改性PAN光谱（曲线a）在2245cm^{-1}、1738cm^{-1}和1159～1060cm^{-1}处有吸收峰，分别对应C ≡ N、C═O和C—O键的伸缩振动，这说明PAN是丙烯腈和丙烯酸甲酯单体的共聚体，其中C═O和C—O基团来自甲基丙烯酸单体。改性PAN光谱（曲线b）在3081cm^{-1}、1649cm^{-1}、1580cm^{-1}、1238cm^{-1}和1043cm^{-1}处有较强的吸收峰，分别对应于偕胺肟基团中的O—H、C═N、N—H、C—N和N—O键的伸缩振动。随着腈基转化为偕胺肟基的比率增加，偕胺肟化PAN中氰基C ≡ N（2245cm^{-1}）的吸收强度降低。改性PAN光谱中羰基C═O（1738cm^{-1}）强度的减弱说明了盐酸羟胺中的羟氨基团已成功引入到甲基丙烯酸单体中。从上述分析可知，通过本实验液喷纺PAN微纳米纤维的表面已成功引入偕胺肟基团，即成功制备了偕胺肟基PAN微纳米纤维。PAN与盐酸羟胺的化学反应机制可用如下反应式表示：

$$\left[CH_2-\underset{\underset{C\equiv N}{|}}{CH}\right]_n + NH_2OH\cdot HCl \xrightarrow[H_2O]{Na_2CO_3} \left[CH_2-\underset{\underset{\underset{NH_2}{|}}{C=N-OH}}{\underset{|}{CH}}\right]_n$$

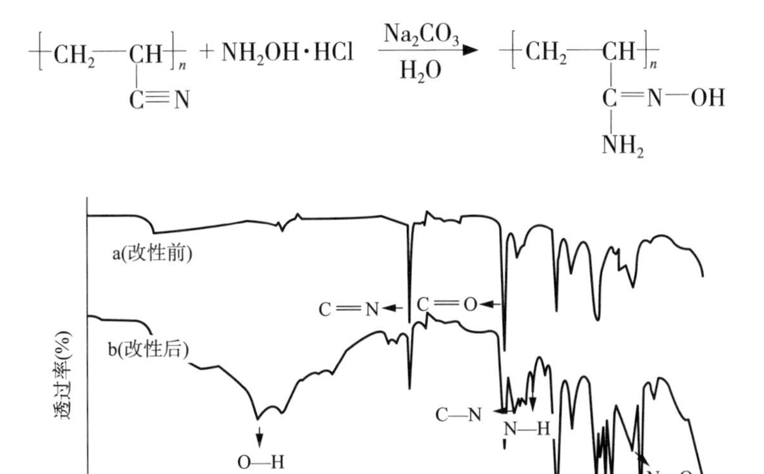

图4-7　偕胺肟改性前后液喷纺PAN微纳米纤维的FTIR图

4.3.3 APAN微纳米纤维膜对多元体系中重金属离子的吸附作用

前面的研究结果说明，偕胺肟基PAN微纳米纤维膜对一元体系水溶液中的Cd（Ⅱ）、Cr（Ⅲ）、Cu（Ⅱ）、Ni（Ⅱ）、Pb（Ⅱ）和Zn（Ⅱ）均有较好的吸附去除作用。一般而言，仅含一种重金属离子的废水较少见，大多情况下是多种重金属离子在废水中共存。为更真实地模拟实际废水，考察上述几种重金属离子共存时偕胺肟基PAN微纳米纤维膜吸附去除废水中重金属离子的可行性。

从图4-8（b）可看出，多元体系中6种重金属离子的浓度均有不同程度的降低，即偕胺肟基PAN微纳米纤维膜对多元体系中各种重金属离子均具有不同程度的吸附作用，但与一元体系［图4-8（a）］相比，除Cr（Ⅲ）和Pb（Ⅱ）外，偕胺肟基PAN微纳米纤维膜对多元体系中其余几种重金属离子的吸附量有所降低，但降低幅度不大。与一元体系相比，偕胺肟基PAN微纳米纤维膜对Cd（Ⅱ）、Cu（Ⅱ）、Ni（Ⅱ）和Zn（Ⅱ）的吸附量分别由89.25mg/g、79.26mg/g、71.45mg/g和40.80mg/g降低至68.59mg/g、57.85mg/g、49.90mg/g和20.98mg/g，其吸附量仍保持在较高水平。多元体系中偕胺肟基PAN微纳米纤维膜对Cr（Ⅲ）和Pb（Ⅱ）的吸附量没有明显降低的原因可能是其对两种离子的吸附能力较强，而实验所选择的的重金属离子初始浓度较低，偕胺肟基PAN微纳米纤维膜对一元体系和多元体系中Cr（Ⅲ）和Pb（Ⅱ）的吸附均未达到吸附饱和。此外，在多元体系吸附过程中，各重金属离子浓度呈现先迅

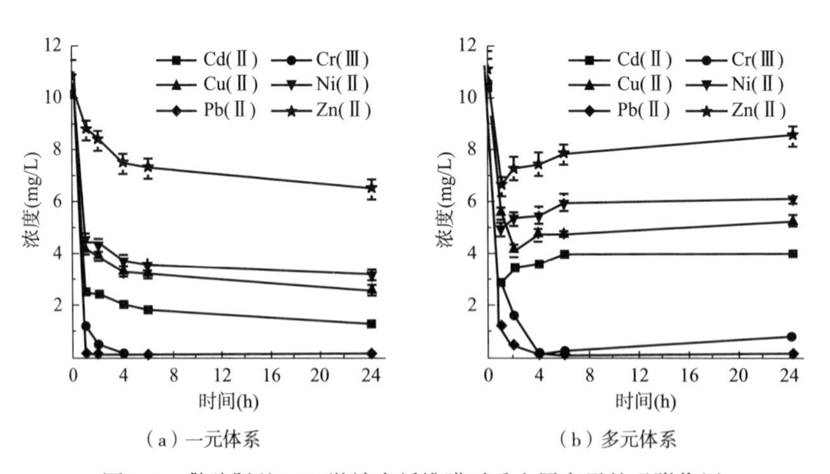

（a）一元体系　（b）多元体系

图4-8　偕胺肟基PAN微纳米纤维膜对重金属离子的吸附作用

速降低后缓慢上升的趋势，并且不同重金属离子浓度出现“拐点”（浓度变化的最低点）的时间不完全一致，这说明多元金属离子体系的吸附过程是一个动态的吸附—解吸过程，且偕胺肟基PAN微纳米纤维膜对不同重金属离子的亲和性不同，各种重金属离子混合溶液在吸附过程中存在相互干扰或竞争吸附（mutual interferential/competitive adsorption）现象。

上述实验结果表明，对于一元体系和多元体系来说，偕胺肟基PAN微纳米纤维膜对本实验所选的6种重金属离子均具有较好的吸附作用，即经过偕胺肟改性的液喷纺PAN微纳米纤维膜可应用于含重金属离子废水的处理过程，但尚需对多元体系的吸附过程及重金属离子间的相互竞争作用做进一步研究。

4.3.4　多元体系中的竞争吸附

为进一步研究多元体系中重金属离子间的竞争吸附行为，首先对不同条件下多元体系的吸附过程进行考察，并将其与一元金属离子溶液体系中的实验结果进行比较。通常情况下，由于金属之间的物理化学性质差异、络合物稳定性不同及位阻效应，吸附剂对多元混合溶液体系中的每一种金属离子的吸附量低于相同条件下对一元体系中该金属离子的吸附量。但多元体系中的总吸附量高于相同条件下对一元体系任意一种金属离子的吸附量，前者称为多元体系中金属离子竞争吸附中的拮抗作用（antagonistic effect），后者是由于竞争离子的存在对吸附剂的总吸附量起到促进或协同作用（promotive/synergistic effect）。多元混合溶液体系中金属离子吸附量减少率（percent reduction in adsorption capacities）按如下公式进行计算：

$$\text{减少率} = \frac{\text{一元体系中的吸附量} - \text{多元体系中的吸附量}}{\text{一元体系中的吸附量}} \times 100\% \quad (4\text{-}3)$$

4.3.4.1　相同浓度条件下的竞争吸附作用

在各批次实验中保持溶液中6种重金属离子的初始浓度相同，分别在各重金属离子初始浓度均为10、20、50、100和200mg/L的条件下，考察偕胺肟基PAN微纳米纤维膜对多元体系中不同重金属离子的吸附量，并与一元体系中的吸附量进行对比，结果如图4-9所示。

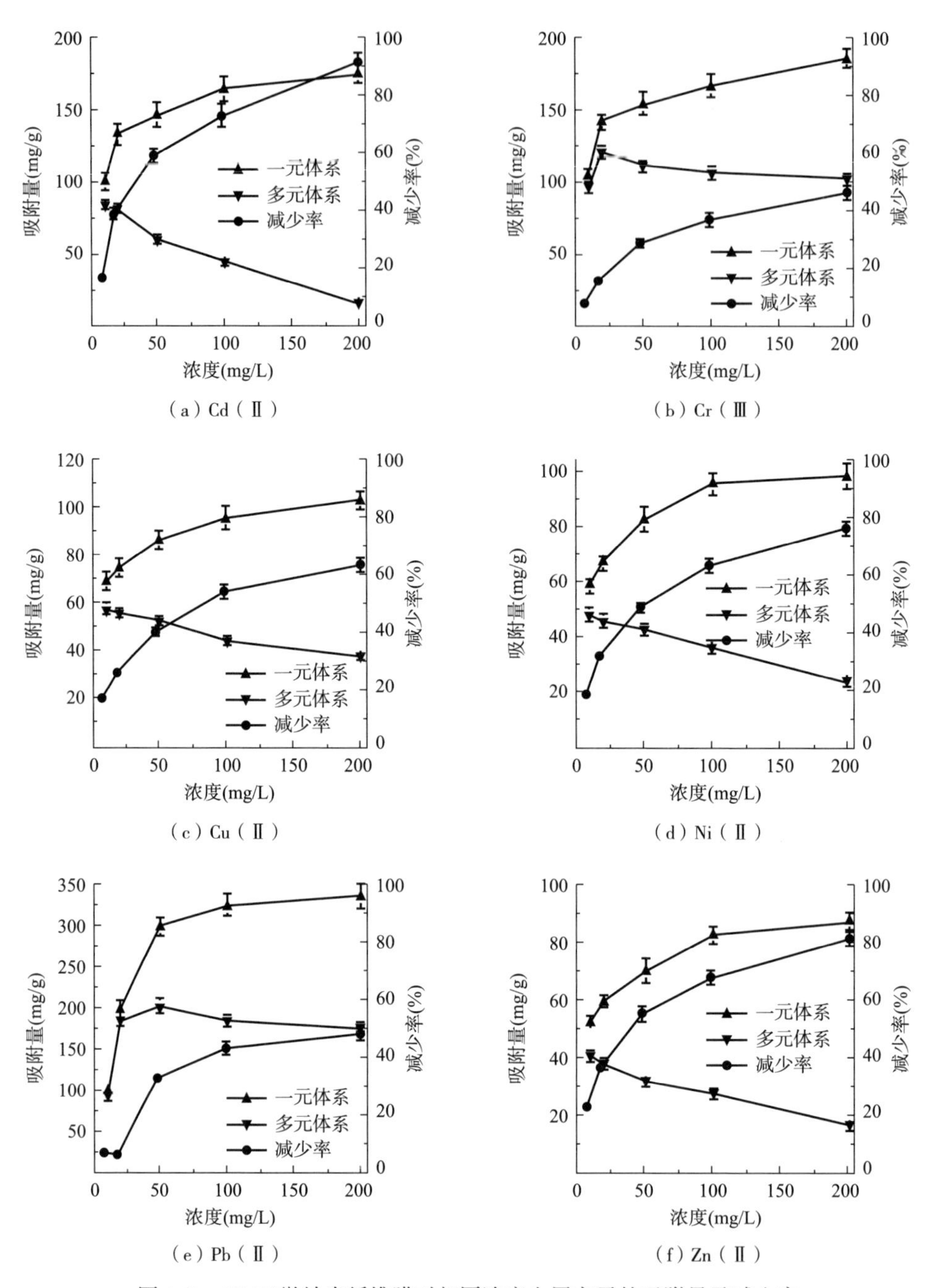

图4-9　APAN微纳米纤维膜对相同浓度金属离子的吸附量及减少率

从图4-9中可看出，偕胺肟基PAN微纳米纤维膜对多元体系中每一种重金属离子的吸附量都小于相同浓度条件下一元体系中的吸附量，多元体系中吸附量随着初始浓度的增加而减少，并且吸附量减少的趋势越来越明显，即减少率随着初始浓度变大而上升。在初始浓度为10mg/L的条件下，多元体系中对Cd（Ⅱ）、Cr（Ⅲ）、Cu（Ⅱ）、Ni（Ⅱ）、Pb（Ⅱ）和Zn（Ⅱ）吸附量的减少率分别为16.62%、7.50%、16.82%、18.05%、6.82%和22.62%；当初始浓度增加到200mg/L时，偕胺肟基PAN微纳米纤维膜对上述几种重金属离子的吸附量减少率分别升高至91.34%、45.32%、63.25%、75.74%、48.22%和81.55%，这说明多元体系中各重金属离子之间存在明显的拮抗作用。此外，偕胺肟基PAN微纳米纤维膜对多元混合溶液体系中重金属离子的吸附量顺序与一元金属离子溶液体系中不完全一致，以初始浓度200mg/L为例，一元体系中吸附量的顺序为Pb（Ⅱ）（338.84mg/g）>>Cr（Ⅲ）（185.09mg/g）≈Cd（Ⅲ）（174.65mg/g）>>Cu（Ⅱ）（102.45mg/g）≈Ni（Ⅱ）（98.55mg/g）>Zn（Ⅱ）（86.93mg/g）；而多元体系中随着金属离子初始浓度的增加，其吸附量顺序也发生了变化，最终顺序为Pb（Ⅱ）（175.46mg/g）>>Cr（Ⅲ）（101.2mg/g）>>Cu（Ⅱ）（37.65mg/g）>Ni（Ⅱ）（23.91mg/g）>Zn（Ⅱ）（16.04mg/g）≈Cd（Ⅱ）（15.13mg/g）。这可能是由于偕胺肟基PAN微纳米纤维膜对不同重金属离子的亲和性、络合物稳定性及金属离子本身物理化学性质不同等因素造成的。

为更好地比较偕胺肟基PAN微纳米纤维膜对多元和一元体系中重金属离子的吸附作用，在各重金属离子的初始浓度相同条件下考察多元体系中重金属离子的总吸附量，并与相同条件下一元体系中的吸附量进行对比，结果如图4-10所示。从图4-10中可看出，偕胺肟基PAN微纳米纤维膜对多元体系中重金属离子的总吸附量随金属离子初始浓度的增加呈现先升高后降低的趋势，这可能是因为在重金属离子浓度较低时，溶液中重金属离子的数量相对较少，偕胺肟基PAN微纳米纤维表面的活性位点没有被完全占据，各金属离子间的竞争作用不明显，因此各重金属离子可最大限度地被吸附到纤维上。随着浓度的升高，溶液中金属离子的数量增加，由于偕胺肟基PAN微纳米纤维表面活性位点数是一定的，因此金属离子间对活性位点的竞争作用逐渐增强。此外，由于重金属离子自身及其与偕胺肟基PAN微纳米纤维结合后形成的络合基团均带有正电荷，不同重金属离子之间以及重金属离子与络合基团之间的静电斥力作用对溶液中游离态的重金属离子有一定的排斥作用，进而阻碍其吸附到偕胺肟基PAN微纳米纤维表面的活性位点上，导致其对重金属离子的吸附量降低。这说明重金属离子之间对偕胺肟PAN微纳米纤维表面的吸附位点存在竞争作用，并且随着浓度的升高作用越强烈。

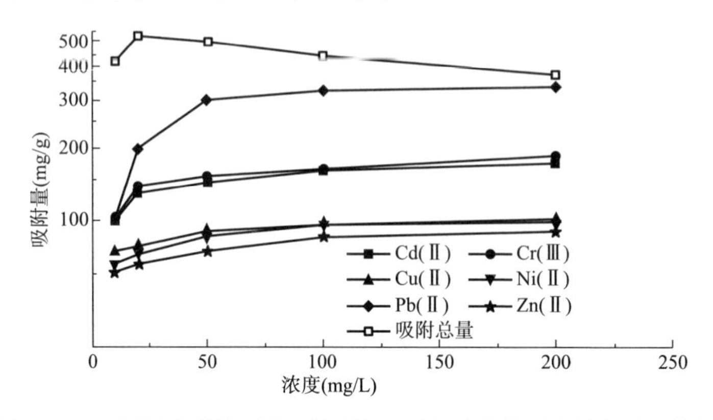

图4-10 相同浓度条件下多元体系与一元体系中的重金属离子吸附量

从图4-10还可看出，偕胺肟基PAN微纳米纤维膜对多元体系中重金属离子的总吸附量高于相应条件下一元体系中重金属离子的吸附量，这说明多元体系中重金属离子的吸附存在协同作用，但随着重金属离子浓度的升高，二者之间的差别呈现减小的趋势，这是由于偕胺肟基PAN微纳米纤维膜对多元体系中重金属离子的协同吸附作用逐渐减弱。与此类似，Hadi等人发现电子废弃物材料对Co—Ni二元混合溶液体系的吸附也存在协同现象。上述实验结果表明，在偕胺肟基PAN微纳米纤维膜对多元体系中重金属离子的吸附过程中，不同的重金属离子之间存在竞争作用和协同作用，在浓度较低的条件下协同作用表现得较为明显，随着浓度的升高，竞争作用逐渐占据主导地位。

与一元体系相比，偕胺肟基PAN微纳米纤维膜对多元体系中重金属离子具有较高的总吸附量，这说明在多种重金属离子共存的条件下，偕胺肟基PAN微纳米纤维膜仍具有较好的吸附去除效果，可应用于实际废水中重金属离子的吸附去除。

4.3.4.2 目标金属离子浓度变化时的竞争吸附作用

除目标重金属离子（targeted metal ion）外，批次实验过程中保持其他干扰或竞争性重金属离子（interferential/competitive metal ions）的初始浓度均为20mg/L，通过改变目标重金属离子浓度分别为20mg/L、50mg/L、100mg/L和200mg/L，考察目标金属离子浓度增加时偕胺肟基PAN微纳米纤维膜对目标重金属离子的吸附量，并与一元体系中的吸附量进行对比，实验结果如图4-11所示。

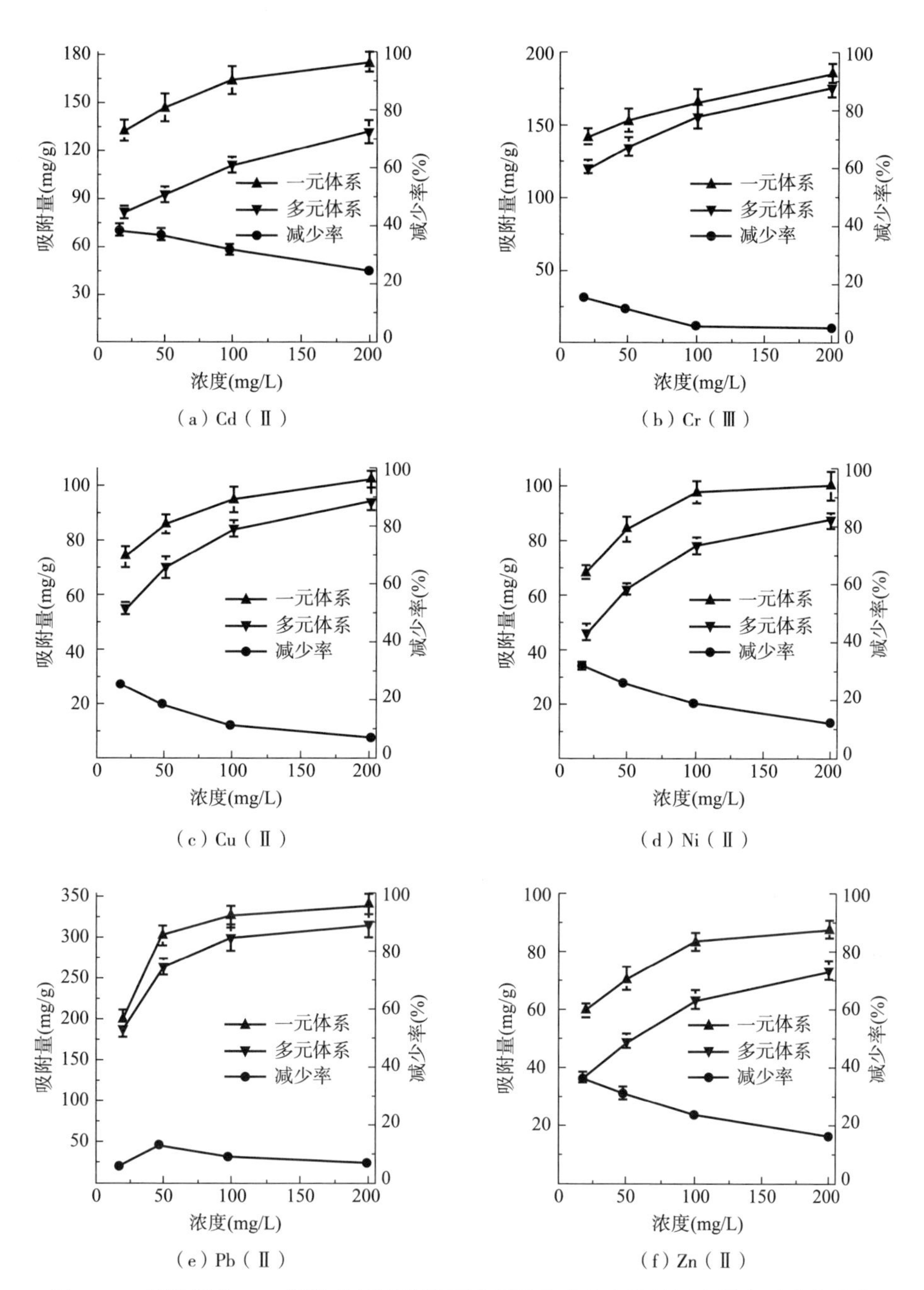

图4-11　偕胺肟基PAN微纳米纤维膜的吸附量及其减少率随目标金属离子浓度改变时的变化趋势

由图4-11可以看出，与一元体系中的吸附过程类似，在多元体系中，随着目标重金属离子浓度的增加，偕胺肟基PAN微纳米纤维膜对其吸附量也呈现逐渐升高的趋势。尽管不同浓度条件下多元体系中的目标金属离子的吸附量仍然小于相同浓度条件下一元体系中该重金属离子的吸附量，但二者之间的差别随着目标重金属离子初始浓度的增加而逐渐缩小，这说明随着浓度的升高，目标重金属离子的竞争能力均有所提高。此外，由于偕胺肟基PAN微纳米纤维膜对Pb（Ⅱ）的吸附量较大，在浓度为20mg/L的条件下尚未达到吸附饱和，因此在多元体系和一元体系中的吸附量差别不大。当Pb（Ⅱ）浓度大于50mg/L时，其在多元体系中的吸附量减少率也随着初始浓度的升高而降低。除Pb（Ⅱ）外，其余几种重金属离子在多元体系中的吸附量减少率均随着初始浓度的升高而降低。

当目标重金属离子浓度从20mg/L［Pb（Ⅱ）为50mg/L］增加到200mg/L时，多元体系中Cd（Ⅱ）、Cr（Ⅲ）、Cu（Ⅱ）、Ni（Ⅱ）、Pb（Ⅱ）和Zn（Ⅱ）的吸附量减少率分别由原来的38.71%、15.35%、25.51%、31.70%、13.16%和36.08%下降至24.54%、5.34%、7.30%、12.67%、6.64%和15.96%。这是由于吸附过程中质量转移效应和高浓度梯度产生的驱动力正比于初始浓度，目标金属离子初始浓度高，更有利于同其他金属离子竞争吸附活性位点，从而导致其吸附量逐渐增加。

4.3.5 多元体系中的竞争吸附机理

上述研究结果表明，当多元体系中目标重金属离子浓度较高而其他竞争性重金属离子浓度较低时，偕胺肟基PAN微纳米纤维膜对目标重金属离子的吸附过程与一元体系类似，此时可将多元体系近似看作一元体系；当各种重金属离子的初始浓度相同时，随金属离子浓度的增加，各重金属离子之间存在明显的竞争作用。因此，本小节主要研究各种重金属离子在初始浓度相同条件下，偕胺肟基PAN微纳米纤维膜对多元体系中重金属离子的竞争吸附机理。

4.3.5.1 初始浓度和反应时间对吸附量的影响

在多元体系中各种重金属离子初始浓度均相同的条件下，考察偕胺肟基PAN微纳米纤维膜对不同重金属离子的吸附量随时间的变化趋势，并与一元体系实验结果进行比较，结果如图4-12所示。

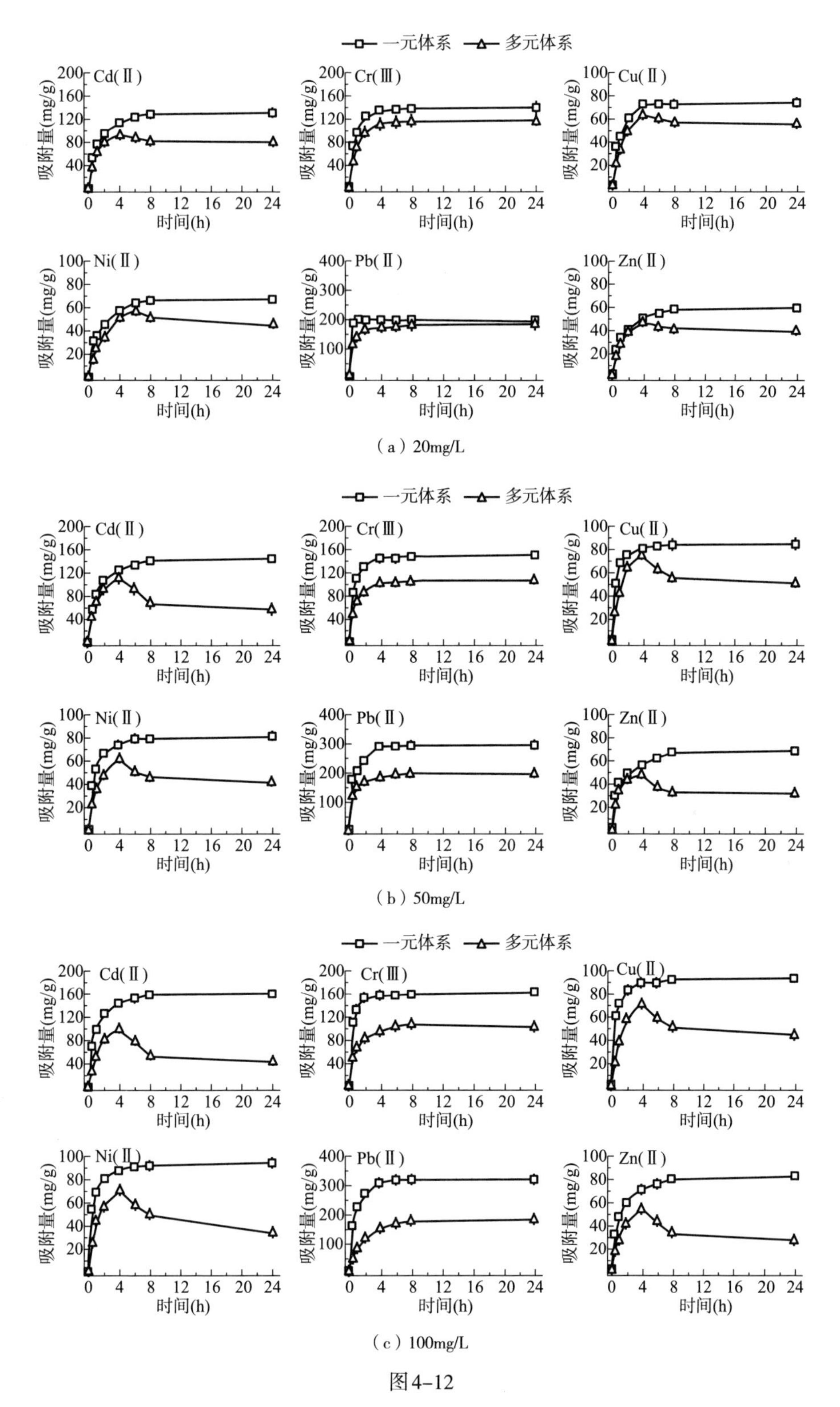

（a）20mg/L

（b）50mg/L

（c）100mg/L

图4-12

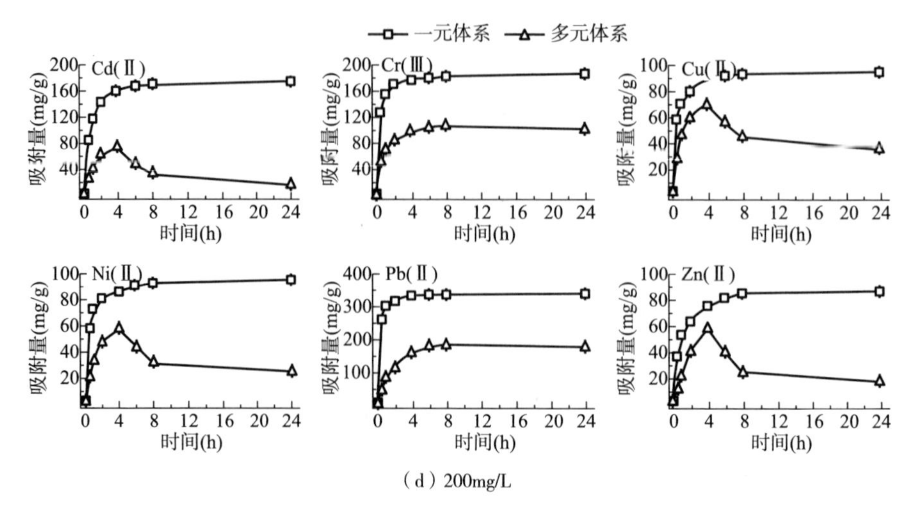

（d）200mg/L

图4-12　偕胺肟基PAN微纳米纤维膜在不同浓度条件下对多元体系和一元体系中重金属离子的吸附量随时间的变化趋势及两者吸附量对比

从图4-12可以看出，在初始浓度为20～200mg/L的实验条件下，吸附反应过程中任一时间范围内，偕胺肟基PAN微纳米纤维膜对多元体系中每种重金属离子的吸附量均小于相同条件下一元体系中该重金属离子的吸附量，并且随着初始浓度的增加和反应时间的延长，这种差别越来越大。与一元体系相比，随着初始浓度的增加，多元体系中各种重金属离子达到吸附平衡的时间也随之延长。这说明多元体系中各种重金属离子之间存在拮抗吸附作用，并且随着初始浓度和反应时间的增加这种作用表现的越加明显。

Pb（Ⅱ）和Cr（Ⅲ）在多元体系中的吸附量和吸附速率变化趋势与一元体系类似，在初始浓度相对较低时，吸附量和吸附速率在反应初始阶段呈直线上升，即这两种离子在多元体系中具有优先吸附性；但随着初始浓度的增加，其吸附平衡时间和平衡吸附量与一元体系中的差值越来越明显。这是由于随着反应的进行，优先吸附的重金属离子浓度逐渐降低，导致其吸附速率降低，而未被占据的吸附位点将有机会吸附溶液中其他浓度较高的竞争性重金属离子，从而使优先吸附的重金属离子平衡吸附量降低和平衡时间延长。除Pb（Ⅱ）和Cr（Ⅲ）外，Cd（Ⅱ）、Cu（Ⅱ）、Ni（Ⅱ）和Zn（Ⅱ）在多元体系中的吸附量随反应的进行呈现先升高后降低的趋势，并且随着初始浓度的增加，吸附量降低的趋势越来越明显。这是由于在吸附反应的开始阶段，非优先吸附的重金属离子的浓度梯度也较高，且随着混合溶液中优先吸附的重金属离子浓度的降低，非优先吸附的重金属离子的吸附量增加。但由于优先吸附的重金属离子电负性高、与配体形成络合物的稳定性高等原因，导致溶液中游离的该类重金属离子通过相邻依附（adjacent attachment）和静电排斥（electrostatic repulsion）的“置换”（displacement）机制陆续被吸附到纤维上，从而使部分非优先吸附的重金属离子解吸下来，导致非优先吸附的重金属离子吸附量下降。

该“置换”反应机制与常规化学反应中离子交换反应的不同之处在于这种“置换”反应存在静电斥力作用。以本实验为例，如果Pb（Ⅱ）[或Cr（Ⅲ）]欲交换偕胺肟基PAN微纳米纤维上的Cu（Ⅱ）[或Cd（Ⅱ）、Ni（Ⅱ）和Zn（Ⅱ）]，则在已被吸附的Cu（Ⅱ）和欲占同一吸附位点的Pb（Ⅱ）之间将会产生强烈的静电斥力作用以阻止Pb（Ⅱ）的吸附，导致Pb（Ⅱ）交换偕胺肟基PAN微纳米纤维上Cu（Ⅱ）的反应很难发生，即使在Pb（Ⅱ）与偕胺肟基PAN微纳米纤维表面的活性基团—NH_2的亲和性高于Cu（Ⅱ）的条件下。但是本实验的研究结果表明，偕胺肟基PAN微纳米纤维膜对多元体系中Cd（Ⅱ）、Cu（Ⅱ）、Ni（Ⅱ）和Zn（Ⅱ）的吸附量在反应4h后出现拐点，即吸附量由逐渐升高变为降低，而Pb（Ⅱ）和Cr（Ⅲ）此时的吸附量仍在继续上升，在8h时达到吸附平衡，这种现象很可能是由于Pb（Ⅱ）、Cr（Ⅲ）与偕胺肟基PAN微纳米纤维上已经吸附的部分Cd（Ⅱ）、Cu（Ⅱ）、Ni（Ⅱ）和Zn（Ⅱ）之间发生了“置换”反应，且过程不可逆。根据上面的分析可以推测，Pb（Ⅱ）和Cr（Ⅲ）首先通过依附于偕胺肟基PAN微纳米纤维上已吸附Cd（Ⅱ）、Cu（Ⅱ）、Ni（Ⅱ）和Zn（Ⅱ）的相邻吸附位点。由于Pb（Ⅱ）和Cr（Ⅲ）与偕胺肟基PAN纤维表面的—NH_2具有更强的亲和力，更容易形成稳定的络合物，则相邻吸附位点上的Pb（Ⅱ）和Cr（Ⅲ）通过诱导静电斥力作用将已经吸附但与—NH_2亲和力弱的Cd（Ⅱ）、Cu（Ⅱ）、Ni（Ⅱ）和Zn（Ⅱ）排斥掉，也就是说与—NH_2亲和力更高的重金属离子通过“置换”反应诱导已吸附的非优势重金属离子发生部分解吸。上述分析说明偕胺肟基PAN微纳米纤维膜对多元体系中重金属离子的吸附过程存在较强的竞争现象。这与前人研究二亚乙基三胺和亚氨基二乙酸螯合树脂吸附二元体系中的Cd（Ⅱ）、Cu（Ⅱ）和Pb（Ⅱ）中的结论相似。

4.3.5.2　分配系数和选择性系数

多元体系中各重金属离子之间的竞争吸附能力可通过分配系数（K_d）和选

择性系数（α）来表示。分配系数通常用来表征吸附剂对特定离子的亲和性以及在其他竞争离子共存条件下对特定离子的选择吸附性，分配系数越大，离子与吸附剂的亲和性越强。选择性系数通常用来表示在竞争离子存在的条件下，吸附剂对特定离子的结合能力，选择性系数越大，该离子的竞争吸附能力越强。分配系数和选择性系数的计算公式如下：

$$K_d = \frac{(C_0 - C_e)}{C_e} \times \frac{V}{M} \tag{4-4}$$

$$\alpha = \frac{K_d(T)}{K_d(I)} \tag{4-5}$$

式中：K_d为多元体系中重金属离子的分配系数（mL/g）；C_0、C_e为反应前后溶液中重金属离子的浓度（mg/L）；V为溶液体积（mL）；M为吸附剂质量（g）；K_d（T）、K_d（I）为目标重金属离子和其他竞争性重金属离子的分配系数（mL/g）。不同初始浓度条件下各种重金属离子的分配系数见表4-1。

表4-1　不同浓度条件下各种重金属离子的分配系数

初始浓度（mg/L）	分配系数（mL/g）					
	Cd（Ⅱ）	Cr（Ⅲ）	Cu（Ⅱ）	Ni（Ⅱ）	Pb（Ⅱ）	Zn（Ⅱ）
20	6771.71	14708.91	3772.26	3037.11	242489.96	2270.43
50	1351.43	2883.64	1184.95	942.22	7191.07	675.10
100	472.29	1173.75	467.41	366.37	2304.04	274.15
200	72.59	532.68	190.16	122.09	961.04	81.03

从表4-1中可以看出，相同浓度条件下，多元体系中Pb（Ⅱ）和Cr（Ⅲ）的分配系数明显高于Cd（Ⅱ）、Cu（Ⅱ）、Ni（Ⅱ）和Zn（Ⅱ），这说明偕胺肟基PAN微纳米纤维膜对Pb（Ⅱ）和Cr（Ⅲ）的亲和性和选择吸附性比较高。结合图4-9可知，相同浓度条件下，多元体系中Pb（Ⅱ）和Cr（Ⅲ）的吸附量明显高于其他四种重金属离子，这说明重金属离子的分配系数与吸附量呈正相关，吸附量越大其分配系数越大。随着初始浓度的增加，各重金属离子的分配系数均呈现降低的趋势，这是由于吸附到纤维表面的重金属离子和溶液中游离的金属离子之间存在着相互排斥作用。且随着初始浓度的增加，偕胺肟基

PAN微纳米纤维表面逐渐被金属离子覆盖，可吸附的活性位点数减少和金属离子的可接近性减弱，导致金属离子与偕胺肟基PAN微纳米纤维表面—NH_2官能团的亲和性降低。当初始浓度升高时，达到平衡时溶液中剩余的重金属离子浓度升高，而吸附到纤维表面的重金属离子的量维持不变或有所减少，因此重金属离子在固相和液相中的分配系数降低。

不同初始浓度条件下，多元混合溶液体系中各重金属离子的选择系数见表4-2～表4-5。选择性系数大于1，表示该重金属离子在吸附过程中相对于另一种重金属离子来说竞争能力较强，在吸附反应中可被优先吸附，反之则说明该重金属离子的竞争能力较弱。

表4-2　初始浓度为20mg/L时各种重金属离子的选择性系数

竞争性离子	目标离子					
	Cd（Ⅱ）	Cr（Ⅲ）	Cu（Ⅱ）	Ni（Ⅱ）	Pb（Ⅱ）	Zn（Ⅱ）
Cd（Ⅱ）	1	2.17	0.56	0.45	35.81	0.34
Cr（Ⅲ）	0.46	1	0.26	0.21	16.49	0.15
Cu（Ⅱ）	1.80	3.90	1	0.81	64.28	0.60
Ni（Ⅱ）	2.23	4.84	1.24	1	79.84	0.75
Pb（Ⅱ）	0.03	0.06	0.02	0.01	1	0.01
Zn（Ⅱ）	2.98	6.48	1.66	1.34	106.80	1
合计	7.50	17.45	3.73	2.81	303.22	1.85

表4-3　初始浓度为50mg/L时各种重金属离子的选择性系数

竞争性离子	目标离子					
	Cd（Ⅱ）	Cr（Ⅲ）	Cu（Ⅱ）	Ni（Ⅱ）	Pb（Ⅱ）	Zn（Ⅱ）
Cd（Ⅱ）	1	2.13	0.88	0.70	5.32	0.50
Cr（Ⅲ）	0.47	1	0.41	0.33	2.49	0.23
Cu（Ⅱ）	1.14	2.43	1	0.80	6.07	0.57
Ni（Ⅱ）	1.43	3.06	1.26	1	7.63	0.72
Pb（Ⅱ）	0.19	0.40	0.16	0.13	1	0.09
Zn（Ⅱ）	2.00	4.27	1.76	1.40	10.65	1
合计	5.23	12.30	4.47	3.35	32.17	2.11

表4-4　初始浓度为100mg/L时各种重金属离子的选择性系数

竞争性离子	目标离子					
	Cd（Ⅱ）	Cr（Ⅲ）	Cu（Ⅱ）	Ni（Ⅱ）	Pb（Ⅱ）	Zn（Ⅱ）
Cd（Ⅱ）	1	2.49	0.99	0.78	4.88	0.58
Cr（Ⅲ）	0.40	1	0.40	0.31	1.96	0.23
Cu（Ⅱ）	1.01	2.51	1	0.78	4.93	0.59
Ni（Ⅱ）	1.29	3.20	1.28	1	6.29	0.75
Pb（Ⅱ）	0.20	0.51	0.20	0.16	1	0.12
Zn（Ⅱ）	1.72	4.28	1.70	1.34	8.40	1
合计	4.63	12.99	4.57	3.37	26.46	2.27

表4-5　初始浓度为200mg/L时各种重金属离子的选择性系数

竞争性离子	目标离子					
	Cd（Ⅱ）	Cr（Ⅲ）	Cu（Ⅱ）	Ni（Ⅱ）	Pb（Ⅱ）	Zn（Ⅱ）
Cd（Ⅱ）	1	7.34	2.62	1.68	13.24	1.12
Cr（Ⅲ）	0.14	1	0.36	0.23	1.80	0.15
Cu（Ⅱ）	0.38	2.80	1	0.64	5.05	0.43
Ni（Ⅱ）	0.59	4.36	1.56	1	7.87	0.66
Pb（Ⅱ）	0.08	0.55	0.20	0.13	1	0.08
Zn（Ⅱ）	0.90	6.57	2.35	1.51	11.86	1
合计	2.08	21.63	7.08	4.19	39.83	2.44

从上述表中可以看出，在实验所确定的浓度范围内，Pb（Ⅱ）对于其他任意一种重金属离子的选择性系数均大于1，Cr（Ⅲ）对于除Pb（Ⅱ）外的其他四种重金属离子的选择性系数也均大于1。此外，Pb（Ⅱ）和Cr（Ⅲ）的总选择性系数也远高于其他重金属离子，这说明多元体系中Pb（Ⅱ）和Cr（Ⅲ）的竞争能力最强，这与相同浓度条件下多元体系中重金属离子吸附量的实验结果一致。相同初始浓度条件下重金属离子的选择性系数变化趋势也有所不同，在初始浓度较低的条件下（C_0<100mg/L），Cd（Ⅱ）对Cu（Ⅱ）、Ni（Ⅱ）和Zn（Ⅱ）表现出了较高的竞争能力，但随着初始浓度的增加，其竞争能力减弱。在初始浓度为200mg/L的条件下，Cd（Ⅱ）对于其他任意一种重金属离子的选择性系数均小于1，其竞争能力最弱。在低初始浓度条件下，上述六种重

金属离子竞争吸附能力顺序为：Pb（Ⅱ）>Cr（Ⅲ）>Cd（Ⅱ）>Cu（Ⅱ）>Ni（Ⅱ）>Zn（Ⅱ）；在较高初始浓度条件下，上述几种重金属离子竞争吸附能力顺序为：Pb（Ⅱ）>Cr（Ⅲ）>Cu（Ⅱ）>Ni（Ⅱ）>Zn（Ⅱ）>Cd（Ⅱ），这与相同浓度条件下吸附量的变化趋势一致。

4.3.5.3　竞争吸附机理

在实验所确定的最佳pH值条件下，偕胺肟基PAN微纳米纤维膜对重金属离子［M^{n+}（n=2或3）］的吸附作用，实质上是重金属离子与偕胺肟基PAN微纳米纤维表面的—NH_2基团中氮原子的孤对电子之间通过络合作用形成表面络合物的过程，该过程如下反应式所示。但由于多元体系中不同重金属离子对有限吸附位点的拮抗竞争作用，导致偕胺肟基PAN微纳米纤维膜对多元体系中每种重金属离子的吸附量均小于相同条件下一元体系中该重金属离子的吸附量。

$$RNH_2+M^{n+} \longrightarrow RNH_2M^{n+}$$

在多元体系中，偕胺肟基PAN微纳米纤维膜对重金属离子吸附量的差异性和选择性主要与重金属离子与纤维表面功能基团之间的稳定常数及其形成的微观机制有关，这是因为稳定常数是由微观分子—基团间作用本性决定的，较高的稳定常数表示金属离子与功能基团之间的络合能力强。重金属离子与—NH_2和—OH的稳定常数见表4-6，偕胺肟基PAN微纳米纤维膜对重金属离子的吸附量大小与重金属离子和—NH_2的稳定常数顺序一致，而与—OH的稳定常数有较大的差别，这也说明—NH_2是偕胺肟基PAN微纳米纤维中的主要官能团。但对于稳定常数较接近的Cd（Ⅱ）、Ni（Ⅱ）和Zn（Ⅱ），吸附量与其稳定常数的大小顺序并不一致，已有的研究表明，当稳定常数相似时，吸附选择性不能根据稳定常数的大小进行预测。

表4-6　重金属离子与官能团的稳定常数

官能团	金属离子					
	Cd（Ⅱ）	Cr（Ⅲ）	Cu（Ⅱ）	Ni（Ⅱ）	Pb（Ⅱ）	Zn（Ⅱ）
—NH_2	2.65	4.15	4.31	2.80	4.92	2.37
—OH	4.17	10.1	7.0	4.97	7.82	4.40

在本实验所选择的几种重金属离子中，由于Pb（Ⅱ）的电负性较强、离子半径和原子量较大，且Pb（Ⅱ）与—NH_2配体的稳定常数大于其他重金属离子。此外，—NH_2与—OH都可参与Pb（Ⅱ）的配位，形成—NH_2—Pb（Ⅱ）—OH络合物，因此Pb（Ⅱ）与偕胺肟基PAN微纳米纤维表面官能团配体之间的作用更强、更易形成络合物。金属离子与—NH_2的交互作用在很大程度上还依赖于软硬酸碱理论（HSAB），偕胺肟基PAN纤维表面的—NH_2是硬碱配体，因此其与硬酸Cr（Ⅲ）的交互作用更强，即Cr（Ⅲ）更易被偕胺肟基PAN纤维吸附。同时，由前面的分析可知，Pb（Ⅱ）和Cr（Ⅲ）与偕胺肟基PAN纤维表面的—NH_2具有更强的亲和力，更容易形成稳定的络合物，溶液中剩余的Pb（Ⅱ）和Cr（Ⅲ）可以通过“置换”反应机制，将已吸附到纤维表面但亲和力弱的Cd（Ⅱ）、Cu（Ⅱ）、Ni（Ⅱ）和Zn（Ⅱ）排斥掉，从而导致这四种重金属离子的吸附量随时间的延长而降低。

4.4 小结

本章主要研究了偕胺肟基PAN微纳米纤维膜对一元和多元体系中重金属离子的吸附可行性以及多元体系中重金属离子的竞争吸附作用，所得到的主要结论如下。

（1）与普通PP非织造布、偕胺肟改性PP非织造布及未改性液喷纺PAN微纳米纤维膜相比，偕胺肟改性液喷纺PAN微纳米纤维膜在吸附种类、吸附量、吸附速率等方面对重金属离子的吸附作用明显优于其他几种吸附材料。

（2）偕胺肟基PAN微纳米纤维膜对一元体系和多元体系中的Cd（Ⅱ）、Cr（Ⅲ）、Cu（Ⅱ）、Ni（Ⅱ）、Pb（Ⅱ）和Zn（Ⅱ）重金属离子均具有较好的吸附能力，且相同条件下对多元体系中的总吸附量高于相应一元体系中的。

（3）多元体系中随着目标重金属离子浓度的增加，偕胺肟基PAN微纳米纤维膜对其吸附量也呈现逐渐升高的趋势，但仍小于相同浓度条件下一元体系中该重金属离子的吸附量，二者之间的差别随着目标重金属离子初始浓度的增加而逐渐缩小。当多元体系中各种重金属离子初始浓度相同时，偕胺肟基PAN微纳米纤维膜对多元体系中每种重金属离子的吸附量均小于相同条件下一元体系中该重金属离子的吸附量；随着初始浓度的增加，达到吸附平衡的时间变长，且吸附量减少的趋势越来越明显，各重金属离子间存在明显的拮抗竞争作用。

（4）分配系数和选择性系数计算结果表明，多元体系中Pb（Ⅱ）和Cr（Ⅲ）的分配系数明显高于Cd（Ⅱ）、Cu（Ⅱ）、Ni（Ⅱ）和Zn（Ⅱ），这说明偕胺肟基PAN微纳米纤维膜对Pb（Ⅱ）和Cr（Ⅲ）的亲和性和选择吸附性比较高。不同初始浓度条件下重金属离子的选择性系数变化趋势也有所不同，在初始浓度较低的条件下（C_0<100mg/L），Cd（Ⅱ）和Cu（Ⅱ）、Ni（Ⅱ）和Zn（Ⅱ）表现出了较高的竞争吸附能力，但随着初始浓度的增加，其竞争吸附能力低于其他任意一种重金属离子的选择性系数。

（5）偕胺肟基PAN微纳米纤维膜对多元体系中重金属离子的吸附过程是一个包括表面络合、拮抗竞争及“置换”反应等在内的复杂过程，其对重金属离子吸附量的差异性和选择性主要与重金属离子和纤维表面功能基团之间的稳定常数及其形成的微观机制有关。

参考文献

[1] WANG J, PAN K, HE Q, et al. Polyacrylonitrile/polypyrrole core/shell nanofiber mat for the removal of hexavalent chromium from aqueous solution [J]. Journal of Hazardous Materials, 2013(244–245): 121–129.

[2] SAEED K, HAIDER S, OH T-J, et al. Preparation of amidoxime-modified polyacrylonitrile(PAN-oxime)nanofibers and their applications to metal ions adsorption [J]. Journal of Membrane Science, 2008, 322(2): 400–405.

[3] KAMPALANONWAT P, SUPAPHOL P. Preparation and adsorption behavior of aminated electrospun polyacrylonitrile nanofiber mats for heavy metal ion removal [J]. ACS Applied Materials & Interfaces, 2010, 2(12): 3619–3627.

[4] NEGHLANI P K, RAFIZADEH M, TAROMI F A. Preparation of aminated-polyacrylonitrile nanofiber membranes for the adsorption of metal ions: comparison with microfibers [J]. Journal of Hazardous Materials, 2011, 186(1): 182–189.

[5] ALIABADI M, IRANI M, ISMAEILI J, et al. Electrospun nanofiber membrane of PEO/chitosan for the adsorption of nickel, cadmium, lead and copper ions from aqueous solution [J]. Chemical Engineering Journal, 2013(220): 237–243.

[6] LI X, ZHANG C, ZHAO R, et al. Efficient adsorption of gold ions from aqueous systems with thioamide-group chelating nanofiber membranes [J]. Chemical Engineering Journal, 2013(229): 420–428.

[7] FUTALAN C M, KAN C C, DALIDA M L, et al. Comparative and competitive adsorption of copper, lead, and nickel using chitosan immobilized on bentonite [J]. Carbohydrate Polymers, 2011, 83(2): 528–536.

[8] HADI P, BARFORD J, MCKAY G. Synergistic effect in the simultaneous removal of binary cobalt-nickel heavy metals from effluents by a novel e-waste-derived material [J]. Chemical Engineering Journal, 2013(228): 140–146.

[9] HOSSAIN M A, NGO H H, GUO W S, et al. Competitive adsorption of metals on cabbage waste from multi-metal solutions [J]. Bioresource Technology, 2014(160): 79–88.

[10] WAN M W, KAN C C, ROGEL B D, et al. Adsorption of copper(Ⅱ)and lead(Ⅱ)ions from aqueous solution on chitosan-coated sand [J]. Carbohydrate Polymers, 2010, 80(3): 891–899.

[11] LIU C, BAI R, SAN L Y Q. Selective removal of copper and lead ions by diethylenetriamine functionalized adsorbent: behaviors and mechanisms [J]. Water Research, 2008, 42(6–7): 1511–1522.

[12] LI L, LIU F, JING X, et al. Displacement mechanism of binary competitive adsorption for aqueous divalent metal ions onto a novel IDA-chelating resin: isotherm and kinetic modeling [J]. Water Research, 2011, 45(3): 1177–1188.

[13] LIN Y H, FRYXELL G E, WU H, et al. Selective sorption of cesium using self-assembled monolayers on mesoporous supports [J]. Environmental Science & Technology, 2001, 35(19): 3962–3966.

[14] LI N, BAI R B, LIU C K. Enhanced and selective adsorption of mercury ions on chitosan beads grafted with polyacrylamide via surface-initiated atom transfer radical polymerization [J]. Langmuir, 2005, 21(25): 11780–11787.

[15] KANG T, PARK Y, YI J. Highly selective adsorption of Pt^{2+} and Pd^{2+} using thiol-functionalized mesoporous silica [J]. Industrial & Engineering Chemistry Research, 2004, 43(6): 1478–1484.

[16] KONG L F, LAM K F, BARFORD J, et al. A comparative study on selective adsorption of metal ions using aminated adsorbents [J]. Journal of Colloid and Interface Science, 2013(395): 230–240.

[17] HEIDARI A, YOUNESI H, MEHRABAN Z, et al. Selective adsorption of Pb(Ⅱ), Cd(Ⅱ), and Ni(Ⅱ)ions from aqueous solution using chitosan-MAA nanoparticles [J]. International Journal of Biological Macromolecules, 2013(61): 251–263.

[18] 丁纯梅,宋庆平,孔霞,等. 壳聚糖 /Pb(Ⅱ)模板壳聚糖膜与 Pb(Ⅱ)螯合反应的动力学及机理探讨 [J]. 无机化学学报,2004,20(6):711–714.

第5章　偕胺肟基液喷纺PAN微纳米纤维膜对一元体系中重金属离子的吸附性能

5.1　引言

目前对关于偕胺肟基改性PAN微纳米纤维对重金属离子的吸附作用已开展了较为广泛的研究，但在对重金属离子的吸附性能等方面的研究仍不够深入。上一章研究结果表明，在一元体系和多元体系中，偕胺肟基PAN微纳米纤维膜对Cd（Ⅱ）、Cr（Ⅲ）、Cu（Ⅱ）、Ni（Ⅱ）、Pb（Ⅱ）和Zn（Ⅱ）6种重金属离子均有较好的吸附作用，可用于处理含上述重金属离子的废水。为了深入研究偕胺肟基PAN微纳米纤维膜对上述几种重金属离子的吸附过程，寻找最优的吸附条件及探究吸附机理，在上一章研究的基础上，本章具体研究一元体系中偕胺肟基PAN微纳米纤维膜对6种重金属离子的吸附性能及机理。

本章的研究内容主有以下三点。

（1）偕胺肟基液喷纺PAN微纳米纤维膜吸附重金属离子的影响因素，重点考察了溶液pH值、接触时间、初始浓度和温度的影响。

（2）采用特定的数学模型研究偕胺肟基液喷纺PAN微纳米纤维膜吸附重金属离子过程中的等温线、动力学和热力学性能。

（3）研究偕胺肟基液喷纺PAN微纳米纤维膜的解吸和重复利用及再生性能。

5.2 材料与方法

5.2.1 试剂与仪器

5.2.1.1 试剂

聚丙烯腈［平均分子量≈70000，丙烯腈（91.4%，摩尔分数）和丙烯酸甲酯（8.6%，摩尔分数）的共聚体］购自浙江杭州湾腈纶有限公司；普通聚丙烯非织造布［厚度为0.3mm，克重为80～120g/m^2，纤维直径为20～25μm］。*N*，*N*–二甲基乙酰胺（DMAc）、碳酸钠（Na_2CO_3）、盐酸羟胺（$NH_2OH\cdot HCl$）、硝酸镉［$Cd(NO_3)_2\cdot 4H_2O$］、硝酸铬［$Cr(NO_3)_3\cdot 9H_2O$］、硝酸铜［$Cu(NO_3)_2\cdot 3H_2O$］、硝酸镍［$Ni(NO_3)_2\cdot 6H_2O$］、硝酸铅［$Pb(NO_3)_2$］、硝酸锌［$Zn(NO_3)_2\cdot 6H_2O$］、硝酸（HNO_3）、氢氧化钠（NaOH）、碳酸钠（Na_2CO_3）等购自国药化学试剂有限公司。所有化学试剂均为分析级或以上级别，并且使用前未经进一步纯化。通过称取相应质量的重金属化合物直接溶解在Milli–Q超纯水中来配制含Cd（Ⅱ）、Cr（Ⅲ）、Cu（Ⅱ）、Ni（Ⅱ）、Pb（Ⅱ）和Zn（Ⅱ）的标准储备溶液。其他试剂溶液采用分析级试剂与Milli–Q超纯水配制。

5.2.1.2 仪器

精密pH计（PHS–25，上海雷磁仪器厂）、电子天平（AL204，梅特勒托利多仪器有限公司）、电感耦合等离子体发射光谱仪（ICP，Thermo iCAP 6000，赛默飞世尔公司）、扫描电镜（SEM，日立TM–1000，日立公司）、图像处理软件（ImageJ v2.1.4.7，美国国家卫生研究院）、傅里叶红外光谱仪（FT–IR，Nicolet 8700，赛默飞世尔公司）、六联磁力搅拌器（84–1A6，上海司乐仪器有限公司）、超纯水机（Milli–Q Academic A10，密理博公司）、鼓风干燥箱（DHG9050A，上海精密仪器仪表有限公司）、水浴锅（HH–4，金坛精达仪器制造厂）等。

5.2.2 吸附影响因素实验

通过稀释1000mg/L含Cd（Ⅱ）、Cr（Ⅲ）、Cu（Ⅱ）、Ni（Ⅱ）、Pb（Ⅱ）和Zn（Ⅱ）的单一金属离子储备液，获得浓度范围在10～300mg/L的上述重金属离子使用液。准确称取一定质量的偕胺肟基PAN微纳米纤维膜加入一定体积的使用液中，并将其置于恒温水浴中，在转速为125r/min条件下进行反应。本研究中的所有批次吸附实验均在250mL锥形瓶中进行，以避免溶液挥发。

5.2.2.1　pH值

为考察pH值对吸附过程的影响，采用浓度为0.1mol/Lr的NaOH或HNO_3溶液调节使用溶液的pH值。根据上一章的研究结果，溶液的pH值范围应控制在2～6.5，pH值大于6.5的情况不在本研究范围内，以避免重金属离子生成沉淀对实验结果产生影响。然后将10mg偕胺肟基PAN微纳米纤维膜加到100mL含已知浓度的Cd（Ⅱ）、Cr（Ⅲ）、Cu（Ⅱ）、Ni（Ⅱ）、Pb（Ⅱ）和Zn（Ⅱ）使用液中，并将该混合物在（25±1）℃下振荡反应24h，反应完毕后取样测定溶液中剩余的重金属离子浓度。根据反应前后重金属离子的浓度分别计算纤维膜在不同pH条件下对各种重金属离子的吸附量。

5.2.2.2　接触时间

为考察接触时间的影响，在实验确定的最佳pH值和（25±1）℃的条件下，分别将10mg偕胺肟基PAN微纳米纤维膜加到100mL含已知浓度的Cd（Ⅱ）、Cr（Ⅲ）、Cu（Ⅱ）、Ni（Ⅱ）、Pb（Ⅱ）和Zn（Ⅱ）使用液中进行吸附反应，在预定的时间间隔内，取样测定溶液中剩余的重金属离子浓度，并按下式计算不同时间段内的吸附量（q_t）：

$$q_{\mathrm{t}} = \frac{(C_0 - C_{\mathrm{t}})V}{M} \tag{5-1}$$

式中：q_t为t时刻的吸附量（mg/g）；C_0、C_t为初始和t时刻金属离子的浓度（mg/L）；V为溶液体积（L）；M为偕胺肟基PAN微纳米纤维膜的质量（g）。

5.2.2.3　初始浓度

为考察金属离子初始浓度对吸附量的影响，分别将10mg偕胺肟基PAN微纳米纤维膜加到100mL含不同浓度的Cd（Ⅱ）、Cr（Ⅲ）、Cu（Ⅱ）、Ni（Ⅱ）、Pb（Ⅱ）和Zn（Ⅱ）使用液中，并将该混合物在最佳pH值和（25±1）℃条件下震荡反应，达到吸附平衡后，取样测定溶液中剩余的重金属离子浓度，并计算不同初始浓度条件下的吸附量。

5.2.2.4　温度

为考察温度对吸附过程的影响，分别将10mg偕胺肟基PAN微纳米纤维膜加到100mL含已知浓度的Cd（Ⅱ）、Cr（Ⅲ）、Cu（Ⅱ）、Ni（Ⅱ）、Pb（Ⅱ）和Zn（Ⅱ）使用液中，调节水浴温度为15℃、25℃、35℃和45℃，并将该混合物在不同温度和最佳pH条件下进行反应直至达到吸附平衡，取样测定溶液中剩余的重金属离子浓度，并计算不同温度条件下的吸附量。

上述实验中，所有测试样品先经0.45μm微孔滤膜过滤，然后采用电感耦合等离子体发射光谱仪（ICP）测定样品中金属离子浓度，所有实验重复3次并取其平均值。同时做空白对照实验，以确保没有重金属离子吸附在实验中所采用的仪器瓶壁上。

5.2.3 吸附等温线实验

将浓度为1000mg/L含Cd（Ⅱ）、Cr（Ⅲ）、Cu（Ⅱ）、Ni（Ⅱ）、Pb（Ⅱ）和Zn（Ⅱ）的单一金属离子储备液稀释成不同浓度的重金属离子使用液（浓度范围为10～300mg/L），准确量取100mL上述使用液，采用浓度为0.1mol/L的NaOH或HNO_3调节溶液的pH值。然后加入一定量的偕胺肟基PAN微纳米纤维膜，并将该混合溶液置于转速为125r/min的恒温水浴振荡器中，在（25±1）℃下进行吸附反应。反应至平衡后取样分析溶液中重金属离子的浓度，根据反应前后重金属离子的浓度，分别计算偕胺肟基PAN微纳米纤维膜在各种重金属离子不同浓度时的吸附量。对实验结果采用不同的等温线模型进行拟合，确定合适的等温线模型。

5.2.4 吸附动力学实验

将浓度为1000mg/L含Cd（Ⅱ）、Cr（Ⅲ）、Cu（Ⅱ）、Ni（Ⅱ）、Pb（Ⅱ）和Zn（Ⅱ）的单一金属离子储备液稀释成一定浓度的重金属离子使用液，准确量取100mL上述使用液，采用浓度为0.1mol/L的NaOH或HNO_3调节溶液的pH值。然后加入一定量的偕胺肟基PAN微纳米纤维膜，并将溶液置于转速为125r/min的恒温水浴振荡器中，在（25±1）℃下进行吸附反应。每隔一定时间取样分析溶液中重金属离子的浓度，直至达到吸附平衡，并计算不同时间段内的吸附量。对实验结果采用不同的动力学模型进行拟合，确定合适的动力学模型。

5.2.5 吸附热力学实验

将浓度为1000mg/L含Cd（Ⅱ）、Cr（Ⅲ）、Cu（Ⅱ）、Ni（Ⅱ）、Pb（Ⅱ）和Zn（Ⅱ）的单一金属离子储备液稀释成不同浓度的重金属离子使用液（浓度范围为10～300mg/L），准确量取100mL上述使用液，用浓度为0.1mol/L的NaOH或HNO_3调节溶液的pH值。然后加入一定量的偕胺肟基PAN微纳米纤维膜，并将混合溶液置于转速为125r/min的恒温水浴振荡器中，分别在15℃、25℃、35℃和45℃下进行吸附反应。反应至平衡后取样分析溶液中重金属离子的浓度，根据反应前后的浓度分别计算吸附材料对各重金属离子不同浓度下的吸附量，并根据相关公式计算热力学参数。

5.2.6 解吸与重复利用实验

分别将10mg的偕胺肟基PAN微纳米纤维膜加到100mL浓度为20mg/L的Cd（Ⅱ）、Cr（Ⅲ）、Cu（Ⅱ）、Ni（Ⅱ）、Pb（Ⅱ）和Zn（Ⅱ）使用液中，在最佳pH值和（25±1）℃条件下反应至吸附平衡后，将该纤维膜取出，并用去离子水冲洗几次以去除表面残留未被吸附的金属离子。然后将该纤维膜放入50mL浓度为1mol/L的HNO_3溶液中进行解吸反应，以最大量解吸纤维膜上已吸附的金属离子。每一循环吸附—解吸实验后，将纤维膜取出并用去离子水冲洗至中性，以备下一循环使用。本研究共进行5次吸附—解吸循环实验，分别计算每次的解吸效率和吸附量，考察偕胺肟基PAN微纳米纤维膜的重复利用性能。偕胺肟基PAN微纳米纤维膜的解吸效率按下式计算：

$$\text{解吸效率}=\frac{\text{重金属离子解吸量（mg）}}{\text{重金属离子吸附量（mg）}}\times 100\% \tag{5-2}$$

5.3 结果与讨论

5.3.1 吸附实验影响因素分析

5.3.1.1 pH值

溶液的pH值对吸附过程中吸附剂的表面结构（如电荷、表面功能基团的离子化和吸附质的存在形式等）有重要影响。不同的pH值条件下，偕胺肟基中酸性基团的质子化程度及与金属离子络合形成络合配体的难易程度也不同。pH值对吸附量的影响如图5-1所示，在实验所研究的pH值范围内，偕胺肟基PAN微纳米纤维膜对六种重金属离子的吸附量都随着pH值的升高而增加，在pH值为6～6.5时吸附量达到最大并趋于平稳。

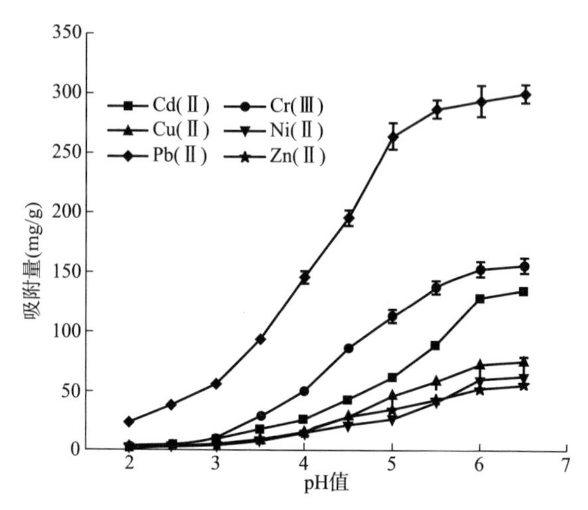

图5-1 溶液pH值对偕胺肟基PAN微纳米纤维膜吸附重金属离子的影响

偕胺肟基PAN微纳米纤维膜对重金属离子的吸附量随pH值的变化趋势可归因于溶液中H^+与重金属离子之间的竞争吸附作用。当pH<3时，偕胺肟基PAN微纳米纤维对除Pb（Ⅱ）外的其他几种重金属离子都没有明显的吸附作用，这主要是由于H^+与重金属离子之间竞争偕胺肟基PAN纤维表面活性位点的结果。方程（1）和方程（2）分别表示溶液中偕胺肟基PAN微纳米纤维表面—NH_2基团的质子化反应，以及重金属离子与—NH_2基团上氮原子的孤对电子之间通过络合作用形成表面络合物的过程，式中M^{n+}（n=2或3）代表重金属离子，R表示PAN的聚合物结构。当溶液中H^+浓度较高时，H^+与偕胺肟基中—NH_2基团的质子化反应能力大于重金属离子与—NH_2基团的络合能力，随着越来越多的—NH_2转化成—NH_3^+，偕胺肟基PAN纤维表面只剩少量的—NH_2基团可与重金属离子结合。此外，又由于偕胺肟基PAN纤维表面—NH_2基团质子化后带正电荷，会对带正电荷的金属离子产生斥力作用。以上两方面的因素导致在较低的pH值条件下，金属离子通过络合反应被吸附的量很小，即偕胺肟基PAN微纳米纤维膜对重金属离子的吸附作用较弱。随着pH值的升

高，偕胺肟基PAN微纳米纤维膜对各重金属离子的吸附量逐渐增加，尤其是对Pb（Ⅱ）、Cr（Ⅲ）和Cd（Ⅱ）的吸附量增加趋势比较明显，这是因为随着pH值的升高，溶液中H^+的浓度降低，H^+与—NH_2基团的质子化反应能力减弱，越来越多的重金属离子可与偕胺肟基PAN中的—NH_2基团通过表面络合作用［方程（2）］吸附到纤维表面。

$$RNH_2+H^+ \longrightarrow RNH_3^+ \tag{1}$$

$$RNH_2+M^{n+} \longrightarrow RNH_2M^{n+} \tag{2}$$

随着pH值持续增加，如方程3所示，溶液中的OH^-与—NH_2基团可以通过氢键作用结合，进而导致重金属离子通过方程2所示的表面络合作用被吸附的量减小。但在本实验中，当pH>5.5时，偕胺肟基PAN微纳米纤维膜对重金属离子的吸附量仍呈现缓慢增加的趋势，这可能是由于部分重金属离子通过静电引力作用被偕胺肟基PAN纤维吸附［方程（4）］。当pH值在6～6.5之间时，随着偕胺肟基PAN微纳米纤维表面的吸附位点不断被占用，其对重金属离子的吸附趋于饱和，因此其吸附量趋于稳定。根据上述实验结果，在接下来的研究中选择pH=6作为最佳实验条件。

$$RNH_2+OH^- \longrightarrow RNH_2OH^- \tag{3}$$

$$RNH_2OH^-+M^{n+}（或MOH^+）\longrightarrow RNH_2OH^-\cdots M^{n+}（或RNH_2OH^-\cdots MOH^+）\tag{4}$$

5.3.1.2　反应时间

偕胺肟基PAN微纳米纤维膜对Cd（Ⅱ）、Cr（Ⅲ）、Cu（Ⅱ）、Ni（Ⅱ）、Pb（Ⅱ）和Zn（Ⅱ）的吸附量随时间的变化趋势如图5–2所示。随着反应时间的延长，偕胺肟基PAN微纳米纤维膜对上述几种重金属离子的吸附量先快速增加后逐渐趋于稳定。不同的重金属离子达到吸附平衡的时间和平衡吸附量也有所不同，其中Cd（Ⅱ）和Zn（Ⅱ）的吸附平衡时间是8h，平衡吸附量分别为130.47mg/g和52.38mg/g；Cr（Ⅲ）、Cu（Ⅱ）和Pb（Ⅱ）的吸附平衡时间是4h，平衡吸附量分别为150.84mg/g、71.64mg/g和291.09mg/g；Ni（Ⅱ）的吸附平衡时间是6h，平衡吸附量为57.5mg/g。

根据已有的研究，偕胺肟基PAN微纳米纤维膜对重金属离子的吸附反应分两步进行：初始阶段，由于纤维表面可利用的吸附位点较多以及溶液中重金属离子的浓度梯度较高，吸附速率较快；随着吸附反应的进行，纤维上的吸附位点逐渐被占用，且溶液中重金属离子的浓度不断降低，导致吸附速率逐渐降

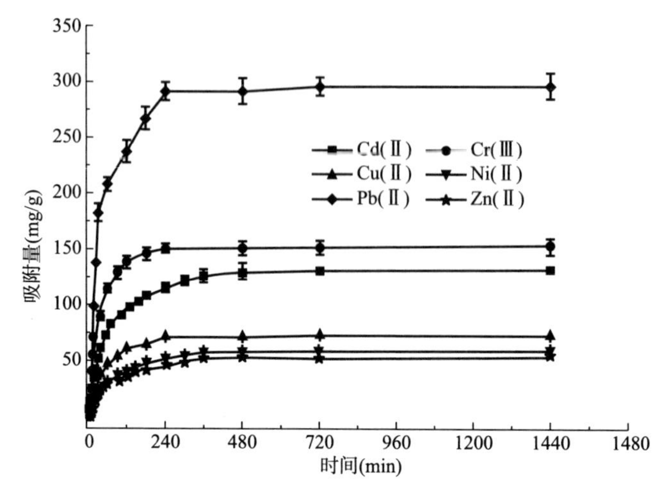

图5-2 反应时间对偕胺肟基PAN微纳米纤维膜吸附重金属离子的影响

低，吸附量增加缓慢并最终趋于稳定。为确保偕胺肟基PAN微纳米纤维膜对重金属离子的吸附过程达到平衡，后续实验中选择8h为吸附平衡时间。

5.3.1.3 初始浓度

溶液中金属离子的初始浓度对偕胺肟基PAN微纳米纤维膜吸附Cd（Ⅱ）、Cr（Ⅲ）、Cu（Ⅱ）、Ni（Ⅱ）、Pb（Ⅱ）和Zn（Ⅱ）的影响如图5-3所示。从图中可以看出，偕胺肟基PAN微纳米纤维膜对重金属离子的吸附量随着重金属离子初始浓度的增大而增加，这主要是由于初始浓度直接影响吸附过程中的质量转移效应以及较高的浓度梯度可产生较大的吸附驱动力。

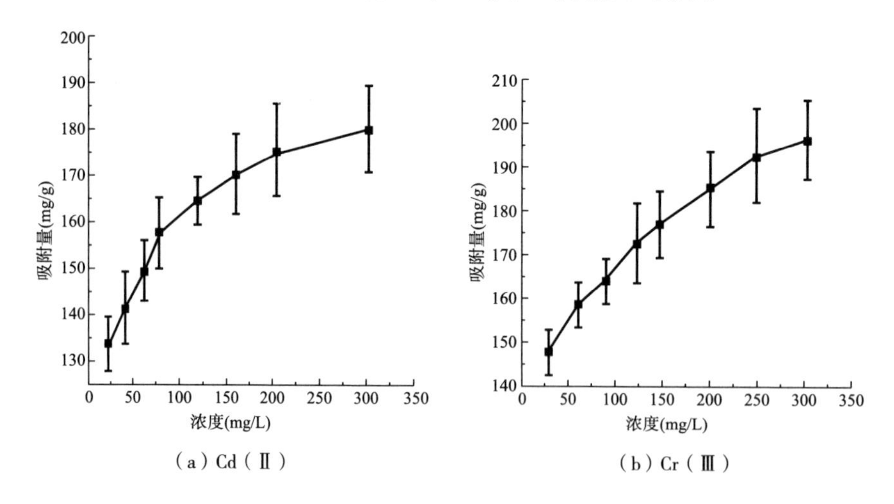

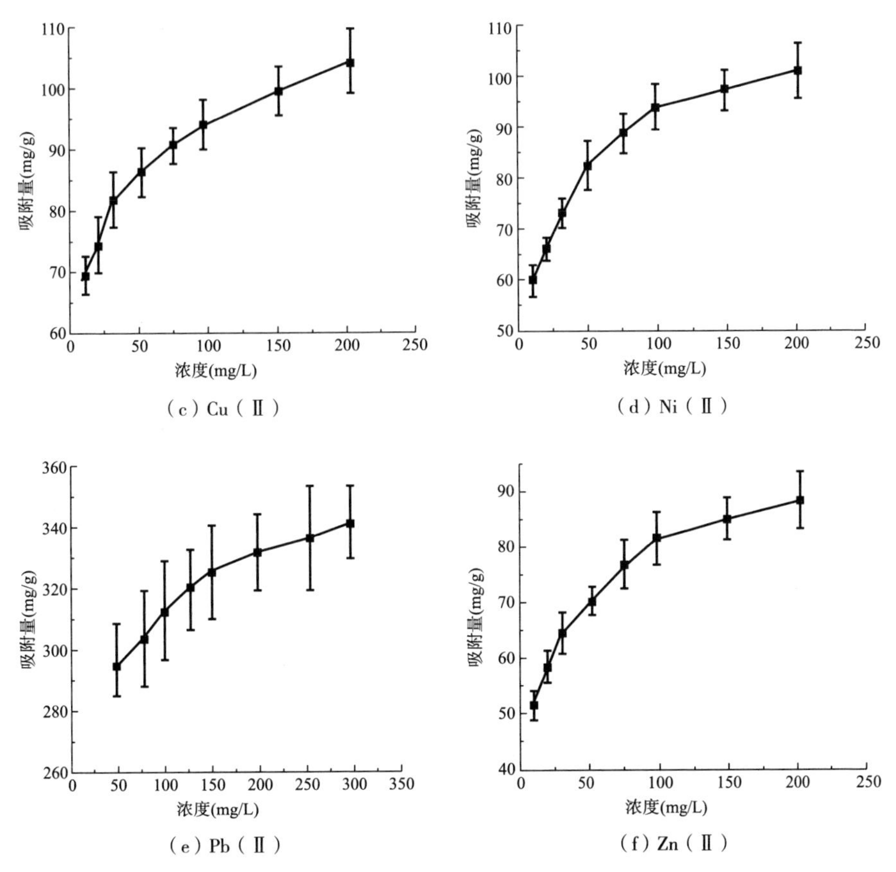

（c）Cu（Ⅱ）　（d）Ni（Ⅱ）

（e）Pb（Ⅱ）　（f）Zn（Ⅱ）

图5-3　初始浓度对偕胺肟基PAN微纳米纤维膜吸附重金属离子的影响

当溶液中重金属离子的浓度较低时，其中Cu（Ⅱ）、Ni（Ⅱ）、Zn（Ⅱ）< 100mg/L，Cd（Ⅱ）、Cr（Ⅲ）、Pb（Ⅱ）<200mg/L，随着初始浓度的增加，偕胺肟基PAN微纳米纤维膜对各种重金属离子的吸附量明显增加，这主要是因为低浓度条件下吸附剂尚未达到吸附饱和。随着重金属离子浓度的增加，溶液与偕胺肟基PAN微纳米纤维膜表面附近形成的浓度梯度越大，吸附过程的驱动力就越强，因此其吸附量也就越大。但当初始浓度超过一定量时，其中Cu（Ⅱ）、Ni（Ⅱ）、Zn（Ⅱ）>100mg/L，Cd（Ⅱ）、Cr（Ⅲ）、Pb（Ⅱ）>200mg/L，随着浓度的增加吸附量增加的趋势逐渐变缓，这是由于在较高的浓度条件下纤维上的活性位点大部分被金属离子占据，可供吸附的活性位点大幅减少，偕胺肟基PAN微纳米纤维膜对重金属离子的吸附量已接近该条件下纤维的最大饱和吸附量，从而导致吸附速率降低，吸附量增加的趋势变缓。

5.3.1.4 反应温度

不同溶液温度条件下偕胺肟基PAN微纳米纤维膜对Cd（Ⅱ）、Cr（Ⅲ）、Cu（Ⅱ）、Ni（Ⅱ）、Pb（Ⅱ）和Zn（Ⅱ）的吸附量见表5-1。

表5-1 不同温度下偕胺肟基PAN微纳米纤维膜对重金属离子的吸附量 单位：vmg/g

温度（℃）	重金属离子					
	Cd（Ⅱ）	Cr（Ⅲ）	Cu（Ⅱ）	Ni（Ⅱ）	Pb（Ⅱ）	Zn（Ⅱ）
15	99.23	116.36	41.18	50.71	264.24	34.13
25	133.88	147.95	69.46	59.84	294.64	51.59
35	152.73	179.83	88.35	74.74	338.93	67.31
45	166.28	206.69	101.70	80.73	383.31	77.46

随着温度的升高，偕胺肟基PAN微纳米纤维膜对六种金属离子的吸附量均呈现明显增加的趋势，这是由于在较高的温度条件下，偕胺肟基PAN微纳米纤维表面可供吸附的活性位点数目增加，且其周围的边界层厚度减小，从而导致金属离子在边界层的质量转移阻力减弱和扩散速率增加。实验结果表明高温条件下有利于吸附反应的进行，这说明偕胺肟基PAN微纳米纤维膜对重金属离子的吸附反应是吸热过程。

5.3.2 吸附等温线

吸附剂对重金属离子的吸附是一个动态平衡过程，即重金属离子不可能完全被吸附剂吸附，吸附过程中仍然有部分重金属离子以游离态的形式存在于溶液中。吸附等温线理论假设不管相邻位点是否被占据，吸附剂表面的吸附位点吸附重金属离子的机会是均等的。吸附等温线表示的是平衡状态下吸附剂对重金属离子的吸附量和溶液中剩余重金属离子浓度之间的关系，也就是说在温度一定的条件下，吸附量只与溶液中剩余的重金属离子浓度有关，而与其他因素无关；等温线是考察吸附效率的一项重要指标。本研究通过分析不同重金属离子浓度和反应温度条件下的一元体系吸附实验数据，基于Langmuir、Freundlich和Dubinin–Radushkevich（D–R）吸附等温线模型计算偕胺肟基PAN微纳米纤维膜对Cd（Ⅱ）、Cr（Ⅲ）、Cu（Ⅱ）、Ni（Ⅱ）、Pb（Ⅱ）和Zn

（Ⅱ）的吸附量，确定用来表征吸附过程的等温线模型。

5.3.2.1　Langmuir模型

Langmuir模型假设吸附剂对吸附质的吸附过程是发生在均质表面上的单层吸附，并且吸附质与吸附剂表面上不同的结合位点具有相同的亲和性和能量，不同吸附质之间没有交互作用。该模型的非线性和线性表达式如下：

$$q_e = \frac{K_L q^m C_e}{1 + K_L C_e} \tag{5-3}$$

$$\frac{C_e}{q_e} = \frac{C_e}{q_m} + \frac{1}{K_L q_m} \tag{5-4}$$

式中：q_e为饱和吸附量（mg/g）；q_m为形成单层吸附时的最大吸附量（mg/g）；C_e为金属离子的平衡浓度（mg/L）；K_L为与结合位点亲和性有关的Langmuir常数（L/mg）。

不同重金属离子的Langmuir模型参数见表5-2。

表5-2　不同重金属离子的Langmuir模型参数

重金属离子	温度（℃）	$q_{m,\ exp}$（mg/g）	$q_{m,\ Lan}$（mg/g）	K_L（L/mg）	R^2
Cd（Ⅱ）	15	149.07	153.85	0.0888	0.9988
	25	180.25	185.19	0.1154	0.9989
	35	205.36	208.33	0.1408	0.9990
	45	219.49	222.22	0.1661	0.9992
Cr（Ⅲ）	15	162.41	169.49	0.0554	0.9966
	25	196.49	204.08	0.0734	0.9973
	35	228.16	232.56	0.0905	0.9978
	45	251.18	256.41	0.1304	0.9989
Cu（Ⅱ）	15	76.81	80.65	0.0834	0.9975
	25	104.22	105.26	0.1412	0.9972
	35	127.85	128.21	0.1880	0.9980
	45	140.07	140.85	0.2500	0.9989
Ni（Ⅱ）	15	88.43	90.91	0.0861	0.9959
	25	100.94	104.17	0.1196	0.9982
	35	109.93	112.36	0.1548	0.9979
	45	118.37	120.48	0.1904	0.9986

续表

重金属离子	温度（℃）	$q_{m,\ exp}$（mg/g）	$q_{m,\ Lan}$（mg/g）	K_L（L/mg）	R^2
Pb（Ⅱ）	15	309.32	312.50	0.1317	0.9996
	25	340.92	344.83	0.1593	0.9996
	35	389.79	400.00	0.1825	0.9996
	45	442.18	454.55	0.2222	0.9997
Zn（Ⅱ）	15	70.18	73.53	0.0658	0.9946
	25	88.30	90.91	0.1102	0.9975
	35	106.12	108.70	0.1479	0.9983
	45	117.14	119.05	0.1754	0.9982

从表5–2中可看出，Langmuir模型的相关系数（R^2）均在0.99以上，并且根据Langmuir模型计算得到的最大吸附量（$q_{m,\ Lan}$）与实验值（$q_{m,\ exp}$）吻合度也较高，这说明偕胺肟基PAN微纳米纤维膜对上述几种重金属离子的吸附等温线符合Langmuir模型。

5.3.2.2　Freundlich模型

Freundlich模型假设吸附剂对吸附质的吸附是发生在非均质表面上的多层吸附过程，且吸附量随着吸附质浓度的增大而增加。该模型的非线性和线性表达式如下：

$$q_e = K_F C_e^{\frac{1}{n}} \tag{5-5}$$

$$\ln q_e = \ln K_F + \frac{1}{n}\ln C_e \tag{5-6}$$

式中：q_e，C_e分别为吸附剂的吸附量（mg/g）和平衡时金属离子的浓度（mg/L）；K_F（$mg^{1-1/n}\cdot L^{1/n}\cdot g^{-1}$）和$n$为常数，分别表示吸附能力和吸附强度。

不同重金属离子的Freundlich模型参数见表5–3。

表5–3　不同重金属离子的Freundlich模型参数

重金属离子	温度（℃）	n	K_F（$mg^{1-1/n}\cdot L^{1/n}\cdot g^{-1}$）	R^2
Cd（Ⅱ）	15	7.85	74.12	0.9838
	25	11.22	108.84	0.9741
	35	13.04	132.79	0.9611
	45	15.53	151.56	0.9548

续表

重金属离子	温度（℃）	n	K_F（$mg^{1-1/n}\cdot L^{1/n}\cdot g^{-1}$）	R^2
Cr（Ⅲ）	15	7.74	77.17	0.9703
	25	10.24	111.23	0.9586
	35	12.45	142.58	0.9260
	45	16.05	174.39	0.9662
Cu（Ⅱ）	15	5.24	28.82	0.9730
	25	9.49	58.72	0.9789
	35	11.09	78.46	0.9723
	45	13.83	95.07	0.9836
Ni（Ⅱ）	15	6.15	37.26	0.9915
	25	6.69	46.74	0.9871
	35	9.62	63.21	0.9837
	45	10.73	72.39	0.9770
Pb（Ⅱ）	15	15.02	212.75	0.9905
	25	17.33	246.51	0.9828
	35	19.69	292.42	0.9895
	45	22.03	342.89	0.9508
Zn（Ⅱ）	15	4.58	22.35	0.9935
	25	6.69	40.50	0.9920
	35	8.06	55.86	0.9972
	45	9.78	68.18	0.9874

从表 5-3 中可看出，Freundlich 模型相关系数 $R^2>0.92$，仅从相关系数来看偕胺肟基 PAN 微纳米纤维膜对上述几种重金属离子的吸附等温线与 Freundlich 模型也是基本相符合的。由于 $K_F>10$，$n>0$，则根据式（5-5）计算得到的 q_e 随溶液中剩余重金属离子浓度的升高而持续增加，但实验结果表明随着溶液中剩余重金属离子浓度的升高，吸附量并没有无限增加，而是存在一个最大吸附量 q_{max}。因此 Freundlich 模型与偕胺肟基 PAN 微纳米纤维膜对重金属离子的吸附过程不完全一致。

5.3.2.3　Dubinin–Radushkevich（D–R）模型

上述两种模型是建立在吸附位点等势能、已吸附粒子和将要吸附粒子之间不存在空间位阻以及微观层面吸附剂表面均一等理想假设基础之上的。由于D–R模型不是基于该理想假设，因此D–R模型比Langmuir模型和Freundlich模型更具有一般性。D–R模型可以用来评价多孔吸附材料的吸附自由能和吸附性能，且能够描述均质和异质表面的吸附特性，其非线性和线性方程式分别如式（5–7）、式（5–8）所示：

$$q_e = q_{max}\exp(-\beta\varepsilon^2) \tag{5–7}$$

$$\ln q_e = -\beta\varepsilon^2 + \ln q_{max} \tag{5–8}$$

其中，$\varepsilon = RT\ln(1+1/C_e)$ （5–9）

式中：q_e为吸附剂对吸附质的吸附量（mg/g）；q_{max}为吸附剂的最大吸附量（mg/g）；β为与吸附自由能有关的亲和系数（mol^2/kJ^2）；ε为polanyi势能；R为普适气体常数［8.314J/（mol·K）］；T为绝对温度（K）。

polanyi势能理论假设吸附剂表面的吸附空间是一定的，且吸附空间各点存在吸附势，吸附势是吸附体积的函数，与温度无关。基于上述理论，吸附过程的平均自由能（E，kJ/mol）采用下式计算：

$$E = \frac{1}{\sqrt{2\beta}} \tag{5–10}$$

吸附平均自由能是指溶液中1mol吸附质从无限远处转移到吸附剂表面的自由能变化，该值能给出吸附机制的信息，是区分物理和化学吸附的一个重要指标。当$E<8$kJ/mol时，吸附过程是物理吸附；当$8<E<16$kJ/mol时，吸附过程是离子交换型化学吸附；当$E>20$kJ/mol时，吸附过程是化学吸附。

不同重金属离子的D–R模型参数见表5–4。

表5–4 不同重金属离子的D–R模型参数

重金属离子	温度（℃）	$q_{m,exp}$（mg/g）	$q_{m,D-R}$（mg/g）	β（mol^2/kJ^2）	E（kJ/mol）	R^2
Cd（Ⅱ）	15	149.07	152.71	0.0036	11.79	0.9426
	25	180.25	179.62	0.0023	14.74	0.8958
	35	205.36	202.22	0.0016	17.68	0.8596
	45	219.49	214.77	0.0012	20.41	0.8440

续表

重金属离子	温度（℃）	$q_{m, exp}$（mg/g）	$q_{m, D-R}$（mg/g）	β（mol^2/kJ^2）	E（kJ/mol）	R^2
Cr（Ⅲ）	15	162.41	164.21	0.0043	10.78	0.8906
	25	196.49	195.32	0.0028	13.36	0.8591
	35	228.16	225.71	0.0021	15.43	0.8128
	45	251.18	249.05	0.0015	18.26	0.8711
Cu（Ⅱ）	15	76.81	81.19	0.0048	10.21	0.9289
	25	104.22	103.09	0.0023	14.74	0.9090
	35	127.85	126.16	0.0018	16.67	0.8962
	45	140.07	138.55	0.0013	19.61	0.9109
Ni（Ⅱ）	15	88.43	90.31	0.0041	11.04	0.9434
	25	100.94	104.84	0.0034	12.13	0.9539
	35	109.93	110.16	0.0021	15.43	0.9194
	45	118.37	118.06	0.0017	17.15	0.9030
Pb（Ⅱ）	15	309.32	314.81	0.0023	14.74	0.9456
	25	340.92	344.83	0.0018	16.67	0..9271
	35	389.79	392.23	0.0014	18.90	0.9312
	45	442.18	442.37	0.0010	22.36	0.8574
Zn（Ⅱ）	15	70.18	74.20	0.0057	9.37	0.9671
	25	88.30	90.86	0.0034	12.13	0.9516
	35	106.12	109.26	0.0027	13.61	0.9725
	45	117.14	117.63	0.0019	16.22	0.9406

从表5-4中可以看出，根据模型计算得到的最大吸附量（$q_{m, D-R}$）与实验值基本吻合，但D–R模型的相关系数为0.81～0.97，因此D–R模型不能很好地模拟偕胺肟基PAN微纳米纤维膜对重金属离子的吸附过程。

对所研究的实验体系而言，与Freundlich和D–R模型相比，Langmuir模型具有较高的相关系数（R^2>0.99），即Langmuir模型能更好地拟合实验数据。从最大吸附量的实验值与模型计算值来看，Langmuir模型和D–R模型的计算值与实验值基本一致，而根据Freundlich模型计算得到的吸附量与重金属离子浓度有关，不存在最大吸附量。因此，Langmuir模型更适合用来模拟偕胺肟基PAN微纳米纤维膜对重金属离子的吸附过程，这说明偕胺肟基PAN微纳米纤维膜对Cd

（Ⅱ）、Cr（Ⅲ）、Cu（Ⅱ）、Ni（Ⅱ）、Pb（Ⅱ）和Zn（Ⅱ）的吸附是单层吸附过程。每种金属离子的最大吸附量q_m随着温度的升高而增加，说明了偕胺肟基PAN微纳米纤维膜对金属离子的吸附过程是温度依赖性的。此外，在所研究的温度范围内Langmuir模型常数K_L数值较大，表明了偕胺肟基PAN微纳米纤维膜与金属离子间具有较强的结合力。根据表5-3中D–R模型拟合结果，六种重金属离子的平均自由能为9.37～22.36，并且随着温度的升高呈增加的趋势，这说明偕胺肟基PAN微纳米纤维膜吸附重金属离子的过程属于化学吸附。

5.3.2.4　吸附等温线模型的验证

从相关系数和最大吸附量来看，Langmuir模型最适合用来描述偕胺肟基PAN微纳米纤维膜对几种重金属离子的吸附过程，为了进一步验证Langmuir模型的适用性，将在不同温度条件下得到的偕胺肟基PAN微纳米纤维膜对重金属离子吸附量的实验值与Langmuir模型得到的模拟值进行比较，结果如图5-4所示。

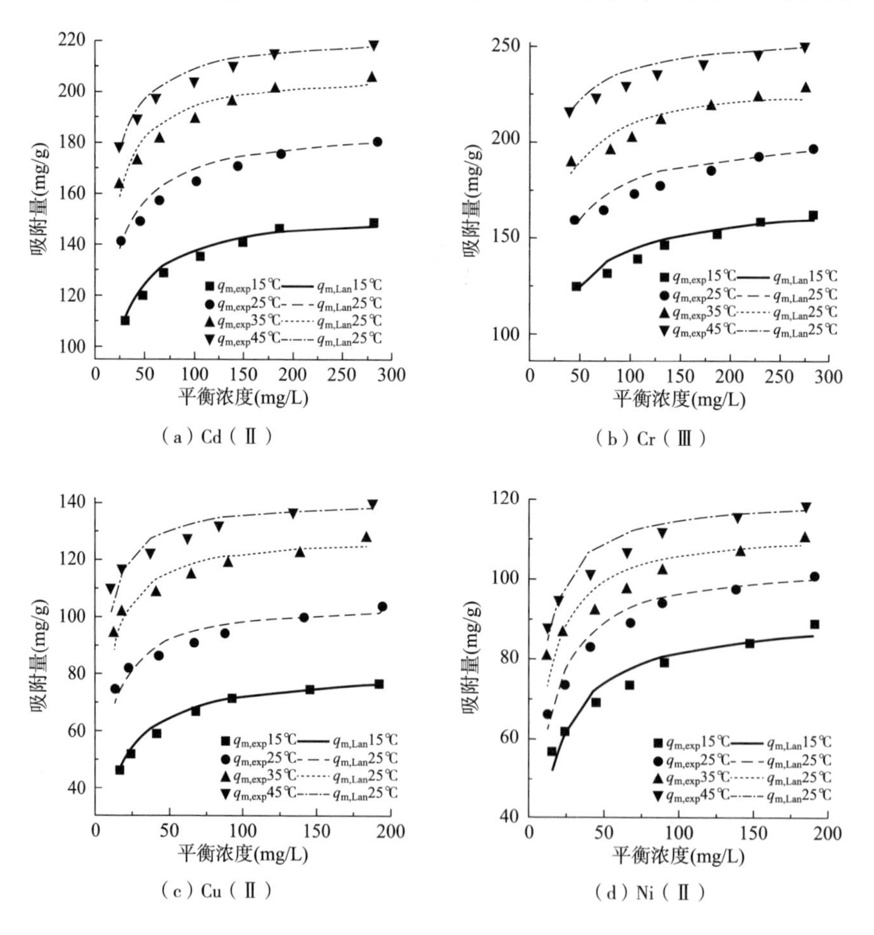

（a）Cd（Ⅱ）　（b）Cr（Ⅲ）

（c）Cu（Ⅱ）　（d）Ni（Ⅱ）

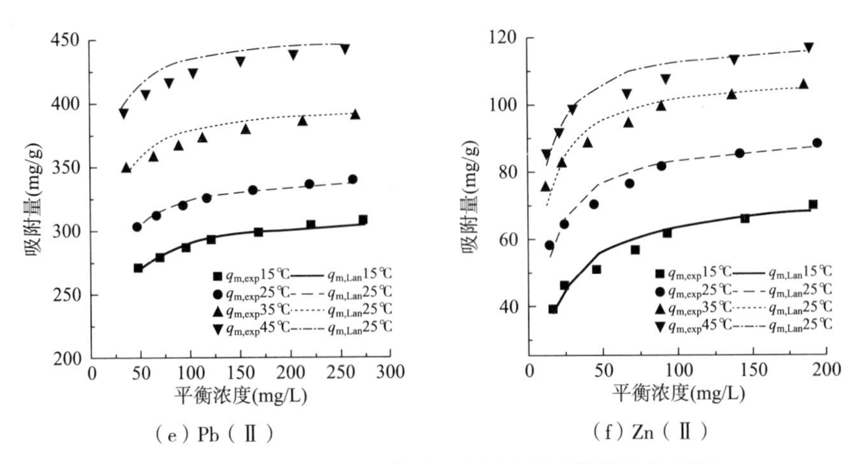

（e）Pb（Ⅱ）　　（f）Zn（Ⅱ）

图5-4　偕胺肟基PAN微纳米纤维膜对重金属离子吸附量的实验值与Langmuir模型拟合曲线的关系

从图5-4中可看出，在实验所确定的浓度和温度范围内，由Langmuir模型计算得到的吸附量与实验数值吻合较好，这进一步证明了Langmuir模型对实验数据的拟合度较好，可用来表征不同温度条件下偕胺肟基PAN微纳米纤维膜吸附重金属离子过程中吸附量与溶液中剩余浓度间的关系。不同温度条件下，随着浓度的增加，偕胺肟基PAN微纳米纤维膜对6种重金属离子的吸附量均增加，然后渐渐达到饱和。此外，相同浓度条件下的吸附量随温度的升高而增加。这与影响因素实验中初始浓度和温度的研究结果一致。

根据Langmuir模型计算得到的偕胺肟基PAN微纳米纤维膜对上述几种重金属离子的最大吸附量（q_m）的顺序如下：Pb（Ⅱ）>Cr（Ⅲ）>Cd（Ⅱ）>Ni（Ⅱ）>Cu（Ⅱ）>Zn（Ⅱ）。不同重金属离子间q_m的差异由离子本身的物理化学性质，如离子半径、电负性、电荷半径比（Z/r）、原子量和软硬度造成的。本实验所研究的六种重金属离子的物理化学性质见表5-5。对于二价金属离子来说，偕胺肟基PAN微纳米纤维膜对Pb（Ⅱ）的吸附量最大，这是由于Pb（Ⅱ）的电负性高、离子半径和原子量大。离子半径和原子量大对Cd（Ⅱ）的吸附也有明显影响。偕胺肟基PAN微纳米纤维膜对Cu（Ⅱ）、Ni（Ⅱ）和Zn（Ⅱ）的吸附量顺序也说明在金属离子半径和原子量相差不大的情况下，电负性和电荷半径比也影响其对金属离子的吸附量。对于三价Cr（Ⅲ）而言，偕胺肟基PAN微纳米纤维膜对其的高吸附量可能与电荷半径比和软硬度有关。金属离子与偕胺肟基PAN微纳米纤维表面的—NH_2基团的交互作用在很大程度上依赖于软硬酸碱理论（HSAB），—NH_2基团是硬碱配体，因此与硬酸Cr（Ⅲ）的交互作用更强，即Cr（Ⅲ）更易被含有—NH_2基团的偕胺肟基PAN微纳米纤维吸附。

表5-5　重金属离子的物理化学性质

重金属离子	离子半径（Å）[1]	电负性	z/r	原子量	软硬度
Cd（Ⅱ）	0.97	1.69	2.06	112.40	软酸
Cr（Ⅲ）	0.64	1.66	4.69	51.996	硬酸
Cu（Ⅱ）	0.72	1.90	2.78	63.546	交界酸
Ni（Ⅱ）	0.70	1.91	2.86	58.70	交界酸
Pb（Ⅱ）	1.32	2.33	1.51	207.2	交界酸
Zn（Ⅱ）	0.74	1.65	2.70	65.37	交界酸

根据Langmuir模型参数还可计算无量纲的平衡参数或分离常数R_L，该参数可预测吸附剂与吸附质的亲和性，R_L采用下式计算：

$$R_{\mathrm{L}} = \frac{1}{1 + K_{\mathrm{L}} G_{\mathrm{e}}} \tag{5-11}$$

式中：K_L为Langmuir常数（L/mg）；C_e为金属离子的平衡浓度（mg/L）。

R_L值被分成三个范围：$R_L>1$，$0<R_L<1$和$R_L=0$，分别表示吸附过程是不利、有利和不可逆的。不同温度条件下R_L随重金属离子初始浓度的变化趋势如图5-5所示。

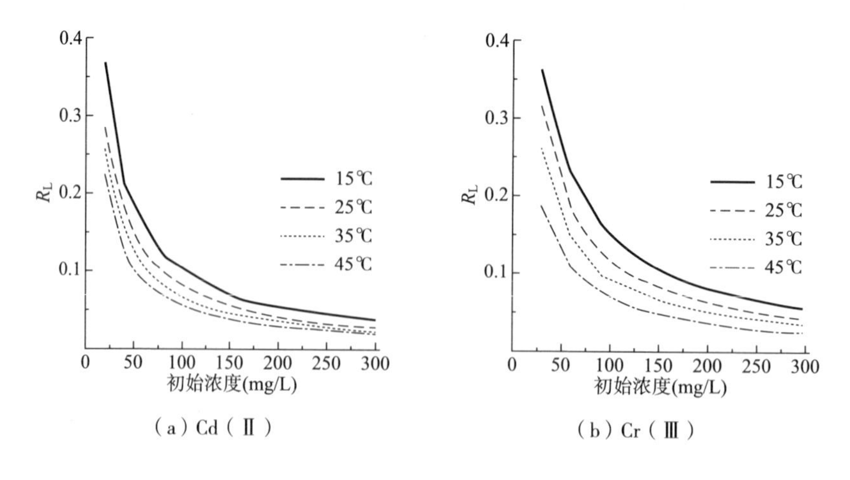

（a）Cd（Ⅱ）　　（b）Cr（Ⅲ）

[1] 1Å=0.1nm。

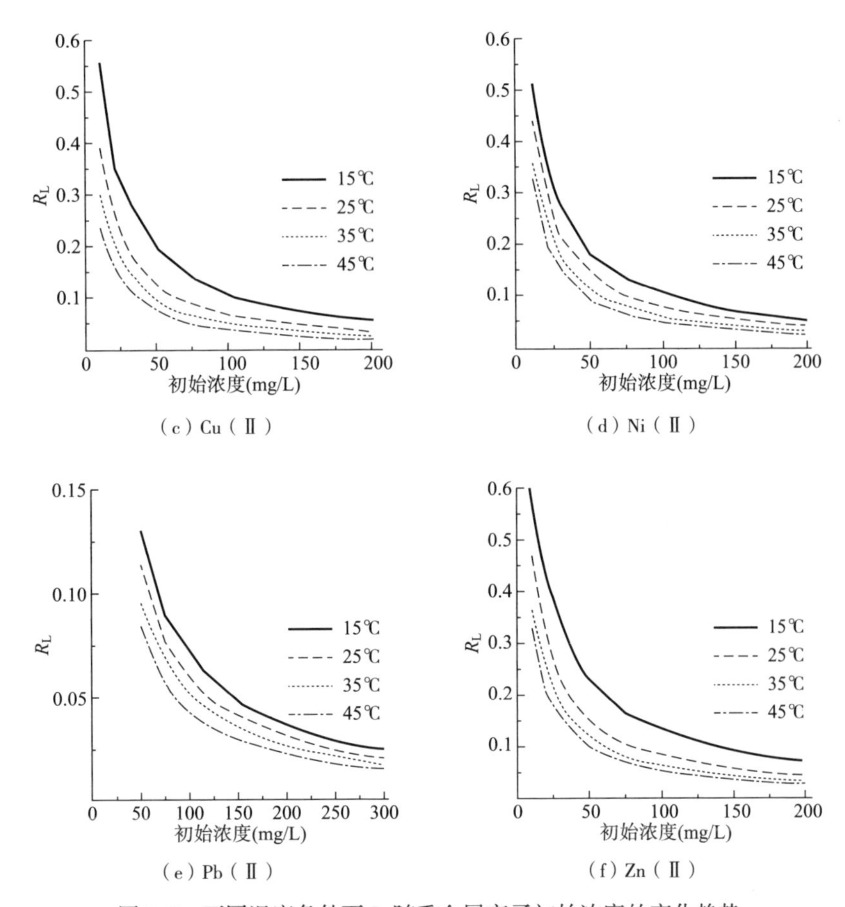

图5-5　不同温度条件下R_L随重金属离子初始浓度的变化趋势

从图5-5中可看出，对于实验所选的几种重金属离子来说，在不同的温度和初始浓度条件下，所有R_L值都在0～1范围内，且随着初始浓度的增大和温度的升高而降低。这说明所选的实验条件有利于偕胺肟基PAN微纳米纤维膜对Cd（Ⅱ）、Cr（Ⅲ）、Cu（Ⅱ）、Ni（Ⅱ）、Pb（Ⅱ）和Zn（Ⅱ）的吸附，且较高的初始浓度和温度有利于吸附反应的进行。因此，本实验所制备的偕胺肟基PAN微纳米纤维是一种能有效去除废水中Cd（Ⅱ）、Cr（Ⅲ）、Cu（Ⅱ）、Ni（Ⅱ）、Pb（Ⅱ）和Zn（Ⅱ）等重金属离子的吸附剂。

5.3.3　吸附动力学

对吸附过程的动力学进行研究有助于理解吸附机制和重金属离子去除过程中吸附剂的性能。本研究中，基于伪一级动力学、伪二级动力学和颗粒内扩散模型，考察偕胺肟基PAN微纳米纤维膜对Cd（Ⅱ）、Cr（Ⅲ）、Cu（Ⅱ）、Ni（Ⅱ）、Pb（Ⅱ）和Zn（Ⅱ）的吸附动力学过程。

5.3.3.1 伪一级动力学模型

伪一级动力学模型假设吸附过程中的吸附速率主要与未被占位的活性位点数有关，其非线性和线性形式分别如式（5–12）、式（5–13）所示：

$$q_t = q_e(1 - e^{-k_1 t}) \tag{5-12}$$

$$\lg(q_e - q_t) = \lg q_e - \frac{k_1}{2.303}t \tag{5-13}$$

式中：k_1为伪一级动力学速率常数（min^{-1}）；q_e和q_t分别为平衡时刻和t（min）时刻吸附剂对重金属离子的吸附量（mg/g）。

以［lg（q_e–q_t）］为纵坐标，t为横坐标作图，可求得伪一级动力学速率常数k_1。不同重金属离子的伪一级动力学模型参数见表5–6。

表5–6 不同重金属离子的伪一级动力学模型参数

重金属离子	温度（℃）	$q_{e,\ exp}$（mg/g）	$q_{e,\ cal}$（mg/g）	k_1（min^{-1}）	R^2
Cd（Ⅱ）	15	101.82	79.76	0.0074	0.9839
	25	132.14	107.50	0.0083	0.9854
	35	150.92	112.56	0.0092	0.9817
	45	166.79	109.19	0.0088	0.9630
Cr（Ⅲ）	15	121.81	107.60	0.0175	0.9878
	25	151.92	116.84	0.0170	0.9866
	35	186.21	139.12	0.0152	0.9832
	45	212.92	152.12	0.0198	0.9827
Cu（Ⅱ）	15	40.86	37.64	0.0115	0.9855
	25	72.73	62.46	0.0136	0.9756
	35	87.57	79.49	0.0159	0.9363
	45	100.28	81.79	0.0152	0.9768
Ni（Ⅱ）	15	49.46	45.88	0.0081	0.9722
	25	58.87	51.44	0.0090	0.9734
	35	73.56	64.97	0.0099	0.9672
	45	79.82	62.95	0.0099	0.9748

续表

重金属离子	温度（℃）	$q_{e,\ exp}$（mg/g）	$q_{e,\ cal}$（mg/g）	k_1（min^{-1}）	R^2
Pb（Ⅱ）	15	269.65	257.04	0.0159	0.9059
	25	297.27	236.16	0.0129	0.9380
	35	338.64	240.55	0.0117	0.9604
	45	388.04	272.77	0.0129	0.9606
Zn（Ⅱ）	15	35.32	29.56	0.0069	0.9883
	25	53.64	44.17	0.0074	0.9899
	35	67.70	53.05	0.0078	0.9793
	45	76.77	54.50	0.0081	0.9762

从表5–6中可看出，不同条件下基于伪一级动力学拟合方程的相关系数（R^2）为0.90～0.99，但根据伪一级动力学拟合方程计算得到的平衡吸附量（$q_{e,\ cal}$）与实验值（$q_{e,\ exp}$）差别较大，因此伪一级动力学模型不能很好地模拟偕胺肟基PAN微纳米纤维膜对重金属离子的吸附过程。

5.3.3.2　伪二级动力学模型

伪二级动力学模型假设吸附剂的吸附量与其表面的活性位点数成正比。该模型的非线性和线性形式分别如式（5–14）、式（5–15）所示：

$$q_t = \frac{k_2 {q_e}^2 t}{1 + k_2 q_e t} \tag{5–14}$$

$$\frac{t}{q_t} = \frac{1}{k_2 {q_e}^2} + \frac{t}{q_e} \tag{5–15}$$

式中：k_2为伪二级动力学速率常数［g/（mg·min）］；q_e和q_t分别为平衡时刻和t（min）时刻吸附剂对金属离子的吸附量（mg/g）。

以（t/q_t）为纵坐标，t为横坐标作图，可求得伪二级动力学速率常数k_2。根据伪二级动力学速率常数及平衡吸附量，可计算吸附剂对该重金属离子的初始吸附速率［k_0，mg/（g·min）］，其计算公式如下：

$$k_0 = k_2 q_e^2 \tag{5–16}$$

不同重金属离子的伪二级动力学模型参数见表5–7。

表5-7 不同重金属离子的伪二级动力学模型参数

重金属离子	温度（℃）	$q_{e,\ exp}$（mg/g）	$q_{e,\ cal}$（mg/g）	k_2 [g/（mg·min）]	R^2	k_0 [mg/（g·min）]
Cd（Ⅱ）	15	101.82	108.70	0.000172	0.9986	2.03
	25	132.14	142.86	0.000133	0.999	2.71
	35	150.92	161.29	0.000151	0.999	3.93
	45	166.79	175.44	0.000173	0.9996	5.32
Cr（Ⅲ）	15	121.81	133.33	0.000264	0.9964	4.69
	25	151.92	161.29	0.000296	0.9985	7.70
	35	186.21	196.08	0.000247	0.9947	9.50
	45	212.92	222.22	0.000302	0.9994	14.91
Cu（Ⅱ）	15	40.86	44.84	0.000463	0.9793	0.93
	25	72.73	78.13	0.000394	0.9924	2.41
	35	87.57	93.46	0.000362	0.9927	3.16
	45	100.28	106.38	0.000374	0.9968	4.23
Ni（Ⅱ）	15	49.46	53.48	0.000285	0.9793	0.82
	25	58.87	62.89	0.000318	0.9896	1.26
	35	73.56	78.74	0.000276	0.992	1.71
	45	79.82	83.33	0.000345	0.9936	2.40
Pb（Ⅱ）	15	269.65	294.12	0.000095	0.9902	8.22
	25	297.27	303.03	0.000130	0.9907	11.94
	35	338.64	344.83	0.000138	0.9964	16.41
	45	388.04	400.00	0.000127	0.9984	20.32
Zn（Ⅱ）	15	35.32	38.46	0.000375	0.9973	0.55
	25	53.64	58.48	0.000275	0.9982	0.94
	35	67.70	71.94	0.000287	0.9983	1.49
	45	76.77	81.30	0.000299	0.9996	1.98

从表5-7中可以看出，不同条件下伪二级动力学拟合方程的相关系数均在0.97以上，且根据拟合方程计算得到的平衡吸附量与实验值之间基本吻合，因此偕胺肟基PAN微纳米纤维膜对重金属离子的吸附过程可以用伪二级动力学模型来描述。

5.3.3.3 颗粒内扩散模型

颗粒内扩散模型常用来分析吸附反应中的控制步骤，求出吸附剂的颗粒内扩散速率常数，其数学表达式如下：

$$q_t=k_i t^{1/2}+C_i \tag{5-17}$$

式中：k_i为颗粒内扩散速率常数［mg/（g·min$^{-1/2}$）］；C_i为与边界层厚度有关的常数。

如果q_t与$t^{1/2}$呈线性关系且通过原点（C_i=0），表明内扩散是控制吸附过程的唯一步骤。不同重金属离子的颗粒内扩散模型参数见表5-8。

表5-8　不同重金属离子的颗粒内扩散模型参数

重金属离子	温度（℃）	$q_{e,\ exp}$（mg/g）	$q_{e,\ cal}$（mg/g）	k_i［mg/（g·min$^{-1/2}$）］	C_i	R^2
Cd（Ⅱ）	15	101.82	115.69	4.7594	11.414	0.9243
	25	132.14	152.50	6.2765	14.984	0.9239
	35	150.92	179.61	7.0761	24.576	0.8751
	45	166.79	200.57	7.6310	33.386	0.8404
Cr（Ⅲ）	15	121.81	136.05	7.8790	13.991	0.9429
	25	151.92	172.01	9.5084	24.708	0.9091
	35	186.21	205.49	11.024	34.705	0.9107
	45	212.92	246.49	12.875	47.031	0.8542
Cu（Ⅱ）	15	40.86	40.92	2.5381	1.6009	0.9888
	25	72.73	65.05	4.1255	1.1420	0.9625
	35	87.57	78.95	4.4608	9.8457	0.9518
	45	100.28	110.27	6.2377	13.640	0.9314
Ni（Ⅱ）	15	49.46	52.32	2.3676	7.3993	0.9804
	25	58.87	62.41	3.0197	5.1128	0.9665
	35	73.56	79.52	3.8025	7.3771	0.9591
	45	79.82	87.47	3.9569	12.392	0.9285
Pb（Ⅱ）	15	269.65	281.46	16.819	20.901	0.9598
	25	297.27	311.05	17.539	39.334	0.9159
	35	338.64	359.10	19.639	54.851	0.8953
	45	388.04	421.38	22.899	66.626	0.8829
Zn（Ⅱ）	15	35.32	39.13	1.6767	2.3911	0.9495
	25	53.64	60.72	2.5619	4.5932	0.9392
	35	67.70	77.75	3.1428	8.8995	0.9109
	45	76.77	90.42	3.5661	12.290	0.8807

从表5-8中可看出，由于C_i不为0，即方程或拟合曲线不通过原点，这说明内扩散不是吸附反应过程中的控制步骤。此外，与伪一级动力学和伪二级动力学模型相比，颗粒内扩散模型的相关系数较小（0.85～0.95），且根据拟合方程计算得到的平衡吸附量与实验值也有一定的偏差，因此偕胺肟基PAN微纳米纤维膜对重金属离子的吸附过程不符合颗粒内扩散模型。

5.3.3.4 不同动力学模型间的比较与验证

根据不同动力学模型拟合方程的相关系数来看，伪一级动力学模型和伪二级动力学模型的相关系数较高，分别在0.90和0.97以上，而颗粒内扩散模型的相关系数小于0.95。这主要是因为伪一级动力学和伪二级动力学均是基于吸附过程与吸附剂表面活性位点相关的假设，而颗粒内扩散模型则认为材料的吸附过程分为吸附剂表面吸附和孔道缓慢扩散两个吸附过程。偕胺肟基PAN微纳米纤维主要依靠其表面的活性位点（$—NH_2$）吸附重金属离子，因此，伪一级动力学和伪二级动力学模型比颗粒内扩散模型更适合用来说明偕胺肟基PAN微纳米纤维膜对重金属离子的吸附过程。

基于伪一级动力学模型和伪二级动力学模型，偕胺肟基PAN微纳米纤维膜在不同条件下吸附重金属离子实验结果的拟合曲线如图5-6所示。从图中可

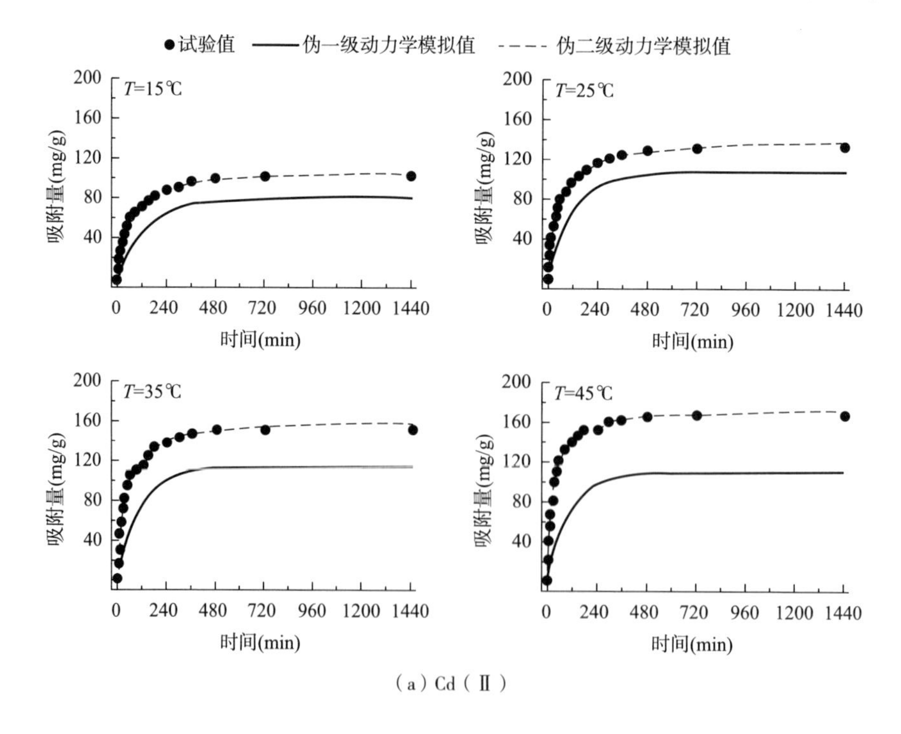

（a）Cd（Ⅱ）

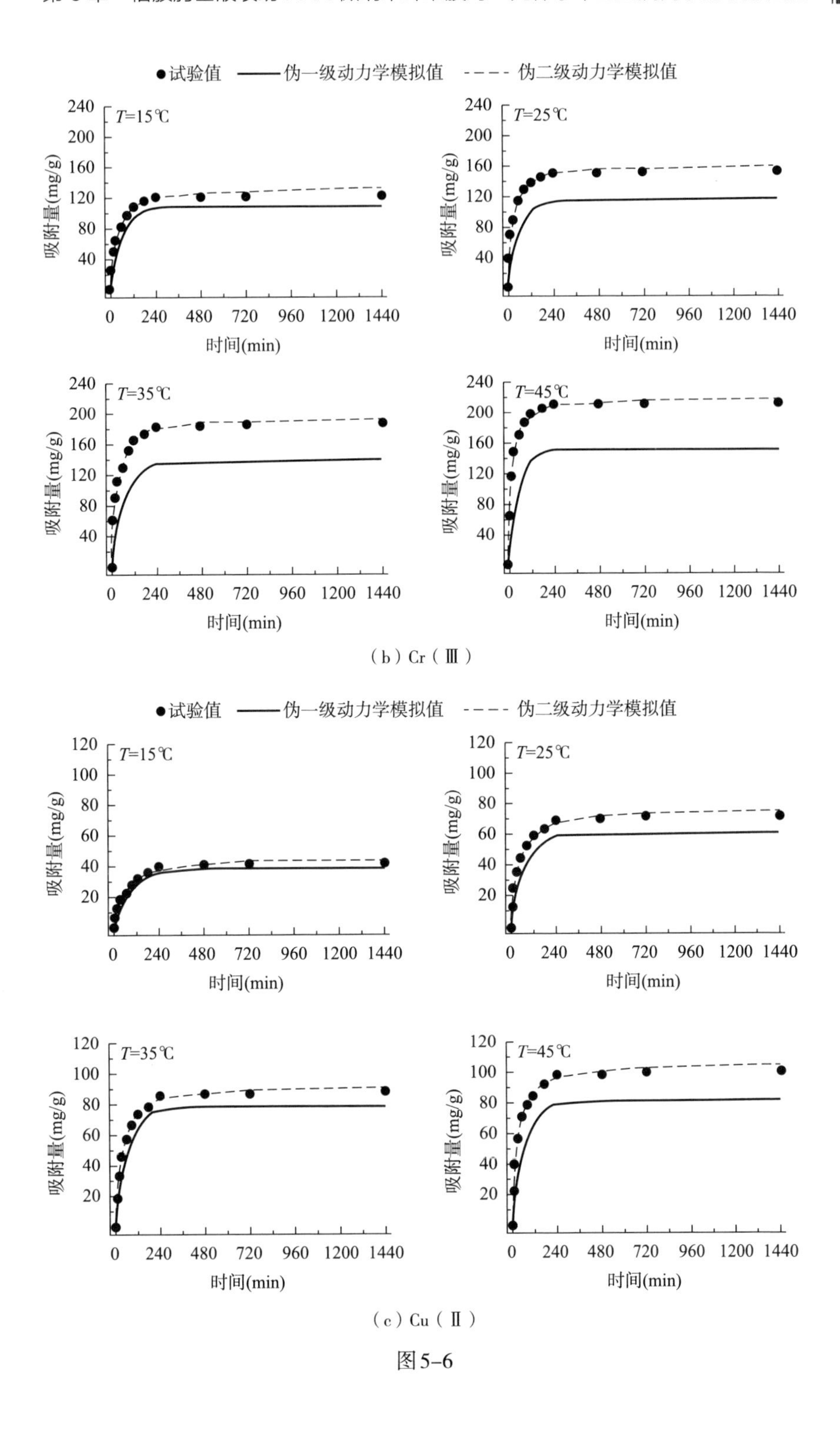

（b）Cr（Ⅲ）

（c）Cu（Ⅱ）

图5-6

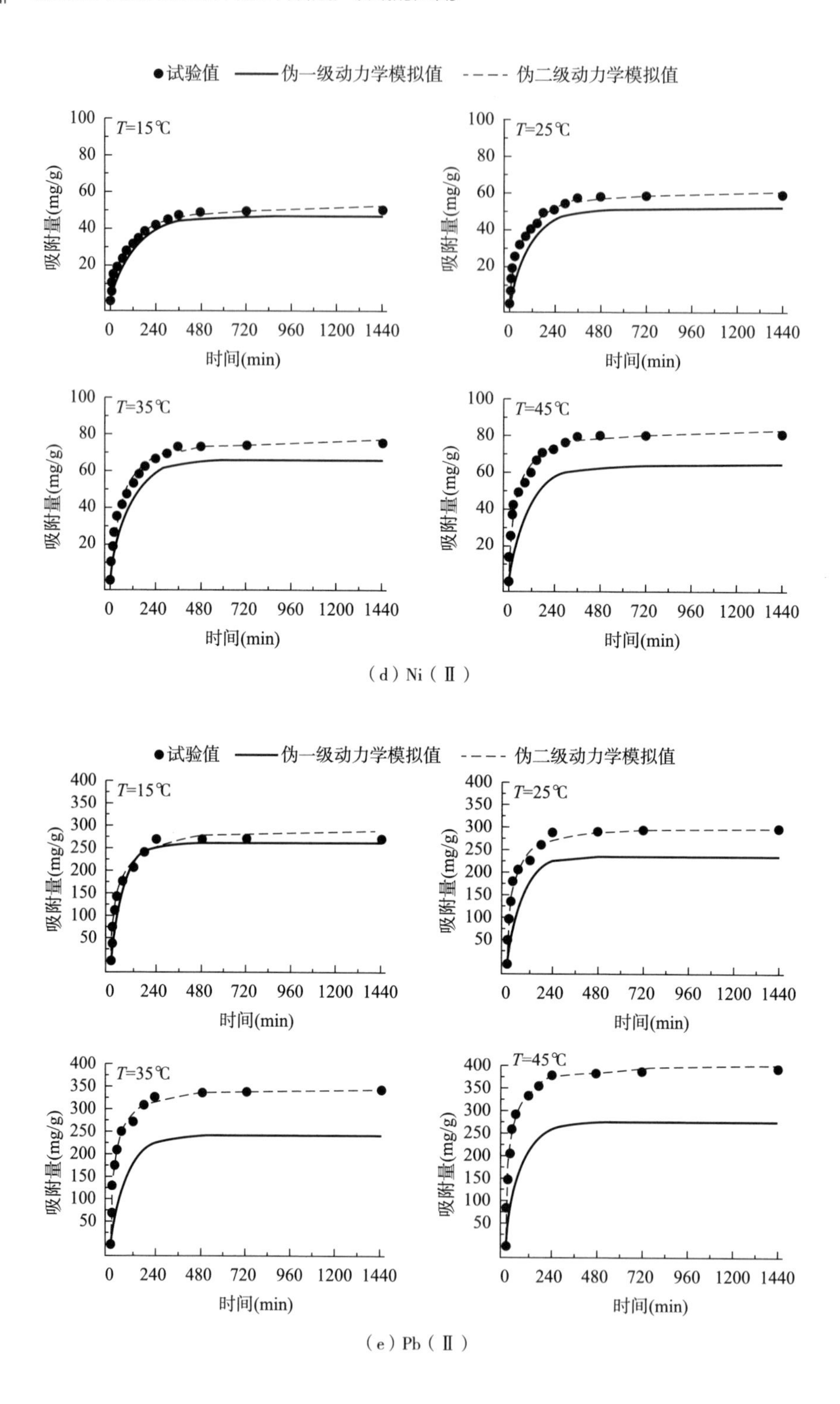

●试验值 ——伪一级动力学模拟值 - - - - 伪二级动力学模拟值
T=15℃
T=25℃
T=35℃
T=45℃
吸附量(mg/g)
时间(min)
0 240 480 720 960 1200 1440

(d) Ni(Ⅱ)

(e) Pb(Ⅱ)

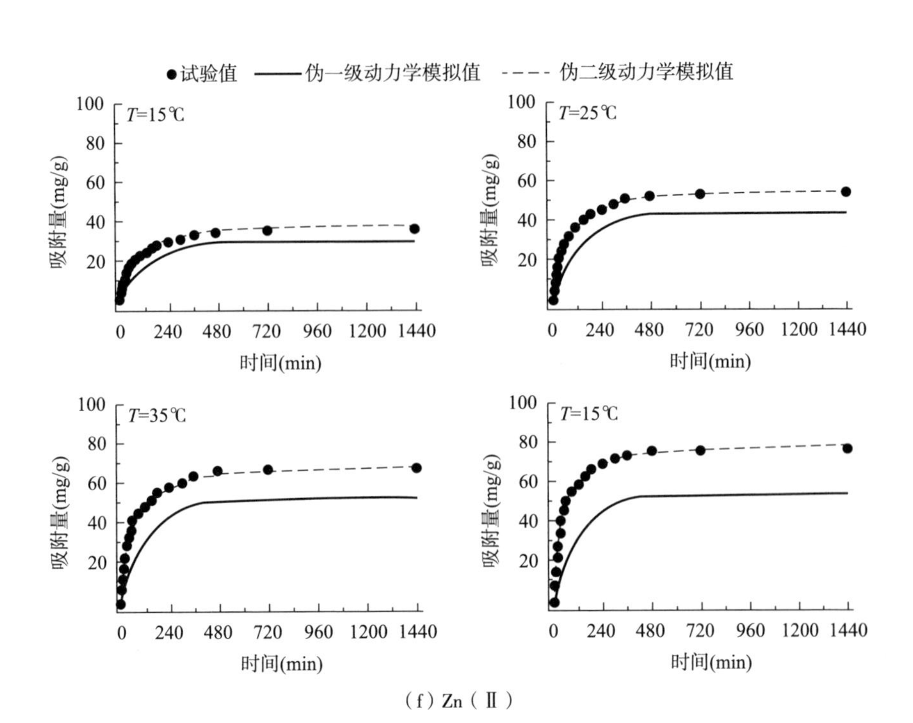

(f) Zn(Ⅱ)

图5-6 偕胺肟基PAN微纳米纤维膜在不同条件下吸附重金属离子实验结果的拟合曲线

以看出，与伪一级动力学模型相比，由伪二级动力学模型计算得到的不同时刻的吸附量与实验值更接近。因此，伪二级动力学模型更适合模拟偕胺肟基PAN微纳米纤维膜对Cd（Ⅱ）、Cr（Ⅲ）、Cu（Ⅱ）、Ni（Ⅱ）、Pb（Ⅱ）和Zn（Ⅱ）的吸附过程。偕胺肟基PAN微纳米纤维膜对六种重金属离子的吸附动力学研究结果，进一步证明了重金属离子吸附过程中速率限制步骤是化学吸附的假设，这种化学吸附包括偕胺肟基PAN微纳米纤维表面的—NH_2和重金属离子之间的交换或共用电子的原子价力作用。

由表5-7可看出，对Pb（Ⅱ）和Cr（Ⅲ）来说，根据伪二级动力学模型计算得到的初始吸附速率（k_0）大于Cd（Ⅱ）、Cu（Ⅱ）、Ni（Ⅱ）和Zn（Ⅱ），这一结果表明偕胺肟基PAN中的—NH_2基团更容易与Pb（Ⅱ）和Cr（Ⅲ）结合。另外，吸附速率高导致达到平衡的时间缩短，这与前面接触时间对吸附过程的影响的研究结论一致。再结合吸附等温线研究中Pb（Ⅱ）和Cr（Ⅲ）具有较大的吸附量，进一步说明了偕胺肟基PAN微纳米纤维对Pb（Ⅱ）和Cr（Ⅲ）具有较高的亲和性。

5.3.4 吸附热力学

吸附过程中的热力学参数包括吉布斯自由能变（ΔG^{θ}）、焓变（ΔH^{θ}）和熵变（ΔS^{θ}）等，这些参数对决定吸附过程的自发性和可行性的程度有重要影响。其中，ΔG^{θ} 是考察吸附过程是否具有自发性的重要指标，其计算公式如下：

$$\Delta G^{\theta}=RT\ln K_{L} \tag{5-18}$$

式中：R为普适气体常数［8.314J/（mol·K）］；T为绝对温度（K）；K_L为热力学平衡常数，由Langmuir模型推算获得。K_L与T的关系可用线性范特霍夫方程式（5-19）表示：

$$\ln K_{L}=\frac{\Delta H^{\theta}}{RT}+\frac{\Delta S^{\theta}}{R} \tag{5-19}$$

线性范特霍夫方程中$\ln K_L$对$1/T$作图，根据斜率和截距可求得ΔH^{θ}和ΔS^{θ}。

偕胺肟基PAN微纳米纤维膜对Cd（Ⅱ）、Cr（Ⅲ）、Cu（Ⅱ）、Ni（Ⅱ）、Pb（Ⅱ）和Zn（Ⅱ）的吸附热力学参数见表5-9。从表中可以看出，对于所选实验条件下的所有金属离子而言，ΔG^{θ} 都是负值，这充分说明了偕胺肟基PAN微纳米纤维膜对六种重金属离子的吸附过程是自发进行的。ΔG^{θ} 随着温度的升高而降低，说明高温有利于吸附过程的进行。偕胺肟基PAN微纳米纤维膜对重金属离子的吸附量随温度的升高而增加，这与前面不同温度条件下的吸附等温线研究结果一致。ΔH^{θ} 为正值进一步证明了偕胺肟基PAN微纳米纤维膜对六种重金属离子的吸附过程是吸热的。ΔS^{θ} 为正值则表明吸附过程中固—液界面的混乱度增加，该吸附过程为熵增过程。

表5-9 偕胺肟基PAN微纳米纤维膜吸附重金属离子的热力学参数

重金属离子	ΔG^{θ}（kJ/mol）				ΔH^{θ}（kJ/mol）	ΔS^{θ}［J/（mol·K）］
	288K	298K	308K	318K		
Cd（Ⅱ）	−22.06	−23.48	−24.77	−26.01	15.87	131.79
Cr（Ⅲ）	−19.08	−20.44	−21.67	−23.33	21.12	139.36
Cu（Ⅱ）	−20.54	−22.56	−24.05	−25.59	27.39	166.83
Ni（Ⅱ）	−20.43	−21.95	−23.35	−24.66	20.16	141.05
Pb（Ⅱ）	−24.47	−25.79	−27.00	−28.40	12.98	129.97
Zn（Ⅱ）	−20.04	−22.02	−23.51	−24.72	24.82	156.34

5.3.5 解吸与重复利用

解吸和重复利用实验对研究重金属离子的有效回收和吸附剂的再生与重复利用性能有重要意义。经过五次吸附—解吸循环实验，偕胺肟基PAN微纳米纤维膜对不同重金属离子的解吸效率和再吸附量如图5-7所示。

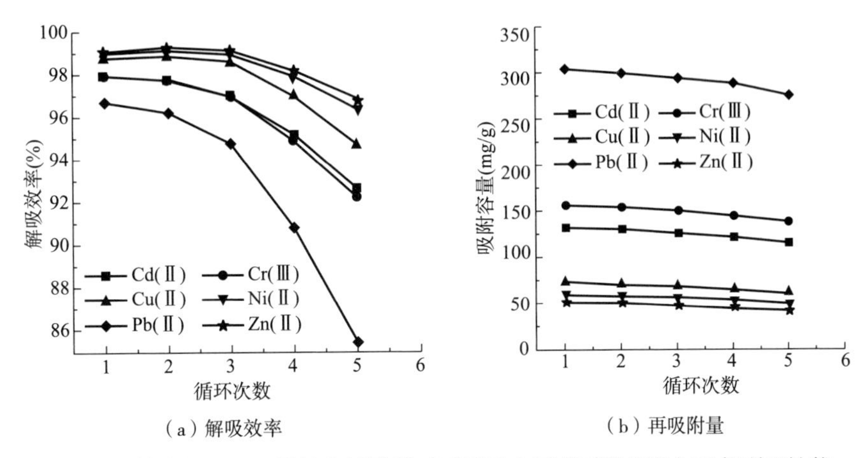

（a）解吸效率　　（b）再吸附量

图5-7　偕胺肟基PAN微纳米纤维膜对不同重金属离子的解吸与重复利用性能

从图5-7（a）可看出，经过五次循环使用后，偕胺肟基PAN微纳米纤维膜对Cd（Ⅱ）、Cr（Ⅲ）、Cu（Ⅱ）、Ni（Ⅱ）、Pb（Ⅱ）和Zn（Ⅱ）的解吸效率仍分别可达92.65%、92.23%、94.67%、96.39%、85.48%和96.75%。从图5-7（b）可看出，随着吸附—解吸循环实验次数的增加，偕胺肟基PAN微纳米纤维膜对Cd（Ⅱ）、Cr（Ⅲ）、Cu（Ⅱ）、Ni（Ⅱ）、Pb（Ⅱ）和Zn（Ⅱ）的再吸附量有所降低，但经过五次循环使用后，该纤维对各重金属离子仍分别具有86.59%、88.41%、82.95%、82.35%、91.07%和80.53%的吸附能力。随着循环次数的增加，解吸效率和再吸附能力逐渐降低可能有以下两方面的原因：一是偕胺肟基PAN微纳米纤维与重金属离子间存在非静电力，部分重金属离子与纤维表面的活性位点结合的较为牢固，导致解吸后某些结合位点仍被重金属离子占据；二是解吸过程中由于酸解作用使纤维表面一些功能基团消失，导致活性位点减少。上述结果表明偕胺肟基PAN微纳米纤维膜可重复使用且吸附性能没有明显损失，因此通过偕胺肟改性的液喷纺PAN微纳米纤维膜具有良好的解吸与重复利用性能，可以满足工业废水中重金属离子的处理要求。

5.3.6 吸附机理

根据等温线及热力学研究中对吸附平均自由能和焓变的计算结果可知，偕胺肟基PAN微纳米纤维膜对一元体系中重金属离子的吸附作用属于化学吸附，又由于吸附过程符合伪二级动力学模型，这进一步说明化学吸附是吸附过程中的速率限制步骤。

根据第4章的吸附实验结果可知，偕胺肟改性前的液喷纺PAN微纳米纤维膜对部分重金属离子也有一定的吸附作用，这是由于纳米纤维具有较大的比表面积和孔隙率，因此对重金属离子具有一定的物理吸附作用。偕胺肟改性后的PAN微纳米纤维膜在对重金属离子的吸附种类和吸附量方面与改性前相比均有明显的增加，这主要因为—NH_2基团与重金属离子间存在强烈的螯合作用，这也是偕胺肟基PAN微纳米纤维膜对重金属离子有较好吸附作用的最主要原因。除—NH_2基团外，偕胺肟基中的—OH基团也可以螯合或以氢键的形式与重金属离子进行结合；此外，溶液中的—OH与—NH_2基团可能通过与氢键结合生产—NH_2OH—，与带正电荷的重金属离子通过静电引力发生反应，从而使重金属离子吸附在纤维表面。

综上所述，偕胺肟基PAN微纳米纤维膜对重金属离子的吸附过程是一个以化学螯合作用为主，同时包含了物理吸附、氢键和静电引力等综合作用的复杂过程。

5.4 小结

本章主要比较研究了偕胺肟改性液喷纺PAN微纳米纤维膜对一元体系中重金属离子的吸附性能，所得到的主要结论如下。

（1）溶液pH值、反应时间、初始浓度和温度对偕胺肟基PAN微纳米纤维膜吸附重金属离子的过程有较大影响。实验确定的最佳pH值为6，最佳吸附平衡时间为8h。随着初始浓度和温度的升高，偕胺肟基PAN微纳米纤维膜对重金属离子的吸附量呈增加的趋势，并且高温条件下有利于吸附反应的进行。

（2）研究并确定了偕胺肟基PAN微纳米纤维膜对Cd（Ⅱ）、Cr（Ⅲ）、Cu

（Ⅱ）、Ni（Ⅱ）、Pb（Ⅱ）和Zn（Ⅱ）吸附过程的等温线、动力学和热力学模型及其参数。等温线研究结果表明，该吸附过程符合Langmuir模型，不同重金属离子最大吸附量的顺序为Pb（Ⅱ）>Cr（Ⅲ）> Cd（Ⅱ）>Ni（Ⅱ）>Cu（Ⅱ）>Zn（Ⅱ）；动力学研究结果表明，伪二级动力学模型更适合模拟偕胺肟基PAN微纳米纤维膜对重金属离子的吸附过程，且该吸附过程为化学吸附；热力学研究结果表明，吸附过程具有自发性且高温有利于吸附反应的进行，该过程是吸热和熵增的过程。

（3）偕胺肟基PAN微纳米纤维膜具有较好的解吸和重复利用性能。经过五次循环使用后，对Cd（Ⅱ）、Cr（Ⅲ）、Cu（Ⅱ）、Ni（Ⅱ）、Pb（Ⅱ）和Zn（Ⅱ）的解吸效率分别为92.65%、92.23%、94.67%、96.39%、85.48%和96.75%。与初始吸附量相比，偕胺肟基PAN微纳米纤维膜对各重金属离子仍分别具有86.59%、88.41%、82.95%、82.35%、91.07%和80.53%的吸附能力。

（4）偕胺肟基PAN微纳米纤维膜对重金属离子的吸附过程是一个以化学螯合作用为主，同时包含了物理吸附、氢键和静电引力等综合作用的复杂过程。

参考文献

[1] DENG S B, BAI R B, CHEN J P. Aminated polyacrylonitrile fibers for lead and copper removal [J]. Langmuir, 2003, 19(12): 5058–5064.

[2] NEGHLANI P K, RAFIZADEH M, TAROMI F A. Preparation of aminated-polyacrylonitrile nanofiber membranes for the adsorption of metal ions: comparison with microfibers [J]. Journal of Hazardous Materials, 2011, 186(1): 182–189.

[3] SAEED K, HAIDER S, OH T-J, et al. Preparation of amidoxime-modified polyacrylonitrile(PAN-oxime)nanofibers and their applications to metal ions adsorption [J]. Journal of Membrane Science, 2008, 322(2): 400–405.

[4] KAMPALANONWAT P, SUPAPHOL P. Preparation and adsorption behavior of aminated electrospun polyacrylonitrile nanofiber mats for heavy metal ion

removal [J]. ACS Applied Materials & Interfaces, 2010, 2(12): 3619–3627.

[5] HUANG F L, XU Y F, LIAO S Q, et al. Preparation of amidoxime polyacrylonitrile chelating nanofibers and their application for adsorption of metal ions [J]. Materials, 2013, 6(3): 969–980.

[6] COŞKUN R, SOYKAN C, SAÇAK M. Adsorption of copper(Ⅱ), nickel(Ⅱ)and cobalt(Ⅱ)ions from aqueous solution by methacrylic acid/acrylamide monomer mixture grafted poly(ethylene terephthalate)fiber [J]. Separation and Purification Technology, 2006, 49(2): 107–114.

[7] RAHMAN M S, ISLAM M R. Effects of pH on isotherms modeling for Cu(Ⅱ) ions adsorption using maple wood sawdust [J]. Chemical Engineering Journal, 2009, 149(1-3): 273–280.

[8] LIU F Q, LI L J, LING P P, et al. Interaction mechanism of aqueous heavy metals onto a newly synthesized IDA-chelating resin: isotherms, thermodynamics and kinetics [J]. Chemical Engineering Journal, 2011, 173(1): 106–114.

[9] HUANG S H, CHEN D H. Rapid removal of heavy metal cations and anions from aqueous solutions by an amino-functionalized magnetic nano-adsorbent [J]. Journal of Hazardous Materials, 2009, 163(1): 174–179.

[10] WAN M W, KAN C C, ROGEL B D, et al. Adsorption of copper(Ⅱ)and lead (Ⅱ)ions from aqueous solution on chitosan-coated sand [J]. Carbohydrate Polymers, 2010, 80(3): 891–899.

[11] MISHRA P C, PATEL R K. Removal of lead and zinc ions from water by low cost adsorbents [J]. Journal of Hazardous Materials, 2009, 168(1): 319–325.

[12] MONIER M, AYAD D M, SARHAN A A. Adsorption of Cu(Ⅱ), Hg(Ⅱ), and Ni(Ⅱ)ions by modified natural wool chelating fibers [J]. Journal of Hazardous Materials, 2010, 176(1-3): 348–355.

[13] HU X J, WANG J S, Liu Y g, et al. Adsorption of chromium(VI)by ethylenediamine-modified cross-linked magnetic chitosan resin: isotherms, kinetics and thermodynamics [J]. Journal of Hazardous Materials, 2011, 185(1): 306–314.

[14] LANGMUIR I. The adsorption of gases on plane surfaces of glass, mica and

platinum [J]. Journal of the American Chemical Society, 1918, 40(9): 1361–1403.

[15] FREUNDLICH H. Over the adsorption in solution [J]. Journal of Physical Chemistry, 1906, 57(385471): 1100–1107.

[16] DUBININ M M, ZAVERINA E, RADUSHKEVICH L. Sorption and structure of active carbons. I. adsorption of organic vapors [J]. Russian Journal of Physical Chemistry A Ⅱ, 1947(21): 1351–1362.

[17] LI X L, LI Y F, YE Z F. Preparation of macroporous bead adsorbents based on poly(vinyl alcohol)/chitosan and their adsorption properties for heavy metals from aqueous solution [J]. Chemical Engineering Journal, 2011(178): 60–68.

[18] ALIABADI M, IRANI M, ISMAEILI J, et al. Electrospun nanofiber membrane of PEO/chitosan for the adsorption of nickel, cadmium, lead and copper ions from aqueous solution [J]. Chemical Engineering Journal, 2013(220): 237–243.

[19] OH S, KWAK M Y, SHIN W S. Competitive sorption of lead and cadmium onto sediments [J]. Chemical Engineering Journal, 2009, 152(2–3): 376–388.

[20] HELFFERICH F G. Ion exchange [M]. New York: McGraw Hill, 1962.

[21] HEIDARI A, YOUNESI H, MEHRABAN Z, et al. Selective adsorption of Pb(Ⅱ), Cd(Ⅱ), and Ni(Ⅱ)ions from aqueous solution using chitosan–MAA nanoparticles [J]. International Journal of Biological Macromolecules, 2013(61): 251–263.

[22] HOSSAIN M A, NGO H H, GUO W S, et al. Competitive adsorption of metals on cabbage waste from multi-metal solutions [J]. Bioresource Technology, 2014(160): 79–88.

[23] LI X, ZHANG C C, ZHAO R, et al. Efficient adsorption of gold ions from aqueous systems with thioamide-group chelating nanofiber membranes [J]. Chemical Engineering Journal, 2013(229): 420–428.

[24] WEBER W, MORRIS J. Kinetics of adsorption on carbon from solution [J]. Journal of the Sanitary Engineering Division, 1963, 89(17): 31–60.

[25] VIMONSES V, LEI S, JIN B, et al. Kinetic study and equilibrium isotherm analysis of congo red adsorption by clay materials [J]. Chemical Engineering

Journal, 2009, 148(2-3): 354–364.

[26] HO Y S. Review of second-order models for adsorption systems [J]. Journal of Hazardous Materials, 2006, 136(3): 681-689.

[27] LIU Y. Is the free energy change of adsorption correctly calculated? [J]. Journal of Chemical & Engineering Data, 2009, 54(7): 1981–1985.

[28] SINGH V, TIWARI S, SHARMA A K, et al. Removal of lead from aqueous solutions using Cassia grandis seed gum-graft-poly(methylmethacrylate)[J]. Journal of Colloid and Interface Science, 2007, 316(2): 224–232.

第6章　非织造复合滤材的结构设计及其对PM2.5的过滤防护性能

6.1　引言

随着我国工业化和城市化进程的加快，空气污染问题日益突出，对环境安全和人体健康造成了严重的威胁。目前，细颗粒物已成为我国许多大中城市的首要污染物。细颗粒物是指悬浮在环境空气中空气动力学直径≤2.5μm的颗粒物，又称PM2.5，其中PM是particulate matter的英文缩写，中文称“颗粒物”。由于这个范围内的颗粒具有粒径小、面积大、活性强、易附带有毒有害物质、在大气中停留时间长、输送距离远等特性，更容易被吸入人体内，所以也称可入肺颗粒物。已有研究表明，PM2.5对人体呼吸系统及心血管系统有较大的影响，会诱发急性呼吸系统感染、哮喘、支气管炎、心血管疾病及生殖系统疾病和癌症等多种疾病。

6.1.1　PM2.5的来源

PM2.5的化学成分十分复杂，主要分为三大类：一是溶性离子，包括F^-、Cl^-、SO_4^{2-}、NH_4^+、Na^+、K^+等；二是自然尘、金属等无机成分；三是有机含碳物质，包括有机碳、元素碳和多环芳香烃等。不同来源的粒子组成也相差很大，大气扬尘以及海盐粒子等一次污染物往往含有大量的Al、Fe、Ni、Zn、Cu、As、Cd、Pb等元素。来自二次污染物的气溶胶粒子含有大量的铵盐、硫酸盐和有机物等。PM2.5的来源主要分为人为来源和自然来源两种：其中自然来源包括火山灰、扬尘、森林火灾、海盐、植物的花粉和其他真菌等，这是在生活中不可避免的因素；人为来源包括一次颗粒物和二次颗粒物。一次颗粒物主要包括化石燃料和生物质的燃烧，机动车尾气的排放和工厂或建筑施工的扬尘，甚至包括厨房油烟等污染源的直接排放；二次颗粒物由排放到大气中的硫氧化物、氮氧化物、氨、挥发性有机物等通过发生复杂化学反应而产生，是大气中PM2.5的主要来源。相对于自然来源，人为来源对PM2.5的影响更大一些，对环境也有更大的破坏力度。

6.1.2 PM2.5的污染现状

《2020全球空气状况报告》指出，2019年超过90%的全球人口暴露于PM2.5年均质量浓度高于10μg/m^{3}的国家和地区，其中亚洲、非洲和中东的PM2.5年均暴露风险最高。2010～2019年，全球PM2.5暴露风险略有下降，以中国、越南和泰国为代表的东亚和东南亚的一些地区，空气质量出现了改善，而北非、中东和撒哈拉以南非洲地区空气污染改善进展甚微，甚至有些地区PM2.5暴露风险持续增加。

研究表明，亚洲国家的PM2.5日均质量浓度为27～1420μg/m^3，其来源主要是交通运输业、工业（工厂和采矿）、烹饪和固体燃料加热。在非洲大陆，塞内加尔、毛里求斯和加纳的PM2.5年均质量浓度＞30μg/m^3。交通运输、生物质燃料燃烧以及沙尘暴是非洲国家PM2.5的主要来源。与世界其他地区相比，欧洲因具有绿色发展技术和较低的人口密度等优势，其空气质量较好，PM2.5日均质量浓度为15～20μg/m^3。与亚洲和非洲不同，南美的大多数国家PM2.5年均质量浓度＜30μg/m^3。Chul-Hee等通过对同期社会环境驱动因素与PM2.5浓度水平关系进行时间序列分析得出，近20年来，PM2.5浓度水平在发展中国家有所上升，在发达国家有所下降，其增加幅度与总人口增加显著正相关，与地区植被绿度显著负相关。

由于《大气污染防治计划》的实施，2010～2019年，中国环境空气中PM2.5浓度水平下降了30%。2020年全国PM2.5年均质量浓度为33μg/m^3，以PM2.5为首要污染物的天数占重度及以上污染天数的51%，较2019年有所下降。由此可见，中国的PM2.5污染状况随着国家政策的实施正在逐步得到改善。

研究表明，城市的城区及其邻近乡村在年或季节尺度上存在PM2.5浓度和组分的显著差异，其中一个可能的原因是PM2.5来源不同。城区的PM2.5主要来自机动车尾气和扬尘，而乡村的PM2.5主要来自生物质燃烧，城区独有的动力、热力及污染物排放特征也会对PM2.5的城乡差异产生影响。姜蕴聪等选取中国6大城市群中的11座代表性城市，分析各城市间PM2.5浓度的城乡差异规律，结果表明，11座代表性城市的PM2.5浓度在时间上表现出冬高、夏低的季节变化规律，在空间上呈现从南到北逐渐升高的趋势。京津冀和长三角地区的城市城区的PM2.5浓度最高，而粤港澳大湾区和内陆城市群（成渝、长江中游、关中平原城市群）郊区的PM2.5浓度最高。李瑾等通过探讨关中平原城市和农村地区PM2.5的化学组成和来源差异，发现西安市区的PM2.5与碳组分等大部分无机离子均有强相关性。K^+与碳组分及与Ca^{2+}和Mg^{2+}的相关性表明，蔺村PM2.5中K^+主要来自生物质燃烧排放，西安市区的PM2.5则主要与道路扬尘和建筑粉尘等有关。由此可见，空气污染，尤其是PM2.5浓度和组分的城乡差异对公众健康的危害越来越引起人们的重视。

6.1.3　PM2.5的健康危害

PM2.5无论对环境还是对人体本身都有着极大的危害。首先，对环境来说，虽然PM2.5是大气中含量很少的一种组分，但它的危害性却不容小觑。PM2.5中有很多有毒有害的物质，如其中的重金属元素铅、镉、砷等，在大气中也会停留很长时间，不易清除。其次，大气中含有过量的PM2.5也会导致大气能见度下降，造成雾霾。另外，从对人体健康的影响来说，相对于其他颗粒物而言，细颗粒物的半径较小，因此更容易从呼吸道侵入人体内。而且这些细颗粒物上往往会吸附很多有害的化学物质，对人们的健康造成严重影响。首先，过量的细颗粒物在使大气能见度降低的同时还会使人们的眼睛干涩灼热，刺激眼部的黏膜。其次，PM2.5在支气管处会造成人们的呼吸不顺畅和咳嗽等状况，同时随着PM2.5逐渐进入人的肺里，更会引发哮喘等呼吸道疾病，增加心脏的负担。带着PM2.5的氧气进入肺泡，再进入毛细血管和血液系统后，PM2.5的存在会引发毒性，诱发血栓，同时增强血液黏度，使凝血功能异常，诱发心血管疾病。

《2020全球疾病负担报告》指出，2019年空气污染导致全球667万人死亡，占全球死亡总数近12%。空气污染是导致早逝的主要环境风险因素，其影响仅次于高血压、烟草使用和饮食风险。一项来自24个国家或地区的652个城市的环境颗粒物污染与日死亡率的关系表明，当天和前一天PM2.5质量浓度每增加10μg/m^3，每日死亡率增加0.68%，每日心血管死亡率增加0.55%，每日呼吸系统死亡率增加0.74%。以上数据表明，约80%的非传染性疾病负担归因于空气污染，而这些高水平暴露又大都发生在中低收入国家，中国作为发展中国家，PM2.5污染也是一个备受重视的公共卫生问题。

一项基于流行病学和毒理学综合研究的国家颗粒物组分毒性（NPACT）计划表明，PM2.5对于居民健康的影响不仅取决于其粒径和浓度，还与其组分密切相关，PM2.5的化学组分对健康的影响是目前研究的热点和难点。施小明通过获得不同组分的颗粒物与人群发病率、死亡率、早期效应标志和亚临床指标的暴露–反应关系，更加深入地认识到PM2.5对人体健康的急、慢性损害作用，从而应采取针对性的措施控制大气PM2.5污染，降低其对人体健康的不良影响，促进环境健康决策的制定。一项关于慢性阻塞性肺病的研究发现，PM2.5中的硝酸盐和铵盐对气道炎症因子编码基因的DNA甲基化有较强影响。郭新彪等研究发现，PM2.5中的有机碳（OC）、元素碳（EC）、镍、锌、镁、铅、砷、氯离子和氟离子等对血压水平有重要影响，锌、钴、锰、硝酸根离子、氯离子、二次有机碳、铝等对心血管生物标志物有重要影响。一项关于PM2.5组分对健康的影响调查研究发现，西安市PM2.5的化学组分铵根离子、硝酸根离子、氯离子等与人群总死亡率、呼吸系统和心血管系统疾病导致的死亡率升高呈正相关，且硝酸根离子比PM2.5的整体效应更强。

我国GB 3095—2012《环境空气质量标准》中规定，在可接受的空气质量范围内（空气质量等级良以上），PM2.5的年均浓度限值为35μg/m^3，日均浓度限值为75μg/m^3。尽管我国已将PM2.5纳入国家环境空气质量标准中，但我国所执行的PM2.5浓度限值标准低于美国标准。世界卫生组织（WHO）的研究表明，与PM2.5年均浓度10μg/m^{3}或日均浓度25μg/m^{3}的安全水平相比，长期暴露在PM2.5年均浓度为35μg/m^{3}或短期暴露在日均浓度为75μg/m^{3}的天气条件下，分别会增加15%和5%的死亡风险（表6–1）。由此可见，我国空气中PM2.5浓度处于不安全状态，这将给人体健康带来较大的风险，因此，加强对PM2.5的日常防护刻不容缓。

表 6–1　WHO 环境空气 PM2.5 标准

WHO标准	年均浓度（μg/m³）	日均浓度（μg/m³）	危害	
			长期暴露	短期暴露
基准值	10	25	最低安全水平	最低安全水平
1T–1	35	75	与基准值相比会增加15%的死亡风险	与基准值相比会增加5%的死亡风险
1T–2	25	50	与1T–1相比会降低6%的死亡风险	与基准值相比会增加2.5%的死亡风险
1T–3	15	37.5	与1T–2相比会降低6%的死亡风险	与基准值相比会增加1.2%的死亡风险

6.1.4　PM2.5的防治和日常防护

工业生产、化石燃料燃烧、汽车尾气是空气中PM2.5的主要来源，防治PM2.5污染可从以下几个方面着手。

（1）控制源头，加强工业粉尘治理。工业生产过程是细颗粒物PM2.5的重要来源，PM2.5防治要从源头入手，采取综合治理策略，改善现有除尘技术和设备，严格控制工业生产所造成的粉尘污染，同时要加强对建筑工地、道路的扬尘管理。

（2）改善能源消耗结构。提高能源利用效率，改变能源消耗结构，大力开发核电、水电、沼气、太阳能等清洁能源，并加大清洁能源的使用力度，提高可再生能源在一次能源消费结构中的比例，减少煤炭、石油等化石燃料燃烧所导致的污染物排放。

（3）控制尾气排放。提高汽车排放标准，控制汽车尾气排放，尤其是以柴油为燃料的机动车。积极发展公交导向型城市交通，推动公共交通基础设施建设，减少居民出行对机动车的依赖，从而降低燃油消耗和减少汽车尾气排放的PM2.5等空气污染物。

在工业化高速发展的中国，尽管采取了各种防治措施，但在短期内仍无法彻底消除PM2.5污染，相对于污染源头控制和传播途径治理，污染受体防护是保护人体健康最有效的方法之一。污染受体防护是指通过佩戴PM2.5防护口罩，减少受体吸入PM2.5，进而实现保护人体健康的目的。因此日常的呼吸系统防护也应引起足够的重视，选择一款专业的PM2.5防护口罩成为我们应对PM2.5污染的首要选择。目前市场上各种材质和结构的PM2.5防护口罩种类繁多，防护水平参差不齐。据国家权威检测机构分析结果显示，市场在售的PM2.5防护口罩整体防护水平较低，过滤效率超过90%的产品仅占50%，16.7%的产品过滤效率低于40%。中国消费者协会公布的比较试验结果表明，市售PM2.5防护口罩的防护水平合格率仅为24.3%，无法让使用者在雾霾天气下得到有效防护。由于PM2.5防护口罩主要通过吸附过滤空气中的污染物达到净化目的，因此，发展过滤效率高、防护性能好且制备成本低的PM2.5过滤材料是提高PM2.5防护口罩防护效果的关键。

6.1.5 非织造材料在PM2.5防护领域的应用

非织造材料具有较高的容尘量和过滤精度，是目前主要的过滤材料之一。这是由于其内部纤维集合体结构中纤维错综排列，形成三维空间通道，增加了含尘气流的过滤路径，有助于提高过滤效率。同时，纤维无序堆积形成了大量的微小孔隙，为气流提供了输运通道，有利于降低压阻。目前在对过滤材料种类和附加功能方面的研究取得了重要进展，如将纳米纤维材料、抗菌材料等引入传统非织造过滤材料体系中。另外，在不同过滤材料的复合方面，如层合结构、黏合方式等对复合过滤材料的过滤性能影响方面也有一定的研究成果，但在如何将同质或不同质的过滤材料进行有效复合，使其在厚度方向形成多层不同孔隙度的结构，构造具有容尘梯度的过滤材料，达到协同增效的目的等方面的研究较少。

目前，将两种或两种以上的材料叠层复合在一起的方法有很多，常用的有化学黏合法、热黏合法、机械复合法等。在热黏合法中，点黏合法是通过对纤网局部黏合达到加固纤网的目的，由于纤网是局部加热黏合，未黏合部分的透气性和孔径不会被破坏，这对提高过滤材料的透气性有很大帮助。但采用热黏合时通常需要纤网中含有热熔材料，这限制了其在过滤行业更广泛的应用。若能将热黏合法中的点黏合与化学黏合相结合，将化学黏合剂通过点黏合的方式施加到非织造材料上，即可构造化学黏合剂点黏合非织造材料，以期获得过滤性能和透气性能良好的非织造复合滤材。

6.2 材料与方法

6.2.1 材料与仪器

PP纺黏非织造布（直径15～25μm，克重41.14g/m^2，厚度0.363mm，孔隙率83.5%，浙江某无纺布有限公司）；PP熔喷非织造布（直径2～5μm，克重18.23g/m^2，厚度0.196mm，孔隙率72.4%，浙江某无纺布有限公司）；明胶（化学纯，黏度≥15.0mm^2/s，分子量15000～250000Da，国药集团化学试剂有限公司）；羧甲基纤维素（CMC，含量≥99%，分子量240.2078，任丘市鑫光化工产品有限公司）。

自动滤料测试仪（TSI 8130，美国TSI集团中国公司）；崂应中流量智能TSP采样器（2030型，青岛崂山应用技术研究所）；织物透气性能测试仪（YG461L，莱州市电子仪器有限公司）；电子织物强力机（YG026HB，常州市天祥纺织仪器有限公司）；恒温磁力搅拌机（HJ-3，上海龙跃仪器设备有限公司）；电热鼓风干燥箱（DGF30022B，重庆银河实验仪器公司）；偏光显微镜（XPF-550C，上海蔡康光学仪器有限公司）。

6.2.2 非织造复合滤材结构设计

6.2.2.1 黏合剂种类及复配液的配制

取一定质量的明胶加到100mL蒸馏水中，在70～80℃水浴条件下加热搅拌，待明胶完全溶解后再加入一定质量的CMC，溶解后得到一定浓度的黏合剂复配液。

6.2.2.2 过滤材料的层间复合

将单一种类黏合剂及其复配液分别采用面黏合和不同黏结点间距（1cm、3cm和5cm）黏合的方式，对裁剪好的一系列20cm×20cm的纺黏非织造布（S）和熔喷非织造布（M）的不同组合形式（SS、SM、SMS）进行层间黏合复合，并将其放在50℃的烘箱内干燥1h后取出。

6.2.2.3 复合滤材对NaCl型气溶胶的过滤性能

采用TSI 8130型自动滤料测试仪测试叠层复合非织造材料的过滤性能，将其分别剪成15cm×15cm的圆形，NaCl气溶胶颗粒直径约为75μm，气体流速采用0～100L/min。考察不同气体流量下复合滤材的过滤效率、阻力压降等。

每个试样测试五次，取平均值。

6.2.2.4 复合滤材的性能测试

依据GB/T 5453—1997《纺织品 织物透气性的测定》，采用YG461L织物透气性能测试仪测试试样的透气率。依据GBT 3923.1—2013《纺织品 织物拉伸性能 第1部分：断裂强力和断裂伸长率的测定（条样法）》，采用YG026HB型电子织物强力机测定试样的断裂强力、断裂伸长率。

6.2.3 非织造复合滤材性能影响因素

6.2.3.1 复合方式

分别采用点黏合方式制备SSS、SMM、SMS三种类型的复合过滤材料，采用 TSI 8130型自动滤料测试仪测试复合过滤材料的过滤效率、阻力压降等过滤性能，考察不同复合方式下过滤材料的过滤性能。

6.2.3.2 气体流量

分别采用点黏合方式制备SSS、SMM、SMS三种类型的复合过滤材料，采用TSI 8130型自动滤料测试仪测试复合过滤材料的过滤效率、阻力压降等过滤性能，调整气体流量在0～100L/min之间，考察不同气体流量下SSS、SMM、SMS三种复合滤材的过滤性能。

6.2.4 非织造复合滤材对PM2.5的防护性能

分别在轻度污染、中度污染、重度污染、严重污染天气条件下，实测不同类型的复合滤材对空气中PM2.5的防护效果。用TSP采样器采集一定量的空气（流量为100mL/min，采样时间为60min），以玻璃纤维滤膜全量收集PM2.5，测定空气中PM2.5的浓度。将待测过滤材料主体部分剪裁成直径为90mm的圆形直接覆盖在滤膜上，并在相同条件下同步测定经所制备的过滤材料过滤后空气中PM2.5的浓度，并计算过滤材料对PM2.5的过滤效率及容尘量。

空气中PM2.5的浓度P（$\mu g/m^3$）按下式计算：

$$P=\frac{W_2-W_1}{V}\times 1000 \tag{6-1}$$

式中：W_1和W_2分别为空白和采样后滤膜的重量（mg）；V为标准状态（101.325kPa，273K）下的采样体积（m^3）。

过滤材料对空气中PM2.5的过滤效率η按下式计算：

$$\eta = \frac{P_0 - P_1}{P_0} \times 100\% \tag{6-2}$$

式中：P_0和P_1分别为过滤前后空气中PM2.5的浓度（μg/m^3）。

过滤材料的容尘量M（μg）按下式计算：

$$M = (P_0 - P_1) \times V \tag{6-3}$$

6.3　结果与讨论

6.3.1　非织造复合滤材的结构设计

6.3.1.1　黏合剂配比的影响

前期预实验结果表明，单独使用明胶作为黏合剂时，所制备复合滤材的层间黏合强度较高，但黏合后滤材质地较硬；单独使用CMC作为黏合剂时，滤材黏合后柔软性较好，但层间黏结作用力较小，黏结效果较差；而将CMC和明胶复配后既能达到所需的黏结强度，又能改善复合滤材的柔软性。因此，实验着重考察了明胶和CMC的复配比对非织造复合滤材层间黏结强度、柔软性和透气性等性能的影响。

研究发现，当固定明胶浓度为6%（质量分数，下同）时，随着CMC浓度从1%升到3%，复合滤材的柔软性较好；但当CMC浓度大于3%时，其层间结合牢固程度变差，且复合滤材的透气性随着黏合剂中CMC浓度的升高呈现先升高后降低的趋势（图6–1）。实验结果表明，当黏合剂配比为3%的CMC和6%的明胶时，黏合后的效果最好。

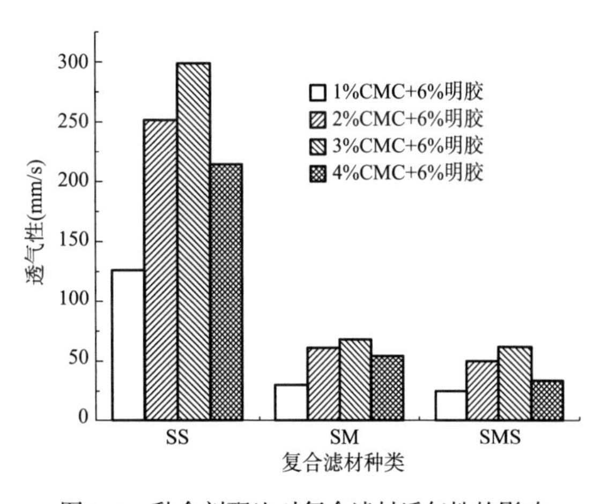

图6–1　黏合剂配比对复合滤材透气性的影响

6.3.1.2 层间黏合方式的影响

单层纺黏非织造布和单层熔喷非织造布过滤效率较差，而四层及以上的纺黏非织造布、熔喷非织造布及二者的组合形式尽管具有较高的过滤效率，但透气性较差，限制了其实际应用。本实验选择纺黏非织造布和熔喷非织造布的三种组合形式（SS、SM、SMS），并将优选出的明胶/CMC复配黏合剂分别采用面黏合和点黏合的方式对上述三种复合材料进行层间黏合，实验及测试过程中保持滤材的形状及面积均一致，考察不同层间黏合复合方式下过滤材料的过滤效率、阻力压降和透气性。结果如图6-2所示。

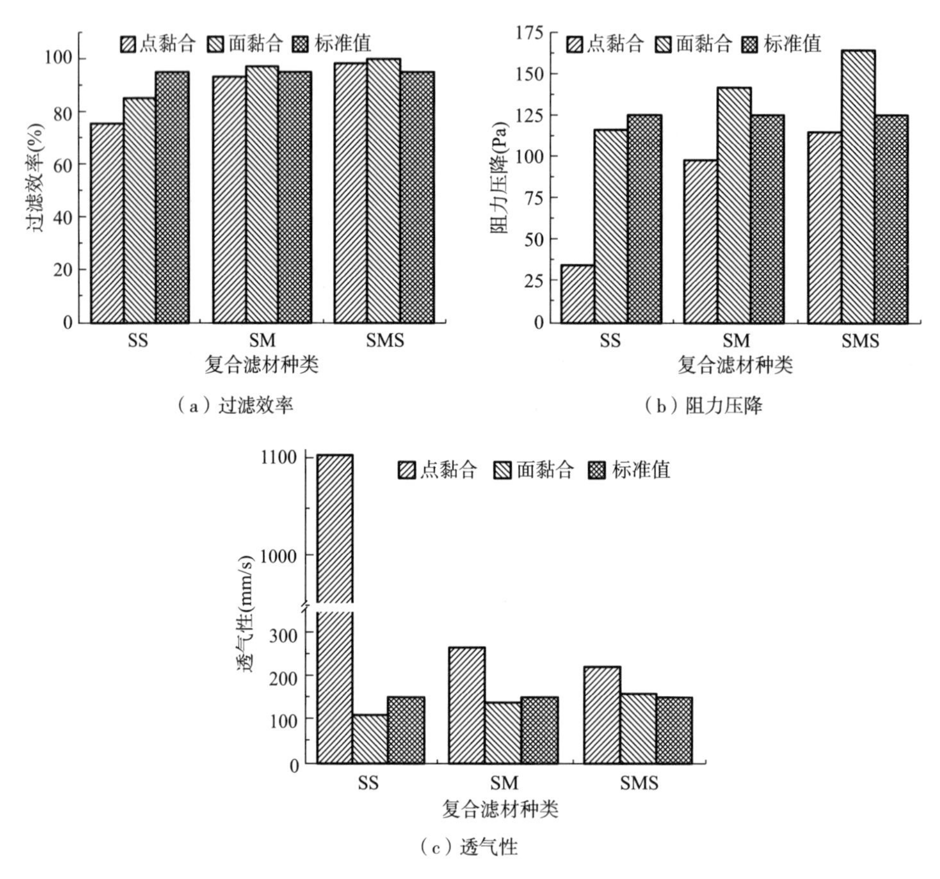

（a）过滤效率

（b）阻力压降

（c）透气性

图6-2 不同层间黏合方式下过滤材料的性能

根据GB/T 32610—2016《日常防护型口罩技术规范》、TAJ 1001—2015《PM2.5防护口罩》等相关标准，防护效果为A级的过滤材料过滤性能应满足过滤效率≥95%、阻力压降≤125Pa、透气性≥150mm/s的要求。从图6-2中可看出，对于不同组合形式的复合滤材，虽然SS型阻力压降最小、透气性最好，但两种黏合方式下SS型滤材的过滤效率均在85%以下；SM型在点黏合方式下过滤效率达不到95%的要求，面黏合方式下阻力压降和透气性不能满足要求；SMS型在两种黏合方式下的过滤效率均在98%以上，且在点黏合方式下的阻力压降和透气性也均能满足相关标准的要求。

从图6-2中还可看出，在不同复合方式下，点黏合材料的过滤效率均低于相应面黏合材料的过滤效率，但阻力压降和透气性方面优于面黏合材料。

这是因为点黏合方式下，除黏结点外，复合滤材其他部分未被黏合剂覆盖，仍存在较多的空隙［图6-3（a）］；而面黏合方式下复合滤材表面均被黏合剂覆盖，纤维间的空隙充满黏合剂［图6-3（b）］，导致其阻力压降较大，透气性较差。综合考虑各方面因素，实验认为采用点黏合层间复合的SMS复合滤材综合性能优于其他复合滤材。

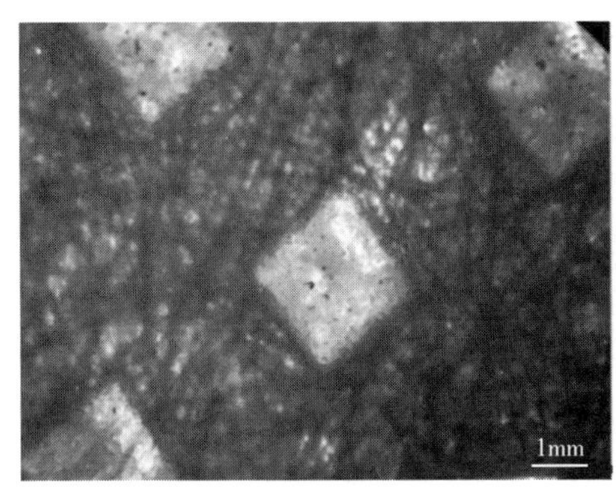

（a）点黏合　　（b）面黏合

图6-3　不同黏合方式下复合滤材的表面形貌

6.3.1.3　黏结点间距对滤材综合性能的影响

为了进一步优化层间黏合方式，分别按照纵横向间隔1cm、3cm、5cm在非织造材料上均匀撒点涂布明胶/CMC复配黏合剂，考察黏结点间距对SMS复合滤材性能的影响，实验结果见表6-2。

表6-2　不同黏结点间距对SMS复合滤材性能的影响

黏结点间距（cm）	过滤效率（%）	阻力压降（Pa）	透气性（mm/s）
1	99.52	142.5	84.2
3	98.61	116.8	225.9
5	89.75	102.6	253.8

从表6–2可以看出，在实验条件范围内，随黏结点间距的减小，复合滤材的过滤效率增加，但阻力压降升高，透气性变差。这是由于黏结点间距减小，相当于单位面积上的黏合点数增加，即黏合剂的用量和黏合面积增加，复合滤材黏结性能越强，整体致密性越大；黏合剂用量增多时，在层间黏合过程中，黏合剂越容易进入非织造布内部，造成纤维间原有孔径堵塞，导致复合滤材的平均孔径减小，进而使复合滤材的透气性变差、阻力压降升高，同时过滤效率也相应增加。从表中还可以看出，当黏结点间距由5cm减小至3cm时，阻力压降和透气性变化不明显，但过滤效率由89.75%增加至98.61%；当黏结点间距进一步由3cm减小至1cm时，过滤效率仅增加了0.91%，但阻力压降增加了22%，透气性降低了62.7%。在此基础上，对上述采用黏结点间距3cm的SMS复合滤材的力学性能进行了测试，发现其断裂强力为213N、断裂伸长率为63.3%，可以满足作为个体防护用途的要求。

综合上述分析可知，当黏结点间距为3cm时，SMS复合滤材的过滤效率、透气性和力学性能均可满足使用要求。

6.3.2 非织造复合滤材的性能研究

6.3.2.1 复合方式对过滤性能的影响

为进一步考察SMS复合滤材的过滤性能，实验选择层间黏合方式为点黏合、黏结点间距为3cm，制备SSS、SMM、SMS三种类型的复合过滤材料，考察不同复合方式下过滤材料的过滤性能。实验及测试过程中复合滤材的形状、面积等参数均保持一致，结果如图6–4所示。

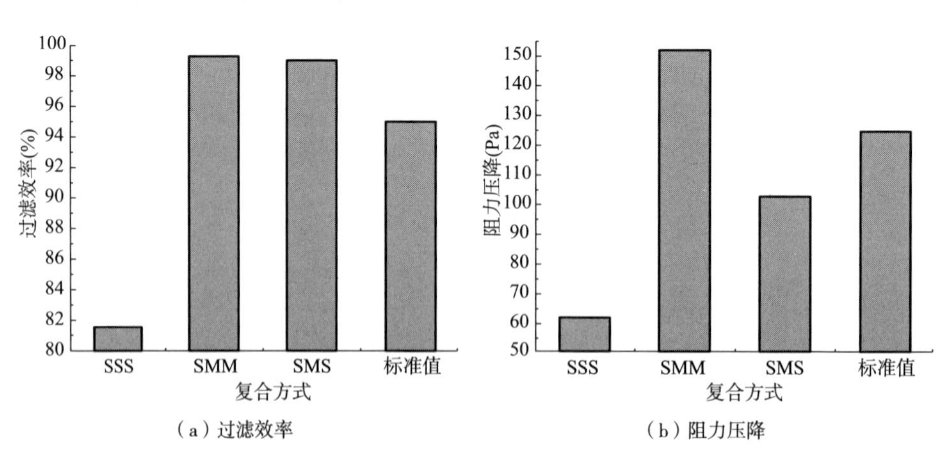

（a）过滤效率　（b）阻力压降

图6–4　不同复合方式下过滤材料的过滤性能

从图6-4中可看出，SSS型复合滤材阻力压降较小，但过滤效率仅有81.6%；SMM型和SMS型复合滤材的过滤效率均在99%以上，且SMM的过滤效率略高于SMS，但SMM的阻力压降高达152.6Pa，而SMS的阻力压降仅为103.9Pa。

对于过滤材料来说，过滤效率和阻力压降是评价其过滤性能的两个主要指标，但这两个指标对材料结构等方面的要求往往是矛盾的，单独利用过滤效率或阻力压降来评价复合滤材的过滤性能均具有一定的片面性。因此，可采用品质因子（quality factor，*QF*）来综合表征过滤材料的过滤性能，其计算公式如下：

$$QF = \frac{\ln(1-\eta)}{\Delta P} \tag{6-4}$$

式中：η为过滤效率（%）；ΔP为阻力压降（Pa）。

从式（6-4）中可以看出，品质因子越大，表示过滤材料的过滤效率越高或阻力压降越低，因此提高过滤材料的品质因子，也意味着其过滤性能的提升。三种复合方式下过滤材料的品质因子如图6-5所示。

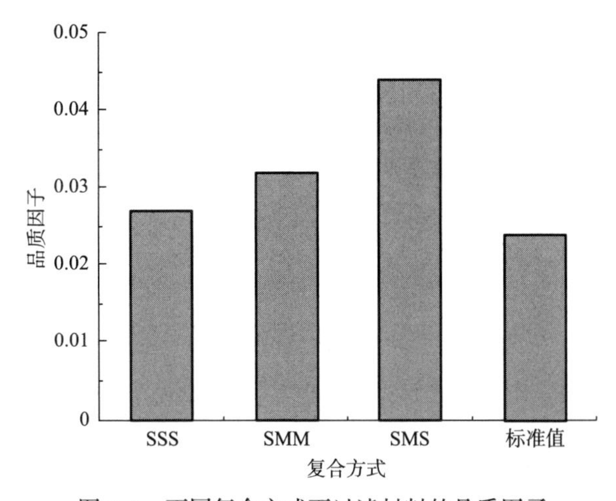

图6-5　不同复合方式下过滤材料的品质因子

从图6-5中可看出，三种复合滤材的品质因子均高于根据前述标准计算出的标准值。因此，三种类型的复合滤材均可用于PM2.5的日常防护。其中SMS型复合滤材的品质因子远高于SMM和SSS，再结合过滤效率和阻力压降的实验结果，三种复合滤材对PM2.5的综合过滤性能为SMS > SMM > SSS。

6.3.2.2　气体流量对过滤性能的影响

调整气体流量在0～100L/min之间，分别对应人体平静状态（0～30L/min）、轻度活动状态（35～65L/min）和平缓跑步状态（75～100L/min）三个呼吸量等级，考察不同气体流量下SSS、SMM、SMS三种复合滤材的过滤性能，实验结果如图6-6所示。

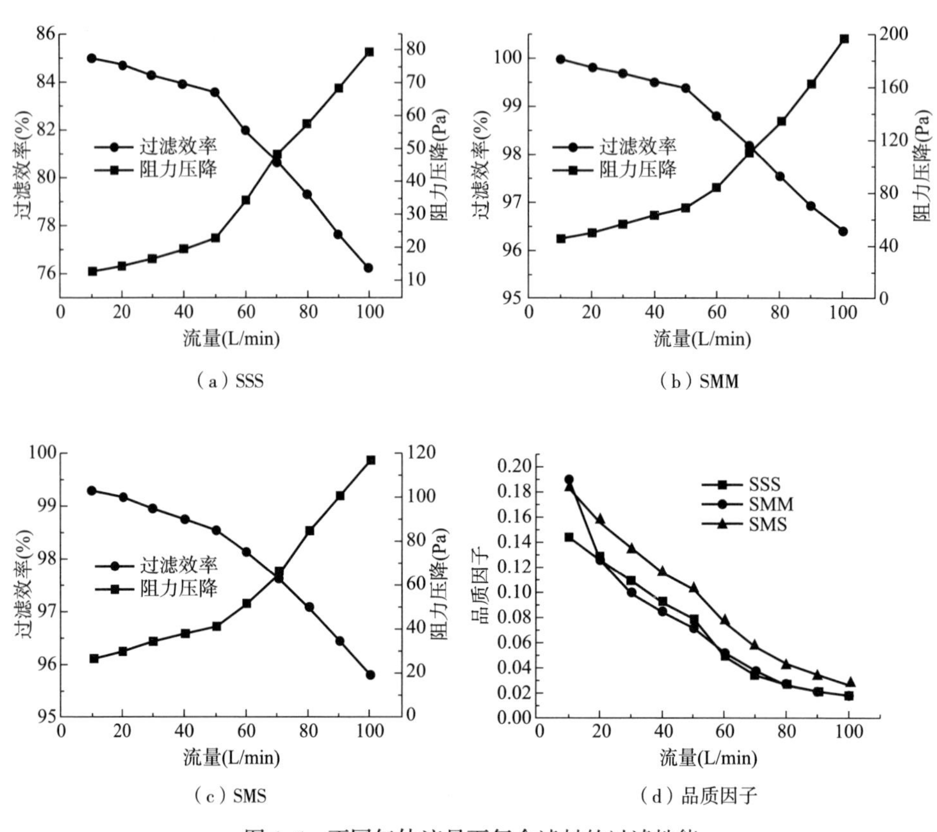

（a）SSS　（b）SMM　（c）SMS　（d）品质因子

图6-6　不同气体流量下复合滤材的过滤性能

从图6-6可以看出，随着气体流量的增加，三种复合滤材的过滤效率均呈降低的趋势，而阻力压降逐渐升高。这是因为在气体流量较小的条件下，粉尘颗粒的扩散运动占据优势，其在复合滤材中滞留的时间相对较长，导致其碰撞纤维的机会增多，被纤维拦截捕捉的概率也增大；且较小的气体流量导致推动颗粒脱离捕捉纤维的能力降低，所以此时过滤效率较高。随着气体流量的增大，颗粒随气流运动的惯性作用明显，且颗粒在复合滤材内停留时间缩短，纤维对颗粒的拦截效应减弱，从而导致过滤效率降低。此外，随着气体流量的增加，气体通过复合滤材时与纤维间的摩擦阻力变大，压力损失增加，进而导致阻力压降呈增大趋势。

与前人研究结果不同，本实验中过滤效率和阻力压降与气体流量并不完全呈线性关系，即在较低的气体流量下和较高的气体流量下，过滤效率和阻力压降随气体流量变化的趋势不完全一致。从图6-6中还可看出，当气体流量在0～50L/min的范围内，复合滤材的过滤效率和阻力压降随气体流量的增加变化趋势较缓；当气体流量在50～100L/min的范围内，复合滤材的过滤效率和阻力压降变化较为明显。分别对气体流量在0～50L/min和50～100L/min条件下三种类型复合滤材的过滤效率和阻力压降与气体流量之间进行线性拟合，结果见表6-3。

表6-3　复合滤材过滤性能与气体流量的关系

滤材类型	过滤性能	气体流量（L/min）	
		0～50L/min	50～100L/min
SSS	过滤效率	$y = -0.0358x + 85.366$ $R^2 = 0.9964$	$y = -0.146x + 90.835$ $R^2 = 0.9993$
	阻力压降	$y = 0.2503x + 9.9818$ $R^2 = 0.9781$	$y = 1.121x - 32.104$ $R^2 = 0.9978$
SMM	过滤效率	$y = -0.0152x + 100.14$ $R^2 = 0.9988$	$y = -0.0605x + 102.42$ $R^2 = 0.9986$
	阻力压降	$y = 0.6282x + 38.426$ $R^2 = 0.9995$	$y = 2.5454x - 64.29$ $R^2 = 0.9890$
SMS	过滤效率	$y = -0.0182x + 99.452$ $R^2 = 0.9928$	$y = -0.0547x + 101.36$ $R^2 = 0.9940$
	阻力压降	$y = 0.3656x + 22.808$ $R^2 = 0.9988$	$y = 1.5648x - 40.983$ $R^2 = 0.9927$

从表6-3中可以看出，三种复合滤材的过滤效率和阻力压降在气体流量为0～50L/min和50～100L/min的条件下分别与气体流量呈现良好的线性关系，相关系数（R^2）基本上在0.99以上。在50～100L/min气体流量条件下的斜率（变化率）是0～50L/min气体流量条件下的3～4.5倍，这说明气体流量对复合滤材的过滤性能有较大影响，尤其是在较高的气体流量条件下，气体流量对复合滤材过滤性能的影响更为显著。

分别计算不同气体流量条件下三种复合滤材的品质因子，结果如图6-6（d）所示。从图中可以看出，随着气体流量的增加，由于复合滤材的过滤效率降低而阻力压降升高，因此三种复合滤材的品质因子均呈现下降的趋势。当气体流量低于20L/min时，SMS的品质因子明显优于SSS；但当气体流量高于20L/min时，二者的品质因子差别不大。

分析认为，尽管SSS型复合滤材阻力压降较小，但由于其过滤效率较低，因此其品质因子最小；SMM型复合滤材的过滤效率较高，但其阻力压降过大，尤其是在较高的气体流量条件下，尽管SMM的过滤效率比SSS高约20%，但品质因子与SSS相比并没有明显的提升，这说明阻力压降是影响过滤材料综合性能的重要因素。SMS型复合滤材在不同等级的人体呼吸量下，其过滤效率和阻力压降均能满足个体防护的要求，且品质因子较高，因此其综合过滤性能优于SMM和SSS。

6.3.2.3 力学性能

为进一步考察复合滤材的力学性能，实验对SS、SM和SMS型的断裂强力和断裂伸长率进行了测定，结果见表6-4。

表6-4 复合滤材的力学性能

复合类型	断裂强力（N）	断裂伸长率（%）
SS	202	86.7
SM	97	78.1
SMS	203	73.3

从表6-4中可看出，三种类型的复合滤材均具有较强的断裂强力和断裂伸长率，可以满足使用要求。SS型和SMS型复合滤材的断裂强力和断裂伸长率高于SM型，这主要是因为纺黏非织造布具有较高水平的拉伸强力和伸长率，因此含有双层纺黏非织造布复合滤材的强力高于单层纺黏非织造布复合滤材的强力。

6.3.3 非织造复合滤材对PM2.5的防护性能

为进一步考察复合滤材对空气中PM2.5的实际防护效果，分别在河南省郑州市空气质量等级为良、轻度污染、中度污染、重度污染和严重污染的天气条件下（PM2.5浓度在35～500μg/m^{3}之间），实测不同类型复合滤材对空气中PM2.5的防护效果。用TSP采样器采集一定量的空气（流量为100mL/min，采样时间为60min），以玻璃纤维滤膜全量收集PM2.5，测定空气中PM2.5的浓度；将待测过滤材料主体部分裁剪成直径为90mm的圆形直接覆盖在滤膜上，并在相同条件下同步测定经所制备的过滤材料过滤后空气中PM2.5的浓度，并计算过滤材料对PM 2.5的过滤效率及容尘量。

不同污染天气条件下复合滤材对空气中PM 2.5的防护效果，实验结果如图6-7所示。

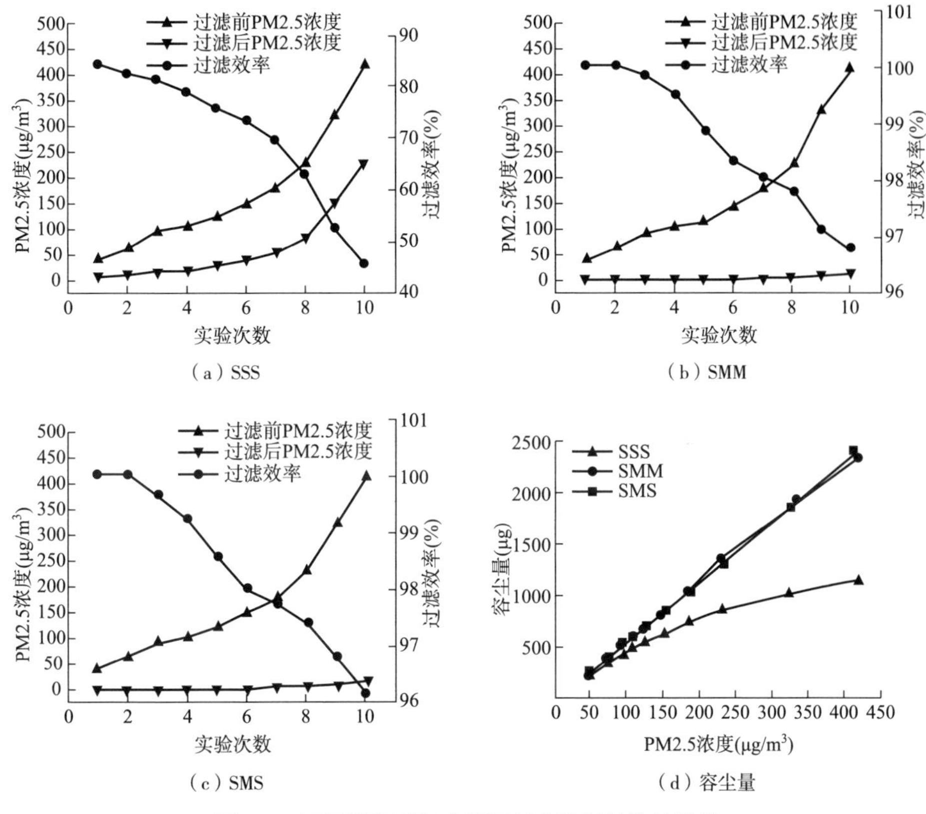

图6-7　不同污染天气条件下复合滤材的防护效果

从图6-7中可以看出，SMS和SMM型复合滤材在不同污染天气条件下对PM2.5的过滤效率均在96%以上，SSS型复合滤材在不同污染天气条件下的过滤效率差别较大，尤其在严重污染的天气条件下，对PM2.5的过滤效率不足60%。但三种复合滤材的容尘量均随污染程度的增大而大幅增加，并且SMS

和SMM型复合滤材的容尘量没有明显差别，而SSS的容尘量远低于另外两种复合滤材。这主要是因为纺粘非织造布纤维直径和孔径都较大，而熔喷非织造布具有纤维细、孔隙多且孔径尺寸小的特点，SMM和SMS型复合滤材在厚度方向形成多层不同孔隙度的结构，构造了一个良好的容尘梯度，因此相对于SSS型复合滤材，SMM和SMS型复合滤材具有较高的过滤效率和容尘量。

从图6-7中还可看出，随着污染程度的增加，复合滤材对空气中PM2.5的过滤效率有所降低，这主要是因为当空气中PM2.5浓度较低时，颗粒物较容易深入到滤材内部，与滤材纤维表面结合较为牢固，不易发生穿透和二次飞散现象，过滤效率较高；当空气中PM2.5浓度较高时，颗粒物之间的凝聚作用加强，平均粒径增大，动能增加，颗粒物与滤材纤维碰撞后易发生反弹，进而导致穿透或反弹后飞散的概率增大，因此过滤效率呈下降趋势。

为进一步考察复合滤材的综合性能，对复合滤材过滤后的阻力压降进行测定，分析不同容尘量下复合滤材的阻力压降，实验结果如图6-8所示。

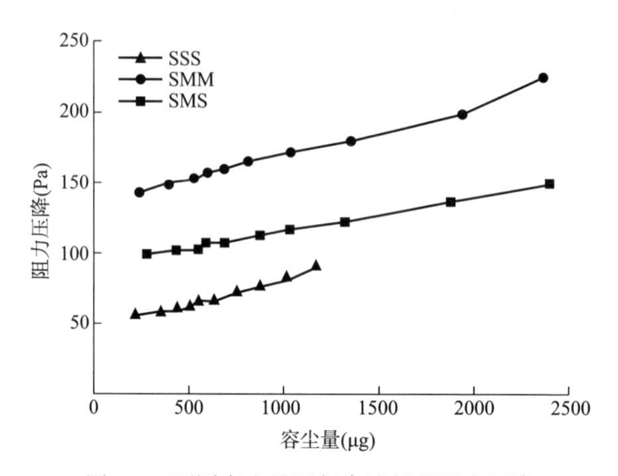

图6-8　不同容尘量下复合滤材的阻力压降

从图6-8中可以看出，随着容尘量的增加，复合滤材的阻力压降均呈逐渐升高的趋势，且在相同容尘量下，三种复合滤材的阻力压降大小次序均为SMM>SMS>SSS。由于实验中SSS型复合滤材总容尘量（<1200μg）相对较小，因此其过滤后的阻力压降也较小；SMM和SMS型复合滤材总容尘量相差不大，但在相同容尘量下，SMM的阻力压降明显高于SMS，且随着容尘量的增加，SMM阻力压降升高的幅度大于SMS。当容尘量为500μg时，SMM的阻力压降较SMS高约50Pa，当容尘量增加到2400μg时，SMM的阻力压降比

SMS高约75Pa。

对于SSS型复合滤材来说，当空气中PM2.5浓度在120μg/m^{3}以下时，过滤效率可保持在75%以上，过滤后PM2.5的浓度符合WHO要求的安全浓度范围（25μg/m^3），且过滤后的阻力压降仍较小，可用于空气质量等级为良或轻度污染的天气条件下对PM2.5的日常防护；对于SMS型复合滤材来说，在各种污染天气条件下对PM2.5的过滤效率均在95%以上，过滤后PM2.5的浓度在20μg/m^{3}以内，且过滤后的阻力压降<150Pa，可满足PM2.5防护口罩对过滤材料防护性和舒适性方面的要求，可用于各种污染天气条件下对PM2.5的日常防护；对于SMM型复合滤材来说，在各种污染天气条件下对PM2.5的防护性能优于SMS，但其阻力压降过大，舒适性相对较差，可用于对防护效果要求较高的场合，如短时暴露于PM2.5浓度爆表的极端重污染天气条件下或粉尘浓度较高的工业场所等，但儿童、老年人及心脏病、呼吸系统疾病患者应谨慎使用。

图6–9是复合滤材过滤空气中PM2.5前后的对比图，从图中可看出，空气中大部分PM2.5已被复合滤材截留，因此本实验所制备的复合滤材可以用作PM2.5的防护材料。

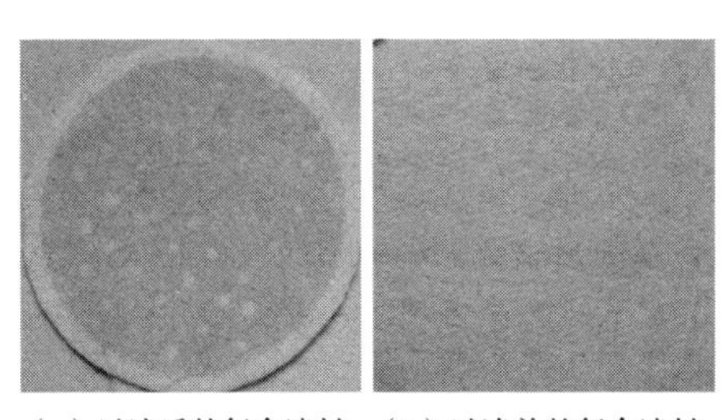

（a）过滤后的复合滤材　（b）过滤前的复合滤材

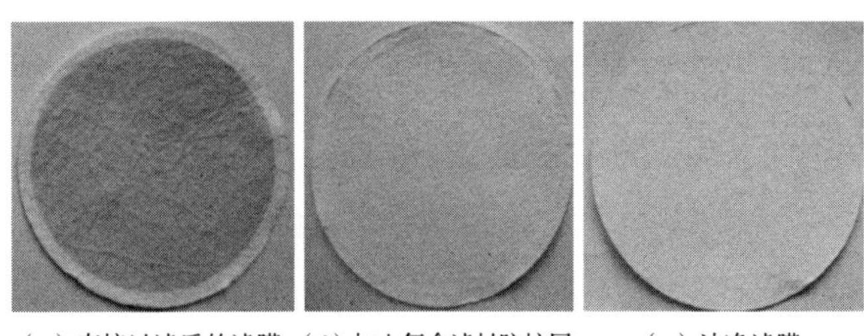

（c）直接过滤后的滤膜　（d）加入复合滤材防护层过滤后的滤膜　（e）洁净滤膜

图6–9　复合滤材过滤空气中PM2.5前后对比图

6.4 小结

（1）层间黏合方式对纺黏非织造布和熔喷非织造布复合过滤材料的过滤性能有较大的影响，采用点黏合方式制备SMS型复合滤材是较为理想的过滤材料，对质量中值直径为0.26μm（数量中值直径为0.075μm）的NaCl气溶胶的过滤效率可达98%以上。通过对黏合剂配比、层间黏合方式、黏结点间距、复合方式等方面的研究，确定了复合过滤材料的设计参数，获得了制备高效、低阻复合滤材的关键技术。研究结果表明，采用点黏合层间复合方式、黏结点间距为3cm、黏合剂配比为3%的CMC和6%的明胶、复合方式为SMM或SMS时，复合过滤材料具有较好的过滤性能。

（2）通过研究复合方式对过滤性能的影响，采用品质因子比采用单一指标更能准确表征过滤材料的过滤性能。SSS型复合滤材阻力压降较小，但过滤效率低；SMM型和SMS型复合滤材的过滤效率较高。采用品质因子得到三种复合滤材对PM2.5的综合过滤性能为SMS＞SMM＞SSS。

（3）通过研究气体流量对过滤性能的影响，获得了与前人不一样的研究成果。过滤效率和阻力压降与气体流量并不完全呈线性关系，即在较低的气体流量下和较高的气体流量下，过滤效率和阻力压降随气体流量变化的趋势不完全一致。当气体流量在0～50L/min的范围内，复合滤材的过滤效率和阻力压降随气体流量的增加变化趋势较缓；当气体流量在50～100L/min的范围内，复合滤材的过滤效率和阻力压降随气体流量的增加变化较为明显。

（4）通过对空气中PM2.5防护效果的研究，所制备的复合过滤材料在各种污染天气条件下对PM2.5均具有较好的防护效果，可根据污染程度和复合滤材的防护效果选择合适的过滤材料。其中SSS型复合滤材在空气中PM2.5浓度在120μg/m^3以下时具有较好的过滤性能，可用于空气质量等级为良或轻度污染的天气条件下对PM2.5的日常防护；SMS型复合滤材在各种污染天气条件下对PM2.5均具有较高的过滤效率，且舒适性较好，可用于各种污染天气条件下对PM2.5的日常防护；SMM型复合滤材在各种污染天气条件下对PM2.5的防护性能要优于SMS，但舒适性相对较差，可用于对防护效果要求较高的场合，如短时暴露于PM2.5浓度爆表的极端重污染天气条件下或粉尘浓度较高的工业场所等。

参考文献

[1] 吴海盛,曾庆辉,余晓琳,等. 环境空气 PM2.5 化学成分暴露及其健康效应研究进展 [J]. 汕头大学医学院学报,2021,34(2):118–121.

[2] 孙成瑶,唐大镜,陈凤格,等. 2016~2020 年石家庄市大气 PM2.5 化学成分变化趋势及健康风险评估 [J]. 山东大学学报(医学版),2021,59(12):78–86.

[3] 程春英,尹学博 . 雾霾之 PM2.5 的来源、成分、形成及危害 [J]. 大学化学,2014,29(5):1–6.

[4] 王羽琴,李升苹,陈庆彩,等. 西安市大气 PM2.5 的化学组分及其来源 [J]. 环境化学,2021,40(5):1431–1441.

[5] Health Effect Institute. State of global air 2020[R]. Boston: Health Effects Institute, 2020.

[6] SNEHA G, ANKIT Y, CHUEN-JINN T, et al. A review on recent progress in observations, sources, classification and regulations of PM2.5 in Asian environments[J]. Environmental Science and Pollution Research, 2016, 23(21): 21165–21175.

[7] WHO(2014)Ambient(outdoor)air pollution in cities database 2014[DB/OL] World Health Organization, [2021-06-03].http: //www.who.int/phe/health-topics/outdoorair/databases/cities/en/.

[8] MUKHERJEE A, AGRAWAL M. A global perspective of fine particulate matter pollution and its health effects[J]. Reviews of Environmental Contamination and Toxicology, 2018(244): 5–51.

[9] MAAS R, GRENNFELT P. Towards cleaner air[R]. Scientific Assessment Report, 2016.

[10] CHUL-HEE L, JIEUN R, YUYOUNG C, et al. Understanding global PM2.5 concentrations and their drivers in recent decades(1998—2016)[J]. Environment International, 2020(144):106011.

[11] 姜蕴聪,杨元建,王泓,等. 2015—2018 年中国代表性城市 PM2.5 浓度的城乡差异 [J]. 中国环境科学,2019, 39(11):4552–4560.

[12] 李瑾,李建军,吴灿,等. 关中典型城市及农村夏季 PM2.5 的化学组成对比 [J]. 中国环境科学,2018,38(12):4415–4425.

[13] 雷钦. 大气细颗粒物 PM2.5 的危害及其治理策略 [J]. 低碳世界，2020，10（11）：23–24.

[14] CONG L, RENJIE C, FRANCESCO S, et al. Ambient particulate air pollution and daily mortality in 652 cities[J]. New England Journal of Medicine, 2019, 381(8): 705–715.

[15] YANG G, WANG Y, ZENG Y, et al. Rapid health transition in China, 1990—2010: findings from the global burden of disease study 2010[J]. Lancet(London, England), 2013, 381(9882): 1987–2015.

[16] LIPPMANN M, CHEN L C, GORDON T, et al. National particle component toxicity(NPACT)initiative: integrated epidemiologic and toxicologic studies of the health effects of particulate matter components[J]. Research Report(Health Effects Institute), 2013(177): 5–13.

[17] 施小明. 大气 PM2.5 及其成分对人群急性健康影响的流行病学研究进展 [J]. 山东大学学报（医学版），2018，56（11）：1–11.

[18] CHEN R, QIAO L, LI H, et al. Fine particulate matter constituents, nitric oxide synthase DNA methylation and exhaled nitric oxide[J]. Environmental Science and Technology, 2015, 49(19): 11859–11865.

[19] WU S, DENG F, HUANG J, et al. Blood pressure changes and chemical constituents of particulate air pollution: results from the healthy volunteer natural relocation(HVNR)study[J]. Environmental Health Perspectives, 2013, 121(1): 66–72.

[20] 郭新彪，魏红英. 大气 PM2.5 对健康影响的研究进展 [J]. 科学通报，2013，58（13）：1171–1177.

[21] WU S, DENG F, WEI H, et al. Chemical constituents of ambient particulate air pollution and biomarkers of inflammation, coagulation and homocysteine in healthy adults: a prospective panel study[J]. Particle and Fibre Toxicology, 2012(9): 49.

[22] CAO J, XU H, XU Q, et al. Fine particulate matter constituents and cardiopulmonary mortality in a heavily polluted Chinese city[J]. Environmental Health Perspectives, 2012, 120(3): 373–378.

[23] 郑兆庆. 大气细颗粒物 PM2.5 的污染特征及防治对策 [J]. 皮革制作与环保科技,2021,2(1):57–59.

[24] 王媛. PM2.5 的危害及其防治措施分析 [J]. 山东工业技术,2017(6):37.

[25] 刘喆,王秦,徐东群. PM2.5 个体健康防护干预研究进展 [J]. 卫生研究,2019,48(1):165–172.

[26] 白微静. 环境空气 PM2.5 危害分析与防护 [J]. 低碳世界,2017(4):34–35.

[27] 刘娜,曾双穗. 日用 PM2.5 防护口罩检测的必要性和可行性 [J]. 山东纺织科技,2018,59(1):23–25.

[28] 彭明军,曾其莉,岳苗苗,等. 市场抽样口罩对空气 PM2.5 防护效果研究 [J]. 中国消毒学杂志,2014,31(9):942–944,947.

[29] 娄莉华. 高效低阻 PAN 静电纺微纳米滤膜制备与性能研究 [D]. 上海:东华大学,2016.

[30] 刘亚. 熔喷 / 静电纺复合法聚乳酸非织造布的制备及过滤性能研究 [D]. 天津:天津大学,2009.

[31] 赵兴雷. 空气过滤用高效低阻纳米纤维材料的结构调控及构效关系研究 [D]. 上海:东华大学,2017.

[32] 王琳. 熔喷 PBT 非织造布及其复合滤材的制备及表征 [D]. 上海:东华大学,2010.

[33] 杜雷娟. 高效低阻纺粘热轧过滤材料的研究 [D]. 西安:西安工程大学,2016.

[34] 刘学洋. PVDF/PSU 复合抗菌纳米纤维空气过滤材料的制备及其在口罩中的应用研究 [D]. 上海:东华大学,2016.

[35] 林茂泉,吴海波,张旭东,等. 聚四氟乙烯覆膜滤料的高温热压覆膜工艺 [J]. 东华大学学报(自然科学版),2017,43(5):645–650.

[36] 高政,王屹,费传军,等. PM2.5 过滤材料制造技术 [J]. 玻璃纤维,2017(1):30–35.

第7章　生态型立体植生护坡土工布的制备关键技术及应用

7.1　引言

随着中国经济和社会的不断发展，环境污染和生态破坏问题日益突出，经济发展与人口资源之间的矛盾已成为制约中国可持续发展的重大瓶颈。与此同时，中国高速公路、铁路等基础设施的建设和矿山的大规模开发，在带来巨大经济效益的同时，也产生了一系列极其严重的环境问题，形成了大量裸露且难以恢复植被的土石边坡。不仅造成了植被破坏和水土流失，还引发了泥石流、滑坡等地质灾害，对周边生态环境产生极大的危害。

传统的边坡防护技术主要采用水泥和块石等硬体材料进行护坡，虽然可以减少水土流失，但施工周期长、造价高，对地基的承载力要求高，且坡面硬化后难以再进行绿化，施工过程中容易破坏周围自然环境。近年来，国内环境保护意识逐步增强，生态护坡理念开始被业界广泛接受，并快速推广到基础设施建设和矿山生态修复中。其中植生护坡材料生态修复技术是一种新兴的、能有效防护裸露坡面的生态护坡方式，它与传统的工程护坡相结合，可有效实现坡面的生态植被恢复。

植被网和植被毯是近年来国内新开发的集坡面加固和植物防护于一体的一种生态防护材料，可将植物纤维层和草种、保水剂、营养土等组合形成三维复合草毯结构，是我国目前边坡生态防护的主要材料之一。我国在植被毯的研究和开发方面进行了有益的探索，并在岩石、劣质土坡、陡坡和岩质边坡防护方面进行了应用。虽然植被毯的应用极大地改善了生态环境，但其强度相对较低，耐磨性和耐候性差，在某种程度上限制了其在岩质边坡生态防护领域的应用。

尽管国内在生态护坡技术和护坡材料方面开展了相关研究，但从总体上看，我国关于生态护坡的研究仍处于初级阶段，目前所开发的材料种类较少，投入实际工程应用的更少。因此发展具有优良防护性能并能为植物提供良好生长环境的生态型植生护坡材料，对我国土石边坡防护和生态修复具有重要的意义。

7.1.1 国外边坡生态防护技术的研究现状与发展趋势

国外的边坡生态防护研究和应用开展得较早，20世纪50年代，美国发明了机械化施工的喷播技术，60年代开始，欧美等西方发达国家广泛应用了喷播技术等生态防护技术，对稳定土体、抗冲刷和恢复植被等起了重要作用。1973年，日本开发出纤维土绿化法，标志着岩体绿化工程的开始，1983年又开发出了高次团粒绿化法。1987年，日本从法国引进连续纤维加筋土法，并把它与已有的绿化法结合，开发出了连续纤维绿化法。在上述几种方法的基础上，边坡生态防护技术在过去的几十年里衍生出了种类繁多的系列方法，包括目前仍在国内外广泛应用的客土喷播和人工土壤等。国外边坡生态防护技术从植被选择、喷播基质配方、施工工艺到养护管理均已较为成熟，工程中常用的生态防护技术包括格框喷植法、土钉混合喷植法、打桩编栅法、坡面喷植法、植生带（束）铺植法及草苗栽（铺）植法等方法。目前，研究主要侧重于护坡形式的开发和护坡机理方面的研究。

7.1.2 国内边坡生态防护技术的研究现状与发展趋势

国内在边坡生态防护技术及应用方面的研究起步较晚，20世纪90年代之前多采用撒草种、穴播或沟播、铺草皮、片石骨架植草等护坡方法。1989年，广东水利水电科学研究所从香港引进液压喷播机开始在华南地区进行液压喷播实验。1990~1991年，中国黄土高原治山技术培训中心与日本合作在黄土高原首次进行了液压喷播实验研究，此后经过10年左右的发展完善，液压喷播技术已广泛应用于我国不同地区不同工程的边坡防护中。1993年我国引进土工材料植草护坡技术，并研制开发出了一系列的土工材料产品。植被混凝土是国内近年来自主开发的一种生态防护技术，该技术是在厚层基材喷射（TBS）植被护坡工程技术的基础上开发而成的，融合了生物学、肥料学、环境学、岩石工程力学等多种学科，是一种综合环保技术，现已在高陡边坡生态修复、矿山生态环境治理、公路边坡绿化等领域中进行了应用。虽然植被混凝土技术在护坡、绿化、景观等方面取得了很大的进步，但大多数植物在植被混凝土中的生长状况远不如在普通土壤中的好，且可再播种的重复性还需进一步验证，这限制了其在边坡防护领域的应用。

近年来，国内不少学者也在环境友好型生态防护技术方面开展了一些有益的探索，并取得了一定的成果。何旭东等对首次在贵州省都匀市七星棚户区安置房边坡（二期）生态修复项目中应用的加筋麦克垫技术原理、施工工法及效果进行了详细探究，结果表明该技术固土、固坡效果明显，能在短时间内达到绿化效果。叶建军等采用喷射生态护坡技术对曼大高速公路项目沿线3#取土场开展了生态修复研究，结果表明修复一年后植物群落逐渐向自然边坡演替，生态恢复效果良好。陈飞等针对离子型稀土矿山原地浸矿开采方式容易诱导滑坡的特点，提出一种以竹子为主要材料，由竹子格构框架、竹桩和竹子排水管共同组成的生态护坡结构，经历6个月的生长周期后，坡体被草木覆盖，无水土流失和边坡失稳现象发生。周翠英等利用新型功能材料及生态护坡施工工艺对深圳市龙城中专后山典型的岩质边坡进行生态修复，结果表明可有效提高植被发芽率，加快坡面植被覆盖速率，提高边坡抗冲刷侵蚀能力，增强坡面浅层土体的稳定性。窦维禹等结合济祁高速公路淮南至合肥段中对路基进行边坡防护的实际经验，对植物纤维草毯边坡防护技术的工艺原理、施工工艺、质量控制等进行了详细的介绍，该技术已在安徽岳武、周六等高速公路边坡防护中取得了显著的效果。但总体来看，这些研究仍稍显凌乱，尚未形成体系，应用案例较少，应用前景尚不明确。

7.1.3　非织造材料在边坡生态防护中的应用

植生护坡材料是决定边坡防护和生态修复效果的关键，作为一种新型的生态护坡材料，非织造生态土工布因能同时满足边坡防护和生态恢复的需求而得到越来越广泛的关注。目前已有一些学者已经就土工布在生态护坡领域的应用开展了一些相关的研究，研究结果表明生态土工布不仅能很好地满足植物生长的需要，还可有效起到护坡作用。

尽管国内在生态护坡技术和护坡材料方面开展了相关的研究，但目前所开发的技术和材料种类仍偏少，投入实际工程应用的更少。因此发展具有优良防护性能并能为植物提供良好生长环境的生态型植生护坡材料，对我国土石边坡防护和生态修复具有重要的意义。

7.2 材料与方法

7.2.1 材料与仪器

黏胶纤维（82mm×2.78dtex，常熟市红星毛纺化工有限公司），自制天然植物纤维（按质量比由20%的作物秸秆、40%的杂草和40%的落叶组成，长度为3～5cm），H_2SO_4（分析纯，国药集团化学试剂有限公司），$Ca(OH)_2$（分析纯，国药集团化学试剂有限公司）。

FA 2004 A电子天平（上海恒平科学仪器有限公司），DZK-K 50 B真空干燥箱（合肥华德利科学器材有限公司），WL系列针刺机机组（包括WL-GK-A-500开松机、WL-GK-D-500自动给棉机、WL-GS-A-500梳理机、WL-GP-B-800铺网机、WL-GZ-A-800针刺机，太仓市万龙非织造工程有限公司），YG 141 LA数字式织物厚度仪（宁波纺织仪器厂），YG 026 D-1000多功能电子织物强力机（宁波纺织仪器厂），FR-1205紫外线耐候试验箱（上海发瑞仪器科技有限公司），YG 522织物耐磨仪（泉州市美邦仪器有限公司），YT 030土工布有效孔径测定仪（泉州市美邦仪器有限公司），YG 814-Ⅱ无纺布吸水性能测定仪（泉州市美邦仪器有限公司），LFY-244 B织物液体穿透试验仪（山东省纺织科学研究院）。

7.2.2 植生护坡用复合生态土工布的制备

7.2.2.1 复合生态土工布的原料及结构设计

为了满足植生护坡用生态土工布对结构可靠性和性能稳定性的要求，本研究采用基底层+中间层+面层的立体复合结构形式。黏胶短纤维经梳理成网后作为基底层和面层，再生植物纤维经破碎后作为中间层，通过针刺加工工艺将土工布的基底层、中间层和面层固定连接并形成一个整体。复合生态土工布的结构形式如图 7-1 所示。

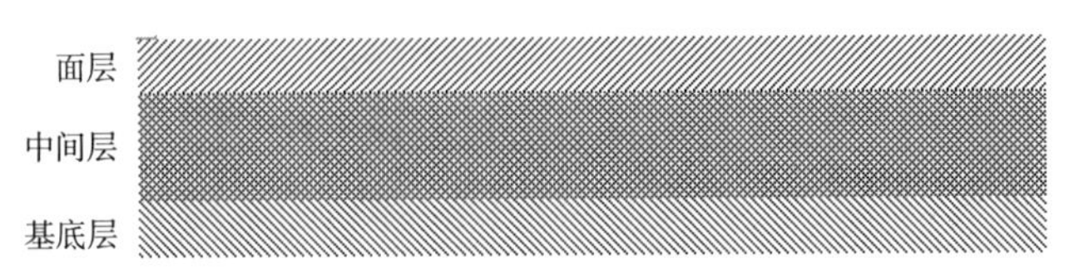

图7-1 复合生态土工布的结构形式

基底层和面层的黏胶纤维是一种再生纤维素纤维，是人造纤维的一种，是我国产量第二的化纤品种，有较好的可纺性能，被广泛应用于各类纺织、服装等领域。黏胶纤维具有强度高、吸湿性和透气性好、可自然降解等优点，且降解后可作为植物生长的营养物质；中间层的再生植物纤维主要由破碎后的作物秸秆、杂草、落叶等农业和原料废弃物组成，一方面再生植物纤维分解后可以为植物生长提供必要的营养，另一方面其具有优越的吸水保水作用，可以营造有利于植物生长的环境。

7.2.2.2 制备工艺及流程

针刺工艺流程灵活多变，便于柔性设计。在多数情况下，为了提高生产效率，满足产品质量要求及某些特殊要求，需将数台针刺机及有关设备（复合机、热定型机等）按一定顺序组合成一个工艺流程进行工业化生产。工艺流程的基本模式大致有两种：一种模式是将预针刺机与数台甚至十几台主针刺机连成一条流水线，经过预针刺的纤网可以直接喂入主针刺机；另一种模式是间断式，将预针刺机和主针刺机分开安装，经预针刺的纤网先进行卷绕，然后运至主针刺机前退卷、喂入主针刺机。在设计时，如何安排工艺流程，应针对具体情况具体分析。

对于上述结构，短纤维干法成网—针刺加固工艺复合生态型立体植生护坡土工布，所采用的工艺流程为：

黏胶纤维原料准备→开松→混合→梳理→铺网→针刺加固→成卷

（1）开松混合。将纤维原料送入开松机进行二次开松（粗开松和精开松），使大的纤维束或纤维块、团等松解成小束，同时除去黏胶纤维中含有的各类

（a）基底层和面层

（b）植物纤维层

（c）土工布成品

图7-2　复合生态土工布的结构组成

杂质，然后气流将开松过的黏胶纤维通过管道送入自动给棉机中，使纤维均匀混合。

（2）梳理。将开松混合后的纤维原料送入梳理机，梳理机将杂乱无序的纤维梳理成由均匀伸展的单纤维组成的薄纤网。本研究采用单锡林单道夫杂乱梳理机对黏胶纤维进行梳理。

（3）铺网。通过铺网设备将梳理形成的薄纤网铺叠成具有一定厚度的匀质纤维网作为基底层，由输送带将天然植物纤维传送至基底层纤维网上，使植物纤维均匀铺在纤维网上，并达到一定厚度，然后再在植物纤维上面铺设一层具有一定厚度的匀质纤维网作为面层。

（4）针刺。采用针刺机对铺网后的复合材料进行反复针刺，使纤维网中原来松散的纤维互相缠结，并使两层纤维网与其之间的天然植物纤维层贯穿、连接为一体，使其成为具有立体复合结构、结构较紧密且有一定强力的复合生态土工布。

基底层及面层、植物纤维层和土工布成品如图7-2所示。

7.2.2.3　针刺工艺参数

针刺加固法是利用刺针对纤维网进行反复针刺来实现的。利用三角形（或其他形状）截面且棱边带倒钩的刺针对纤维进行针刺时，纤网表层和部分里层纤维随刺针上的倒钩进入纤网内部，通过表层与里层纤维之间的摩擦作用，从而使原来蓬松的纤网被挤压和压缩；刺针退出纤网时，刺入的纤维束脱离倒钩而留在纤网中，这些纤维束纠缠住纤网，使其不能再恢复原来的蓬松状态。经过多次的针刺，大量的纤维束被刺入纤网，使纤网中的纤维互相缠结，从而形成具有一定强力和厚度的针刺法非织造材料。针刺加固过程是通过专门设计的针刺机来完成的。

针刺工艺参数主要包括针刺密度、针刺深度、针刺频率等，在针刺加固生产过程中，最主要的是合理分配针刺密度，严格控制针刺深度和频率。在本实验中，铺网纤维为黏胶短纤维，且两层黏胶纤维网之间夹杂植物纤维，若单纯采用短纤维针刺所使用的刺针，针刺效果较差。此外，本试验在制备不同规格复合生态土工布过程中，保持基底层和面层的质量和厚度基本一致，主要通过植物纤维加入量的不同来改变复合生态土工布的单位面积质量，因此，需合理选择针刺工艺参数。

一般情况下，在刺针规格一定的条件下，针刺深度直接影响到作用于纤网的钩刺数，随着针刺深度增加，纤网受到的钩刺数增多，使纤网结构紧密，纤维相互缠结增强，因而提高了产品的断裂强力。对于本研究所采用的标准钩刺来说，当针刺深度分别为5mm和10mm时，纤网受到的钩刺数分别为1个和3个。但是在纤网已经密实的情况下，钩刺作用过多，可能导致纤维的损伤，反而降低产品的强度。针刺密度随着针刺频率与植针密度的提高而增大，针刺密度适当提高时纤维相互缠结密实，产品断裂强力提高，但当针刺密度太大时，由于刺针通过非常紧密的纤网时针刺力过大，会使纤维受损伤，从而品强度降低，结构变松。

根据前期预实验的研究结果，综合考虑复合生态土工布产品的强度等力学性能，本实验在制备不同规格的复合生态土工布时所选择的针刺工艺参数见表7–1。

表7–1　不同规格复合生态土工布的针刺工艺参数

试样编号	单位面积质量（g/m^2）	针刺密度（刺/cm^2）	针刺深度（mm）	针刺频率（次/min）
NG–1	200	60	3.5	940
NG–2	400	80	5.5	900
NG–3	600	120	8	840
NG–4	800	120	9	760
NG–5	1000	160	12	720

7.2.3 植生护坡用复合生态土工布的性能

7.2.3.1 物理性能

复合生态土工布的单位面积质量测试参照GB/T 13762—2009《土工合成材料 土工布及土工布有关产品平方米质量的测定方法》，裁取10块尺寸为10cm×10cm的试样，在40 ℃下真空干燥24h后，分别对每个试样进行称量，求平均值计算其单位面积质量。

复合生态土工布的厚度测试方法参照GB/T 13761.1—2009《土工合成材料 规定压力下厚度的测定 第1部分：单层产品厚度的测定方法》。剪取10块直径为5cm的圆形试样，将样品放在基准板上，用与基准板平行的圆形压脚对试样施加0.6N的压力，每次压脚停留时间为5s，两块板之间的垂直距离即为样品的厚度。

7.2.3.2 力学性能

实验分别考察复合生态土工布的抗拉强度、伸长率、撕破强力和顶破强力。其中抗拉强度和伸长率测试参照GB/T 15788—2017《土工合成材料 宽条拉伸试验方法》，撕破强力测试参照GB/T 13763—2010《土工合成材料 梯形法撕破强力的测定》，顶破强力测试参照GB/T 14800—2010《土工合成材料 静态顶破试验（CBR法）》。

采用YG 026D1000型多功能电子织物强力机分别测定复合生态土工布的纵横向抗拉强度、纵横向各自最大负荷下的伸长率、纵横向撕破强力及CBR顶破强力。所有试样测试前均在40℃下真空干燥24h，试样规格和工作参数均按相关标准的要求设定。

7.2.3.3 抗磨损、抗冲击性能

抗磨损性能测试参照GB/T 17636—1998《土工布及其有关产品 抗磨损性能的测定 砂布/滑块法》。从样品上剪取两个试样，一个作为摩擦试样，另一个作为参照试样。将摩擦试样在磨损试验仪上以每分钟90周期的频率磨750个周期，以强力损失率来表征抗磨损性能。

抗冲击性能测试参照GB/T 17630—1998《土工布及其有关产品 动态穿孔试验 落锥法》。将锥角为45°、最大直径为50mm、质量为1kg的不锈钢锥从500mm的高度上垂直刺入试样，以钢锥的贯入度（即试样上的破洞直径）

来表征抗冲击性能。

7.2.3.4　有效孔径

以O_{90}（即土工布中90%的孔径低于该值）来表征复合生态土工布的有效孔径，测试方法按照GB/T 14799—2005《土工布及其有关产品有效孔径的测定　干筛法》进行。剪取直径为14cm的圆形试样，将试样装在夹持器上，取50g一定直径范围的颗粒均匀撒在试样上（本研究选取1号标准颗粒粒径为0.045-0.063mm；2号标准颗粒粒径为0.063-0.071mm；3号标准颗粒粒径为0.071-0.090mm），设置振筛时间为10min，待结束后收集未通过的颗粒材料进行烘干称重，计算过筛率，再由孔径分布曲线得到O_{90}。

7.2.3.5　渗透性能和吸收性能

以垂直渗透系数和透水率来表征渗透性能，测试方法按照GB/T 15789—2016《土工布及其有关产品　无负荷时垂直渗透特性的测定》中的恒水头法进行。剪取直径为8cm的圆形试样，将试样平整地放在下夹持器平面上，进水口外接稳压水源，使水压差稳定在75mm处，待水头压差稳定30s后，启动仪器用量筒收集流出水量，并计算试样的垂直渗透系数和透水率。

以液体吸收量来表征吸收性能，测试方法按照GB/T 24218.6—2010《纺织品　非织造布试验方法　第6部分：吸收性的测定》进行。剪取100mm×100mm的土工布试样，仪器参数设置为吸液时间60s、滴液时间120s、运行速度20mm/s，待吸收饱和后，计算称重并计算试样的液体吸收量，以所吸收的液体重量与试样本身重量的百分比表示。

7.2.3.6　抗老化性能

本研究主要考察复合生态土工布的抗酸碱性能、抗氧化性能、抗紫外线性能。

抗酸碱性能测试参照GB/T 17632—1998《土工布及其有关产品　抗酸、碱液性能的试验方法》。将复合生态土工布试样分别在0.025mol/L的H_2SO_4溶液或2.5g/L的$Ca(OH)_2$溶液中浸渍3d，以浸渍后样品的强力保持率来表征抗酸碱性能。

抗氧化性能测试参照GB/T 17631—1998《土工布及其有关产品 抗氧化性能的试验方法》。将复合生态土工布试样在110℃的烘箱中氧化14d，以氧化后的强力保持率来表征抗氧化性能。

抗紫外线性能测试参照GB/T 31899—2015《纺织品 耐候性试验 紫外光曝晒》。在紫外老化试验机中将复合生态土工布试样首先在黑板温度为60℃条件下曝晒（紫外光辐射下暴露）8h，接着在黑板温度为60℃条件下冷凝（无辐照暴露）4h，以暴露后的强力保持率来表征抗紫外线性能。

7.2.3.7 降解性能

降解性能测试采用土埋法。土埋法操作简单，虽然由于受环境温度与湿度的影响，重复性较差，降解速度也受季节及降雨强度影响较大，但是其过程能够较好地模拟降解的自然条件，仍被广泛用作生物降解的测试。将复合生态土工布裁剪成20cm × 50cm大小的试样30份，在40 ℃下真空干燥24h并称重，然后将烘干后的复合生态土工布试样掩埋在露天环境下的土壤中，土埋深度距地面50cm，分别在掩埋后的第15d、30d、45d、60d、90d、120d各取出5份样品，将取出的复合生态土工布样品用蒸馏水冲洗干净，在40℃下真空干燥24h后再次称重，并采用如前所述的方法测定其强力，以质量损失率和强力损失率来表征其降解性能。

7.2.4 植生护坡用复合生态土工布的应用效果

分别选择如前所述的NG-2试样（植物纤维含量为44.1%，单位面积质量为408g/m^2，厚度为6.2mm）和NG-4试样（植物纤维含量为65.4%，单位面积质量为783g/m^2，厚度为11.7mm）进行植物种植试验，受试植物选择黑麦草。取相同口径和深度的种植盆3只，为模拟土石边坡环境，基质层以砂石为主，自下而上分别为：砾石层（5cm）+粗砂层（10cm）+细砂层（10cm）+沙土层（5cm）+复合生态土工布层+土壤层（1cm）+种子层+土壤层（2cm）。将受试植物分别均匀播撒在3个实验盆中，播撒密度均为30g/m^2，各层铺设完毕后均匀淋洒同样分量的水，并定期对其浇水、施肥。考察指标包括种子发芽率、植株高度和植株重量，种植7d后统计各组的种子发芽率，种植45d后统计各组的植株高度和植株重量。同步进行对照试验，对照试验中无复合生态土工布层，其他受试条件均与试样组相同。

分别统计各组植物发芽的植株数量，与各组所播种的种子数量比值即为该组的种子发芽率；收割后从每组植株样品中随机抽取长势均匀的植株10株，然后从叶耳处开始，用刻度尺量出该植株的株高，10株植株的平均株高即为该组植物的植株高度；用分析天平分别测量10株黑麦草植株的地上部分及根部的重量，10株植株的平均重量即为该组植物的植株重量。

7.3　结果与讨论

7.3.1　复合生态土工布的规格和形貌

按照如前所述的制备方法及针刺工艺参数，固定面层和基底层的纤维层数和单层厚度不变，通过调节中间层植物纤维的添加量来改变复合生态土工布的单位面积质量和厚度，所制备复合生态土工布样品的单位面积质量等规格参数见表7-2，不同规格复合生态土工布的截面形貌如图7-3所示。

表7-2　复合生态土工布的规格

试样编号	植物纤维含量（%）	单位面积质量（g/m^2）	厚度（mm）
NG-1	35.6	196.0	3.6
NG-2	44.1	408.0	6.2
NG-3	55.8	612.0	9.1
NG-4	65.4	783.0	11.7
NG-5	70.9	979.0	14.4

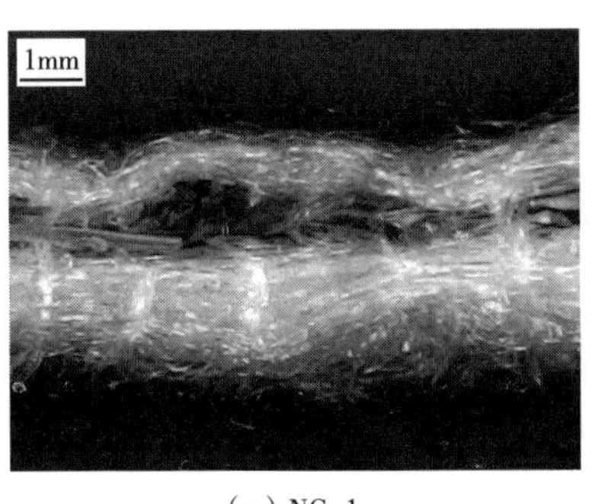

（a）NG-1

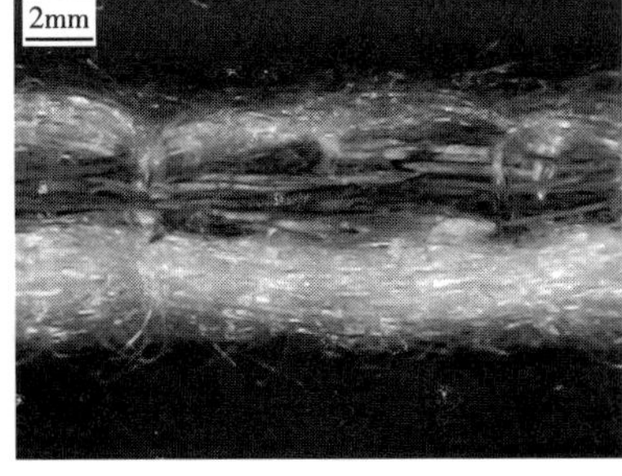

（b）NG-2

图7-3

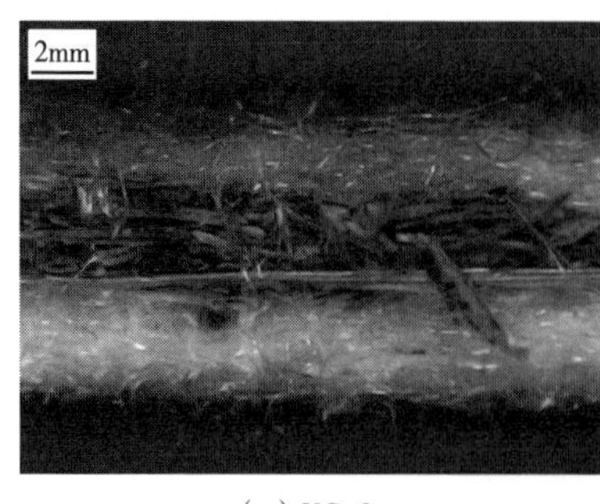

(c) NG-3

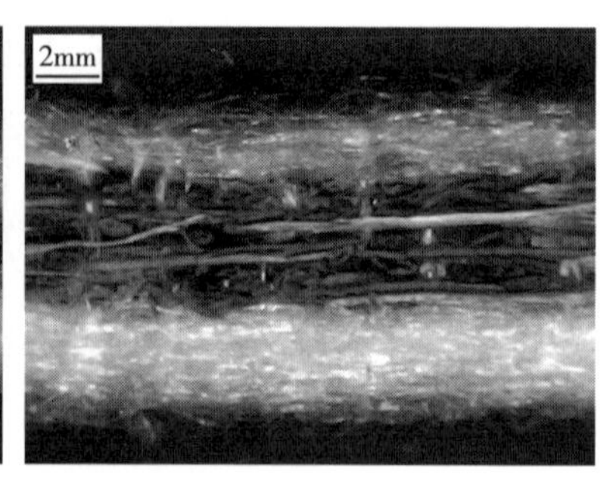

(d) NG-4

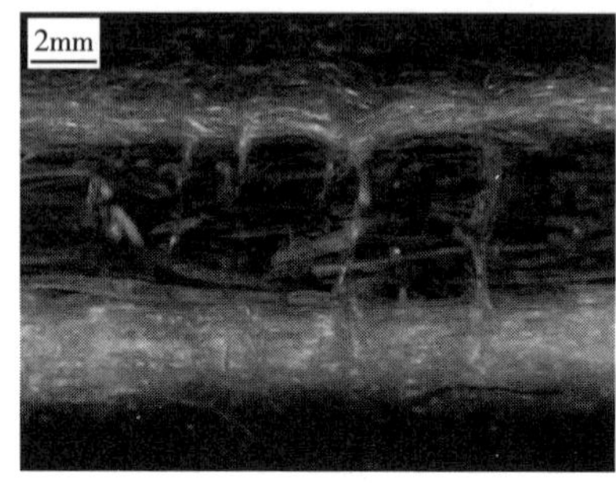

(e) NG-5

图7-3 不同规格复合生态土工布的截面形貌

从表7-2和图7-3可看出，由于面层和基底层的层数和单层厚度不变，随着中间层植物纤维含量的增加，复合生态土工布中天然植物纤维的添加量增加，因而其单位面积质量和厚度均呈增加的趋势。

7.3.2 植生护坡用复合生态土工布的性能研究

7.3.2.1 力学性能

不同规格复合生态土工布的纵横向抗拉强度和断裂伸长率、纵横向撕破强力及CBR顶破强力如图7-4所示。

从图7-4可以看出，随着单位面积质量的增加，复合生态土工布的纵横向抗拉强度及断裂伸长率、纵横向撕破强力和CBR顶破强力也随之增加。这是因为随着复合生态土工布单位面积质量的增加，再生植物纤维的含量增多，在针刺过程中中间层的再生植物纤维与基底层和面层的黏胶短纤维紧密缠绕在一起，再生植物纤维含量越高，其结合力越强。在拉伸和撕破过程中，除了要克服黏胶纤维之间的纵向穿插缠结作用，还要克服黏胶纤维与再生植物纤维之间的缠绕作用。此外，复合生态土工布的单位面积质量越大，其再生植物纤维含

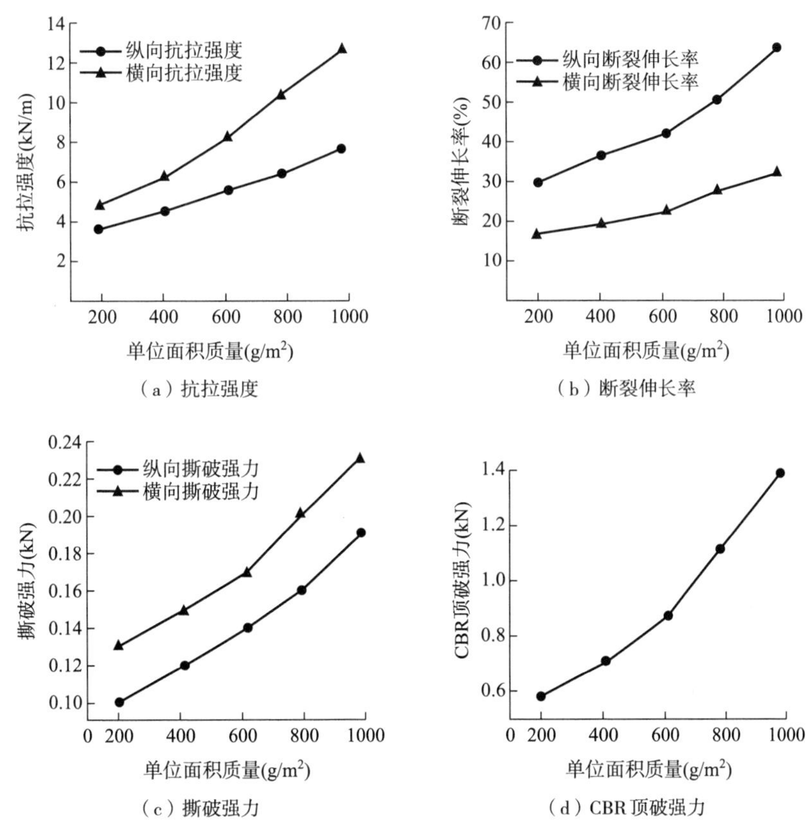

（a）抗拉强度　（b）断裂伸长率

（c）撕破强力　（d）CBR 顶破强力

图7–4　复合生态土工布的力学性能

量越高，中间层越厚，复合生态土工布越不易被顶破。

从图7–4中还可以看出，相同条件下复合生态土工布的横向抗拉强度和横向撕破强力均大于相应条件下的纵向抗拉强度和纵向撕破强力，而横向断裂伸长率则小于纵向断裂伸长率。这是因为纤网经交叉铺网机铺网后的纤维大多呈横向排列，在拉伸过程中，纤网中纤维的滑脱和纤维的断裂最终会导致复合生态土工布试样的断裂，而在横向拉伸或撕裂过程中会有更多的纤维参与承担外力的作用，对整个试样的拉伸力作用贡献较大，因此最终会导致横向抗拉强度和撕破强力相对较大。

GB/T 17638—2017《土工合成材料　短纤针刺非织造土工布》对短纤针刺土工布的力学性能作了一些规定，其中纵横向抗拉强度≥3kN/m，纵横向撕破强力≥0.1kN，顶破强力≥0.6kN，纵横向断裂伸长率为20%～100%。对比上述标准，本试验所制备的不同单位面积质量的复合生态土工布中，除单位面积质量为200g/m²试样的横向断裂伸长率（16.2%）和顶破强力（0.58kN）不满足要求外，其余试样的力学性能均满足该标准的要求。

7.3.2.2　抗磨损、抗冲击性能

为进一步考察复合生态土工布的强度，考虑使用过程的实际情况，对其抗磨损、抗冲击性能进行了研究，不同规格复合生态土工布试样的抗磨损性能和抗冲击性能如图7–5所示。

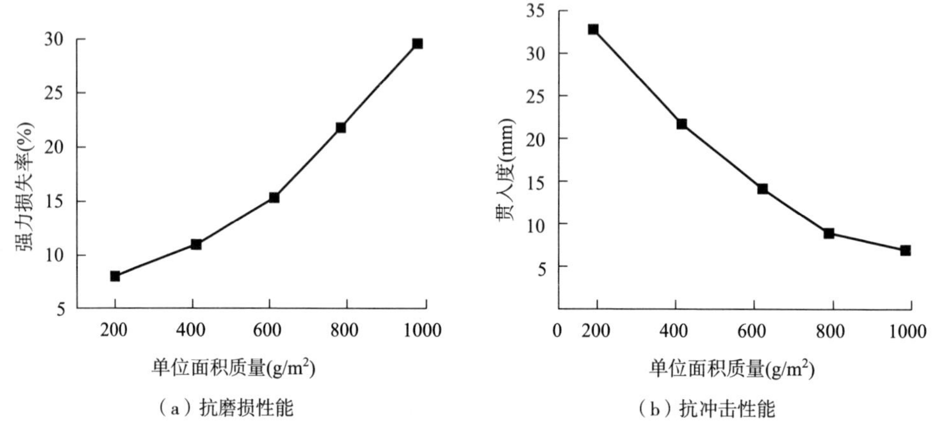

图7–5　复合生态土工布的抗磨损、抗冲击性能

从图7–5（a）可看出，随着单位面积质量的增加，复合生态土工布经磨损后强力损失率增加，说明其耐磨损性能降低。这是由于所制备的复合生态土工布中间层为植物纤维，其强力远低于由黏胶短纤维铺成的基底层和面层。复合生态土工布单位面积质量越大，基底层和面层厚度相对越薄，在摩擦过程中，基底层和面层越容易被磨损掉，强力损失率越高，抗磨损性能降低。复合生态土工布随着单位面积质量的增加受到冲击后的贯入度减小［图7–5（b）］，这是因为在受到突如其来的外力冲击时，植物纤维层较基底层和面层具有较强的缓冲作用，植物纤维含量越高，缓冲作用越强，因此复合生态土工布的抗冲击性能越好。

分析认为，当复合生态土工布单位面积质量为200g/m²时，磨损后强力损失率仅为7.8%，但受冲击后贯入度达32.9mm，在实际使用过程中容易被顶破；当复合生态土工布单位面积质量为1000g/m²时，抗冲击性能最好，但磨损后强力损失率超过30%，导致其使用过程中容易被磨损。上述试验结果表明，当复合生态土工布单位面积质量在400～800g/m²、植物纤维含量在45%～65%时，具有较好的抗磨损、抗冲击性能。

7.3.2.3　有效孔径

不同规格复合生态土工布试样的有效孔径如图7–6所示。

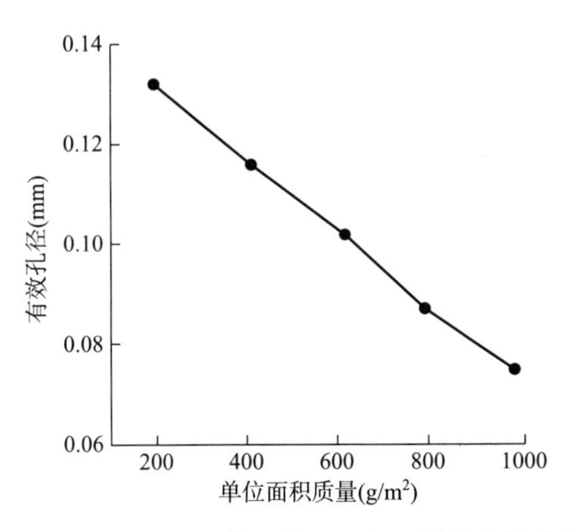

图7–6　不同规格复合生态土工布试样的有效孔径

从图7–6可以看出，随着单位面积质量的增加，复合生态土工布的有效孔径O_{90}呈降低的趋势。影响土工织物有效孔径的主要因素包括针刺密度、针刺深度及纤维纤度和织物厚度等。复合生态土工布单位面积质量越大，厚度越厚，针刺密度和针刺深度越大，纤维与纤维之间缠结的也越紧密，有效孔径越小。本实验在制备较大单位面积质量的复合生态土工布时，所选择的针刺密度和针刺深度也较大，因此其有效孔径变小。

土工布的有效孔径对其水土保持能力有一定的影响，有效孔径越小，透水量越少，水分不易流失，且土壤颗粒更易被土工布截留而不被土壤表面径流带走，因此其水土保持能力较强。相关研究表明，当土工布有效孔径在0.05～2.0mm之间时具有较好的水土保持能力，本实验所制备的复合生态土工布有效孔径在0.075～0.132mm之间，在实际应用过程中可有效保护边坡，防止水土流失。

7.3.2.4　渗透性能和吸收性能

不同规格复合生态土工布的垂直渗透系数、透水率和液体吸收量如图7–7所示。

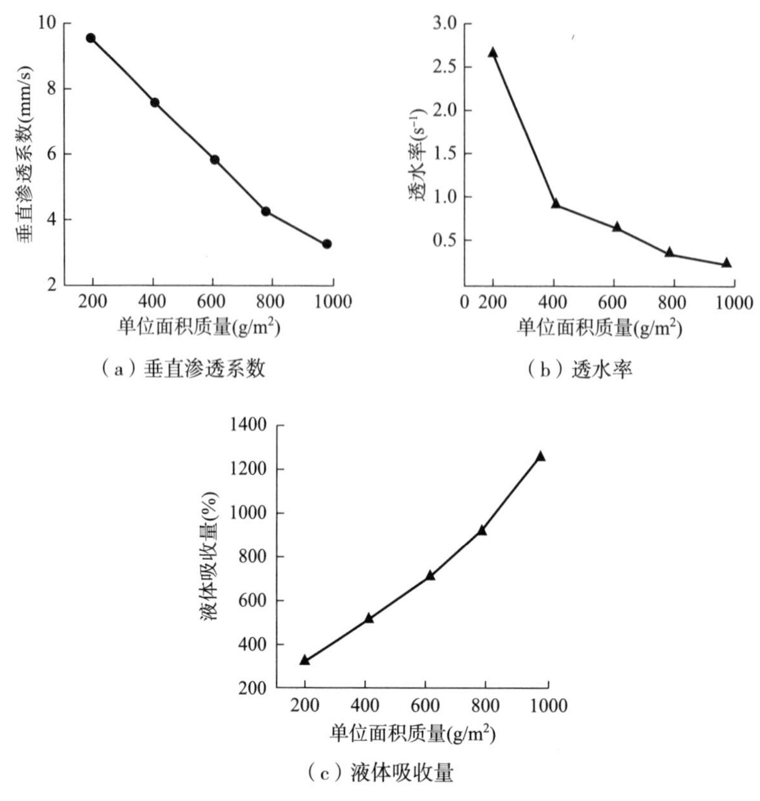

（a）垂直渗透系数

（b）透水率

（c）液体吸收量

图7-7　不同规格复合生态土工布的渗透性能和吸收性能

从图7-7中可看出，随着单位面积质量的增加，复合生态土工布的垂直渗透系数和透水率均呈降低的趋势，而液体吸收量则呈增加的趋势。这主要是因为随着土工布单位面积质量的增加，有效孔径变小，随着土工布有效孔径的减小，垂直渗透系数和透水率降低，渗透性能变差。渗透性能又会影响土工布的保水效果，渗透系数和透水率越低，意味着保水效果越好，因此复合生态土工布的单位面积质量越大，保水性能越好。本实验主要通过植物纤维加入量来改变复合生态土工布的单位面积质量，由于中间层的天然植物纤维具有较强的吸水保水能力，因此复合生态土工布的吸收性能随单位面积质量的增加而变大。

国内土工合成材料相关标准中一般要求土工布的垂直渗透系数在0.01～10mm/s之间，本实验所制备的不同规格复合生态土工布的垂直渗透系数均在10mm/s以下，可以满足相关标准的要求。有研究表明，当土工布液体吸收量大于500%、透水率小于1.0s^{-1}时，具有较好的吸水和保水性。本实验中，复合生态土工布单位面积质量大于400g/m^2时，其液体吸收量大于500%、透水率小于1.0s^{-1}，满足实际使用需求。

7.3.2.5 抗老化性能

不同规格复合生态土工布的抗酸碱性能、抗氧化性能和抗紫外线性能如图7-8所示。

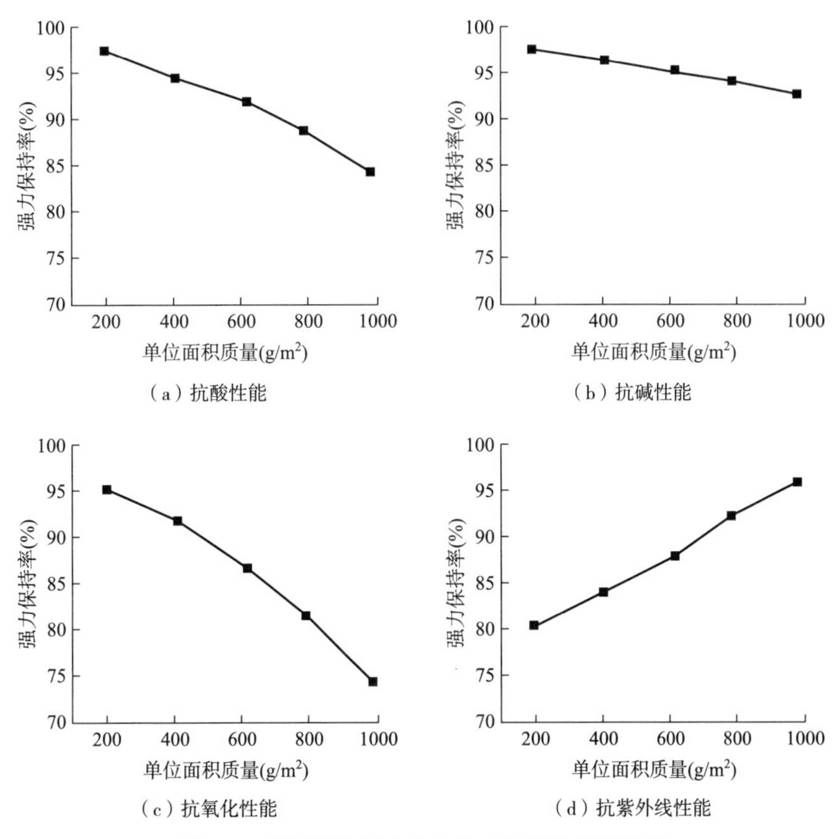

（a）抗酸性能

（b）抗碱性能

（c）抗氧化性能

（d）抗紫外线性能

图7-8 不同规格复合生态土工布的抗老化性能

从图7-8可以看出，复合生态土工布的单位面积质量越大，抗酸碱性能和抗氧化性能越差，而抗紫外线性能越好。这是因为随着复合生态土工布单位面积质量的增加，中间层再生植物纤维含量增加，由于本研究所使用的再生植物纤维较黏胶纤维更易被酸碱腐蚀，因此成品的抗酸碱性能变差，而高温下再生植物纤维更易受到损伤，因此抗氧化性能变差。随着复合生态土工布单位面积质量的增加，中间层再生植物纤维含量也随之增加，复合生态土工布变厚，紫外透过率降低，抗紫外线性能越好。

相同条件下，本研究所制备的复合生态土工布的抗碱性能优于抗酸性能，这主要是因为黏胶纤维是一种纤维素纤维，纤维素与酸反应时，酸对纤维素起到催化氧化的作用，生成纤维素酸酯，而与碱反应时会生成新的化合物碱纤维素。由于酸会破坏纤维结构，对纤维的损伤更大，因此以黏胶纤维为主要原料的基底层和面层的抗碱性能较抗酸性能好。与抗碱性能相比，复合生态土工布的抗氧化性能和抗紫外线性能相对较差，这也与黏胶纤维在光氧化和热氧化条件下易降解的性质有关。

GB/T 17638—2017《土工合成材料　短纤针刺非织造土工布》中规定，各种规格的短纤针刺土工布的抗酸碱性能、抗氧化性能和抗紫外线性能均应在80%以上。本试验所制备的不同规格的复合生态土工布中，除单位面积质量为200g/m^{2}的抗紫外线性能（强力保持率79.5%）和单位面积质量为1000g/m^{2}的抗氧化性能（强力保持率74.4%）较低外，其余复合生态土工布的抗酸碱性能、抗氧化性能和抗紫外线性能均可满足要求。

7.3.2.6　降解性能

不同规格复合生态土工布不同阶段降解后的质量损失率和强力损失率如图7–9所示。

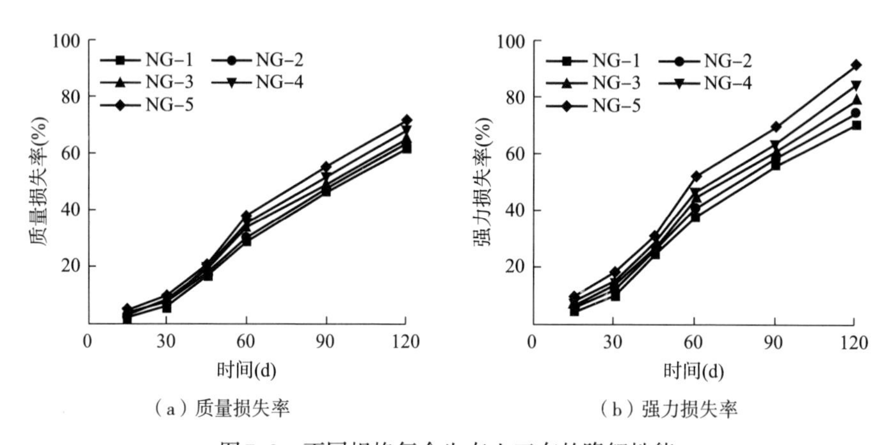

（a）质量损失率　（b）强力损失率

图7–9　不同规格复合生态土工布的降解性能

从图7–9可以看出，随着时间的延长，复合生态土工布的质量损失率和强力损失率逐渐增加。这是因为土埋法中试样的失重主要由微生物的降解引起，微生物在土工布表面的附着需要时间，微生物分解纤维的代谢活动也需要时间，随着时间的延长，微生物在土工布表面的分解作用逐渐增强，土工布逐步被腐蚀、降解。复合生态土工布在120d内质量损失率达60%～70%，强力损失率高达70%～90%，说明本试验所制备的复合生态土工布在自然环境中具有较好的降解性能，且使用后不会产生二次污染。这主要是因为试验中所使用的黏胶纤维和天然植物纤维在自然环境中均可降解，因此制备的土工布也具有可降解性。

根据土工布的降解速率，可以大致将其降解过程分为初始降解阶段（0～30d）、快速降解阶段（30～60d）和稳定降解阶段（60d以后）。在初始降解阶段，土工布降解速率较为缓慢，质量损失率和强力损失率分别在10%和20%以内；在快速降解阶段，其降解速率明显加快，该阶段损失的质量和强力可占到整个降解过程的一半左右；此后土工布的降解速率整体趋缓，直至完全降解。工程实践表明，利用复合生态土工布或植生毯进行边坡绿化，2～3d种子开始发芽，4～7d芽苗清晰可见，20～30d可实现边坡复绿，45～60d植物快速生长成坪。本试验所制备的复合生态土工布在30d内相对稳定，有利于种子的发芽和芽苗的固定，而30～60d的快速降解期与植物的快速生长期基本一致，期间土工布降解产生的养分可供植物吸收利用，有利于植物的生长和生态系统的恢复。本实验所制备的复合生态土工布在降解期间内，完全能够保证种子的出苗和生长，在实际应用中能满足植物培育的相关要求，因此，其在土石边坡防护及生态修复方面具有较好的应用前景。

从图中还可以看出，随着复合生态土工布单位面积质量的增加，不同时间段内质量损失率和强力损失率均呈上升的趋势。这是因为随着复合生态土工布单位面积质量的增加，中间层植物纤维的含量也增多，而中间层植物纤维的降解性能优于基底层和面层黏胶纤维的降解性能，因此其降解性能增加，相同时间段内的降解率较高。

7.3.3　植生护坡用复合生态土工布的应用效果

7.3.3.1　植物生长形势

在种植及植物生长过程中，分别选取不同时间段（3d、10d、20d、30d、45d）对不同组别植物的生长状况进行照相记录，各组植物在不同生长阶段的生长形势如图7-10所示。

从图7-10中可看出，添加了复合生态土工布的植物出芽情况和生长形势明显优于未添加复合生态土工布的植物。添加了复合生态土工布的植物挺直，

图7-10　不同组别植物在不同阶段的生长形势

茎秆粗壮，叶色以深绿和墨绿为主；对照组植物植株矮小，茎秆较细，叶色为黄绿和绿。此外，添加了复合生态土工布的植物根系发达，分布均匀，相互缠结好，主根较粗，侧根较多较长；而对照组的植物根系较短，且分布不太均匀，相互缠结一般，部分成集束状。这主要是因为本实验所制备的植生护坡用复合生态土工布具有优良的保湿调湿作用，能有效调节基质的温湿度进而改善植物的生长环境，且生态土工布自身降解又给植物生长提供了充足的养分，有利于植物的发芽和生长发育。这说明本实验所制备的植生护坡用复合生态土工布可有效促进植物的生长发育。

7.3.3.2　发芽率、植株高度和植株重量

种植实验结束后，分别统计各组植物的发芽率、植株高度和植株重量，结果见表7–3。

表7–3　植物的发芽率、植株高度和植株重量

试样	发芽率（%）	植株高度（cm）	植株重量（g）
NG–2	89.15	33.04	123.29
NG–4	93.41	37.92	157.29
对照组	80.36	29.82	101.46
平均值	87.64	33.59	127.35

从表7–3可看出，含有复合生态土工布层的植物发芽率、植株高度和植株重量均高于对照组。随着复合生态土工布单位面积质量的增加，植物的发芽率、植株高度和植株重量也均呈增加的趋势。实验结果表明，NG–2试样（单位面积质量为408g/m^2）的发芽率、植株高度和植株重量分别比对照组提高了8.79%、10.80%、21.52%；NG–4试样（单位面积质量为783g/m^2）的发芽率、植株高度和植株重量分别比对照组提高了13.05%、27.16%、55.03%，这说明复合生态土工布对植物的生长具有良好的促进作用。

分析认为，由于种植实验中所模拟的基质层以砂石为主，土壤层较薄，不利于植物的生长发育。但本实验所制备的复合生态土工布含有大量的天然植物纤维，其优良的吸水保水性能不仅可以营造有利于植物生长发育的环境，而且土工布本身还可在植物生长过程中缓慢转化为植物的营养基质，并可改良土

壤，因此复合生态土工布的加入有利于植物的发芽和生长，土工布中植物纤维含量越高，种植过程中植物的发芽率越高，长势越好。

7.4 小结

（1）以黏胶短纤维和天然植物纤维为主要原料，采用短纤维干法成网—针刺加固工艺制备植生护坡复合生态土工布，采用基底层+中间层+面层的立体复合结构形式，其中黏胶短纤维经梳理成网后作为基底层和面层，经破碎后的再生植物纤维作为中间层。在针刺密度为60～160刺/cm^2、针刺深度为3.5～12mm、针刺频率为720～940次/min的条件下制备出单位面积质量为196～979g/m^2、厚度为3.6～14.4mm、植物纤维含量为35.6%～70.9%的复合生态土工布。

（2）在基底层和面层一定的条件下，随着复合生态土工布单位面积质量的增加，其抗拉伸撕破性能、抗磨损性能和降解性能提高，抗冲击性能和抗老化性能下降，吸水和保水性能变好。当复合生态土工布的单位面积质量在400～800g/m^2、植物纤维含量在45%～65%时，其抗拉伸撕破性能、抗冲击性能、抗老化性能以及吸水和保水性能等各项指标均能满足土工布相关标准的要求和实际使用需求。

（3）复合生态土工布掩埋于土壤中120d，其质量损失率为60%～70%，强力损失率为70%～90%，具有较好的降解性能，使用后不会产生二次污染。其降解过程分为初始降解阶段（0～30d）、快速降解阶段（30～60d）和稳定降解阶段（60d以后）。

（4）含有大量天然植物纤维的复合生态土工布对植物的生长具有良好的促进作用，NG-2试样（单位面积质量为408g/m^2）的发芽率、植株高度和植株重量分别比对照组提高了8.79%、10.80%和21.52%，NG-4试样（单位面积质量为783g/m^2）的发芽率、植株高度和植株重量分别比对照组提高了13.05%、27.16%和55.03%。

参考文献

[1] 李海东,沈渭寿,贾明,等. 大型露天矿山生态破坏与环境污染损失的评估[J]. 南京林业大学学报(自然科学版),2015,39(6):112–118.

[2] 罗珂,高照良,王凯. 毛坝至陕川界高速公路边坡生态防护技术及其应用研究[J]. 中国农业资源与区划,2015,36(6):128–135.

[3] 符亚儒,党兵,赵晓彬,等. 榆靖沙漠高速公路路基边坡防护技术研究[J]. 西北林学院学报,2006,21(6):17–20.

[4] 芦建国,于冬梅. 高速公路边坡生态防护研究综述[J]. 中外公路,2008,28(5):29–32.

[5] 张宝森,荆学礼,何丽. 三维植被网技术的护坡机理及应用[J]. 中国水土保持,2001(3):32–33.

[6] 赵廷华,牛首业,郭红超,等. 新型生态植被毯边坡防护技术水土保持效应研究[J]. 人民长江,2017,48(13):20–22.

[7] 袁清超,牛首业,赵廷华,等. 石质边坡防护中生态植被毯水土保持效果研究[J]. 人民长江,2017,48(17):34–36.

[8] 徐景瑜. 三维植被网垫在高速公路边坡防护中的应用[J]. 北方交通,2008(2):80–82.

[9] 张海彬. 生物活性无土植被毯边坡防护技术[J]. 路基工程,2012(6):163–165.

[10] 郭远臣,孙岩,陈相,等. 建筑废料制备生态护坡复合材料及其基本性能[J]. 混凝土,2014(2):140–141.

[11] 周翠英,杨旭,何韶渺,等. 新型功能材料生态护坡现场试验研究[J]. 土工基础,2018,32(3):301–308.

[12] CHENG L S, ROSLAN H, SHERVIN M, et al. Utilization of geotextile tube for sandy and muddy coastal management: a review [J]. The Scientific World Journal, 2014(2014): 494020.

[13] WIEWEL B V, LAMOREE M. Geotextile composition, application and ecotoxicology: a review[J]. Journal of Hazardous Materials, 2016(317):640–655.

[14] RAWAL A, SHAH T, ANAND S. Geotextiles: production, properties and performance[J]. Textile Progress, 2010, 42(3):181–226.

[15] 郭声波,叶建军. 边坡防护植被混凝土的施工及验收 [J]. 国外建材科技,2006,27(3):53–56.

[16] 宋玲,余娜,许文年,等. 植被混凝土护坡绿化技术在高陡边坡生态治理中的应用 [J]. 中国水土保持,2009(5):15–16.

[17] 唐欣,向佐湘,倪海满. 植被混凝土在采石场生态恢复中的应用 [J]. 草业科学,2011,28(1):74–76.

[18] 何旭东,阮凡,李军,等. 加筋麦克垫生态护坡在岩质边坡绿化中的应用 [J]. 能源与环境,2019(1):91–93.

[19] 叶建军,王波,李虎,等. 湿式喷射法生态护坡技术在曼大公路取土场的应用 [J]. 西北林学院学报,2019,34(6):259–263.

[20] 陈飞,郭顺,邵海,等. 生态护坡结构在稀土矿山滑坡防治中的应用研究 [J]. 矿业研究与开发,2019,39(5):44–48.

[21] 周翠英,杨旭,何韶渺,等. 新型功能材料生态护坡现场试验研究 [J]. 土工基础,2018,32(3):301–308.

[22] 窦维禹,秦英斌. 植物纤维草毯生态护坡施工技术在济祁高速中的应用 [J]. 公路交通科技(应用技术版),2016,12(3):43–46.

[23] 王中珍,周镭. 可降解非织造布护坡复合植生材料的研究开发 [J]. 上海纺织科,2016,44(11):6–7.

[24] 王中珍,冯洪成,丁帅,等. 可降解黄麻护坡复合植生材料的研究开发 [J]. 山东纺织科技,2017,44(1):13–17.

[25] 王中珍,周镭,丁帅. 可降解椰壳纤维格室的研究开发 [J]. 产品设计与开发,2016,44(12):39–41.

[26] 李素英. 公路护坡生态毯的研制 [J]. 产业用纺织品,2012,31(1):6–9.

[27] 汤燕伟,于伟东,周蓉. 非织造基质的理化性能和植物生长性能的研究 [J]. 产业用纺织品,2005,28(2):16–20.

[28] 王卫章,储才元. 针刺非织造土工布透水性能的探讨 [J]. 产业用纺织品,2001(5):6–9.

[29] 倪冰选,张鹏,杨瑞斌,等. 非织造土工布孔径分布测试方法研究 [J]. 产业用纺织品,2011(3):32–34

[30] 李富强,王钊,陈轮. 土工织物透排水特性研究 [J]. 人民长江,2006(6):51–54.

[31] 徐伟利，黄文涛. 土工织物分类及其垂直渗透系数和等效孔径特性分析研究[J]. 安徽建筑，2017，24(5)：417–418.

[32] 张鹏，于士彦，温其正，等. 保水型土工袋保水性能影响因素试验研究 [J]. 科技视界，2015(18)：120–122.

[33] 丁丽，杨建忠. Outlast 粘胶纤维的耐酸碱性能 [J]. 纺织学报，2009，30(8)：17–20.

[34] 彭松娜，胡俊琼，齐大鹏. 粘胶纤维光氧降解性能研究 [J]. 人造纤维，2012，42(4)：2–4.

[35] 程明明，纪全，夏延致，等. 阻燃粘胶纤维的热降解性能研究 [J]. 合成纤维工业，2009，32(2)：11–13.

[36] 林燕萍. 土埋处理对粘胶纤维性能的影响 [J]. 上海纺织科技，2015，43(8)：50–52.

[37] 林燕萍. 中国南北地区土壤对粘胶纤维降解性能的影响 [J]. 纤维素科学与技术，2016，24(3)：67–73.

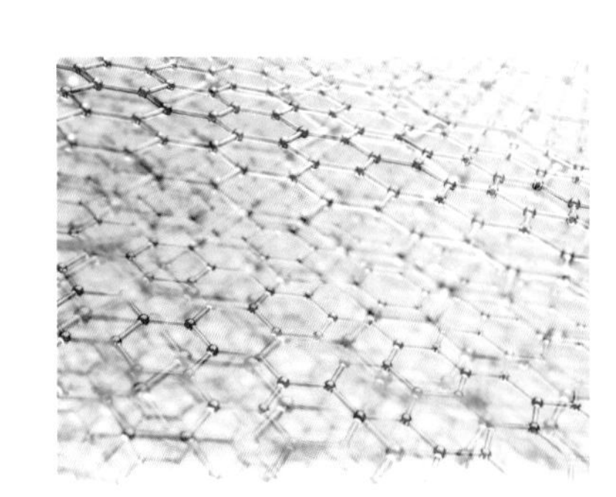

微纳米纤维非织造材料在环保防护领域的应用

WEINAMI XIANWEI FEIZHIZAO CAILIAO ZAI HUANBAO FANGHU LINGYU DE YINGYONG

责任编辑：范雨昕
封面设计：北京字间科技有限公司

中国纺织出版社有限公司
官方微博

中国纺织出版社有限公司
官方微信

ISBN 978-7-5180-9675-6

定价：88.00元